"十二五"职业教育国家规划教材

经全国职业教育教材审定委员会审定（高职高专）

U0171416

化工零部件构形与识图

● 叶贵清　主编

第三版

HUAGONG LINGBUJIAN
GOUXING YU SHITU

化学工业出版社

·北京·

内容提要

《化工零部件构形与识图》以具体零部件及学习任务为载体，共设置了十个学习情境，包括简单零件、轴类零件、盘盖类零件、箱壳类零件、叉架类零件、标准件和常用件、装配体、常用化工设备、化工工艺图识读、AutoCAD 简介，内容设置以齿轮油泵及其零件为主线，以真实的工作任务序化教学内容，采用由简单到复杂，由单一到综合的递进规律进行。学习情境又设置若干子情境（学习任务），在学习任务单中包含知识目标、技能目标、任务描述、任务实施要求及说明、考核评价等。将制图国家标准、投影概念及视图表达方法等知识点结合具体任务来学习，有利于学生知识的学习和技能的培养，并能有效地实施以学生为主体，教、学、做一体化，引导学生在行动中获得专业技能。

本书适用于高职高专化工设备维修与管理、应用化工技术等化工技术类各专业或近机械类各专业使用，也可作为石油化工行业中职院校职业技能培训教材及相关工程技术人员参考用书。

图书在版编目（CIP）数据

化工零部件构形与识图/叶贵清主编. —3 版. —北京：化学工业出版社，2020.8

"十二五"职业教育国家规划教材经全国职业教育教材审定委员会审定. 高职高专

ISBN 978-7-122-36790-7

Ⅰ. ①化… Ⅱ. ①叶… Ⅲ. ①化工设备-零部件-机械图-识别-高等职业教育-教材 Ⅳ. ①TQ050.3

中国版本图书馆 CIP 数据核字（2020）第 080112 号

责任编辑：高 钰		装帧设计：尹琳琳
责任校对：王 静		

出版发行：化学工业出版社（北京市东城区青年湖南街 13 号　邮政编码 100011）
印　　装：大厂聚鑫印刷有限责任公司
787mm×1092mm　1/16　印张 20¼　字数 501 千字　2020 年 8 月北京第 3 版第 1 次印刷

购书咨询：010-64518888　　　　　　售后服务：010-64518899
网　　址：http://www.cip.com.cn
凡购买本书，如有缺损质量问题，本社销售中心负责调换。

定　　价：58.00 元

前言

本书自 2011 年第 1 版和 2015 年第 2 版出版以来，深受许多高职院校师生的欢迎。在国家大力发展职业教育的大背景下，为满足高职院校化工类及近机类专业人才培养的需要，并保证学生在制图课学时减少的情况下，以必需、够用为原则，快速掌握教学内容，我们在总结各院校多年制图教学改革经验和成果的基础上，结合高职学生的实际状况和特点，重新组织教师对本书进行了优化和修订。修订过程中重点考虑了以下几点：

1. 贯彻国家现行《机械制图》标准和《技术制图》标准，同时，采用了 AutoCAD 2014 计算机绘图软件。

2. 针对高职高专教育的特点和在校生的实际状况，内容上遵循教育部关于《高职高专教育人才培养模式和教学内容体系改革与建设》之精神，以必需、够用为原则，适当降低纯理论方面的要求，强化应用性、实用性方面技能的训练。

3. 为了解决制图学时偏少的问题，对于一些简单的或选学的学习任务采用【知识拓展】的形式呈现，以供学生自学，【课后训练】中带"▲"的为此部分内容的作业。

4. 保留了前两版的特色，总结经验、精炼文字，并对前版的不合理内容及遗漏作了修改和增补。

本书适用于高职高专化工设备维修与管理、应用化工技术等化工技术类各专业或近机械类各专业使用，也可供相关工程技术人员参考。

本书由扬州工业职业技术学院叶贵清担任主编，赵力电担任副主编。绪论、情境一～四、情境十及附录由叶贵清编写，情境五、情境六由王娟编写，情境七由戴红霞编写，情境八、情境九由赵力电编写。

本书由扬州工业职业技术学院傅伟担任主审。参加审稿和校对的还有江苏扬农化工集团有限公司唐青山，无锡力马化工机械有限公司刘必东，南京科技职业学院严竹生、王成华，扬州工业职业技术学院柳青松、王家珂等，他们对本书的修订工作提出了许多宝贵意见，在此表示衷心感谢。

本书参考了一些相关专业资料，在此特向有关作者致谢！

由于编者水平有限，书中疏漏和不足敬请同行专家和读者批评指正。

编者
2020 年 4 月

第一版前言

本书是为了适应当前高等职业教育以提高学生综合职业能力和素质为培养目标的教育教学改革的需要，根据化工行业专业要求和高职教育规律及学生的认识规律，以工作过程为导向，以工作任务为基础，以工作结构为逻辑，以学习任务为载体，以学生为中心，采用学习情境、学习任务的形式组织编写。本书以培养学生的职业能力为主线，着力提高学生的专业能力、方法能力和社会能力；将学习任务单与理论知识结合在一起，以学习任务来驱动理论学习，以理论来指导实践，以实践来深化理论学习，体现了以学生为主体，以活动为过程，融"教、学、做"为一体的现代高等职业教育理念。

本书以具体零部件及学习任务为载体，共设置了九个学习情境，包括简单零件、轴类零件、盘盖类零件、箱体类零件、叉架类零件、标准件、装配体、常用化工设备、化工工艺图识读等，内容设置以齿轮油泵及其零件为主线，采用由简单到复杂，由单一到综合的递进规律进行。每一学习情境又设置若干子情境（学习任务），在学习任务单中包含知识目标、技能目标、任务描述、任务实施要求及说明、考核评价等。

在学习任务的实施过程中，建议采用融"教、学、做"为一体的现场教学，教师边教边做，学生边做边学，并结合多媒体演示等现代化教学手段，提高教学效率。

本书采用最新国家标准，在行文方面也力求言简意赅、通俗易懂、以图代文、图表并用、清晰直观。在内容方面力求新颖，注重典型性、启发性、实用性、先进性。

本书适用于高职高专化工设备维修与管理、化工装备技术、化工工艺、化工分析等化工类各专业或近机械类各专业使用，也可供相关工程技术人员参考。

本书由扬州工业职业技术学院叶贵清担任主编，赵力电担任副主编。绪论、情境一、情境二由叶贵清编写，情境三、情境四由马耘编写，情境五、情境六由王娟编写，情境七由戴红霞编写，情境八、情境九由赵力电编写。

本书由南京化工职业技术学院严竹生担任主审。参加审稿和校对的还有南京化工职业技术学院王成华，扬州工业职业技术学院柳青松、傅伟、王家珂、陈干红等，他们对本书提出了许多宝贵意见，在此表示衷心感谢。

由于编者水平有限，且对情境教学法正处于经验积累和改进过程中，书中疏漏和不足，期望同行专家和读者提出宝贵意见和建议。

编者

2011 年 3 月

本书第一版自 2011 年出版以来，得到许多高职院校师生的认可。从使用效果来看，本书内容完整，编排新颖，紧扣职业岗位要求，由简单到复杂，由单一到综合，遵循了学生的认知规律。从教学效果来看，学生在学习过程中，任务明确，并将学生分能若干小组，发挥团队作用，使学生能够以团队合作的态度完成解决生产实际中的工程图形的阅读与绘制，并相互讨论、相互评价、老师点评，从而培养了学生解决工程实际问题的能力。

为进一步贯彻落实《教育部关于"十二五"职业教育教材建设的若干意见》（教职成[2012] 9 号）文件要求，适应高职教育教学内容和教学手段的改革需要，我们在总结各院校多年制图教学改革经验和成果的基础上，通过几年的实践和企业调研，重新组织教师对本书进行了以下几方面的优化和修订：

1. 贯彻了最新国家《机械制图》标准和《技术制图》标准，进一步增加徒手绘图的学习内容和课后训练内容，优选企业典型零件，优化部分学习情境的任务载体，使理论学习与实践操作更加协调。

2. 根据专业人才培养的知识、技术与技能的要求，增设 AutoCAD 简介学习情境，增加了计算机绘图内容，以培养学生的综合绘图能力。

3. 加强校企合作，引入企业专家、能工巧匠充实到编审队伍中，使本书内容更注重吸收行业发展的新知识、新技术、新工艺、新方法，对接职业标准和岗位要求。

4. 优化了本书的表现形式。结合本书还建设了本课程的精品课程网站，网址为 http://skyclass.ypi.edu.cn，内容包括电子教案、多媒体课件、立体化资源等，方便教师授课、作业辅导和学生自主学习，提高了学习效果和效率。

本书适用于高职高专化工设备维修与管理、应用化工技术等化工技术类各专业或近机械类各专业使用，也可供相关工程技术人员参考。

本书由扬州工业职业技术学院叶贵清担任主编，赵力电担任副主编。绪论、情境一、二、十及附录由叶贵清编写，情境三、四由马耘编写，情境五、六由王娟编写，情境七由戴红霞编写，情境九由赵力电编写，情境八由江苏扬农化工集团有限公司唐青山编写。

本书由南京化工职业技术学院严竹生担任主审。参加审稿和校对的还有无锡力马化工机械有限公司刘必东，南京化工职业技术学院王成华，扬州工业职业技术学院柳青松、傅伟、王家珂、陈干红等，并对本书提出了许多宝贵意见，在此表示衷心感谢。

由于编者水平有限，书中难免存在疏漏和不足，敬请同行专家和读者批评指正。

编者
2015 年 6 月

目录

情境八　化工设备图识读 ——————————————— 176

情境九　化工工艺图识读 ——————————————— 214

绪　　论

一、本课程的研究对象及其性质

在工程技术中，人们为了准确直观地表达产品的形状、结构和大小，根据投影原理、标准和有关规定画出的、表示工程对象的图样，称为工程图样，简称图样。

设计者可以通过图样表达其设计思想和设计意图，制造和检验者可以通过图样制造出合格的产品，用户可以通过图样了解产品的使用方法等技术信息。总之，图样贯穿产品设计、制造和使用的全过程，是工业生产中重要的技术文件，是生产活动的主要依据，是进行技术交流的桥梁，所以人们常把图样说成是"工程界的通用技术语言"。

针对不同行业的需要，图样的内容、表达方式也不尽相同，目前图样已涉及机械、建筑、电气、化工、艺术等不同领域。化工图样是以机械图样为基础，重点讲述化工生产所需的图样内容，在体系上仍以机械图样为依托，主要包括制图基础、图样画法、机械图样、化工设备图样、化工工艺图样。虽然不同行业的图样都有各自不同的特点，但它们的基本要素却是一致的，都必须遵循国家标准对制图方面的要求。

本课程以图样作为研究对象，主要研究绘制和识读机械及化工图样的基本方法。其内容包括国家标准的有关规定、投影原理、机件的表达、绘图和读图的基本知识和技能等。

本课程是一门理论性、实践性和应用性均较强的技术基础课，是化工类及近机类专业的必修课程。

二、本课程的学习目标

通过本课程的学习，掌握与《机械制图》国家标准相对应的技能水平及相关理论知识，培养学生从简单到中等复杂零部件的手工和计算机绘图与图样识读的能力，以此为基础能识读化工设备图和化工工艺图，并养成良好的学习和工作习惯，为职业能力发展奠定良好的基础。

1. 知识目标

① 掌握《机械制图》国家标准的有关规定和正投影的基础理论。

② 掌握机件表达方法、图样中的尺寸标注及技术要求标注。

③ 掌握标准件和常用件的规定和简化画法。

④ 理解机械零部件的绘制和识读要求、方法、步骤。

⑤ 理解化工设备图和化工工艺图的识读要求、方法、步骤。

2. 职业技能目标

① 能选用适当的机件表达方法，徒手和用尺规正确测绘简单机械零部件，并正确标注其尺寸和技术要求。

② 正确识读中等复杂机械和化工零部件图样，并理解其技术要求。

③ 正确识读化工设备图、管道和设备布置图、工艺流程图。

3. 职业素养目标

① 养成耐心细致、一丝不苟的学习和工作习惯。

② 培养团队协作的能力。

三、本课程的学习方法

本课程是一门既注重理论又注重实践的课程，要学好这门课程，需理论联系实际并要熟记国家标准有关规定，主要体现在以下几个方面。

① 在学习绘图、识图的实践过程中，认真学习《技术制图》、《机械制图》等有关国家标准，确立"严格遵守标准"的意识，贯彻执行国家标准和有关技术标准。

② 根据本书的内容结构，学习活动将按"任务驱动、项目教学"展开。为了能顺利、有效地完成各情境的学习任务，学生必须有计划地在各任务学习前先行熟悉各学习任务内容，有针对性地预习学习任务书之后的"知识链接"内容。工作过程中，要理论与实践相结合，让师生之间的教、学、做关系得以实现，并能够以团队合作的态度完成学习任务。

③ 为了更好地巩固正确的识图和绘图方法和技能，平时要做到"三多"，即多看、多想、多画。在练习中加深印象，熟悉内容，提高绘图、识图能力。

④ 随着计算机技术的迅速发展，计算机绘图正在逐步取代手工尺规绘图。但要注意的是，计算机仅仅是现代绘图技术的一个先进绘图工具而已，并不能完全取代各种场合下的手工绘图，特别是生产现场的徒手绘图。因此，学习过程中应加强徒手绘图训练，提高徒手绘图的技能。

情境一　简单零件的构形与识图

学习任务一　抄画齿轮油泵零件图

【学习任务单】

任　务	抄画齿轮油泵零件图		用　时	8课时
知识目标	1. 掌握《技术制图》和《机械制图》国家标准的一般规定:图幅、字体、比例、图线、尺寸等。 2. 绘图工具和仪器的使用。 3. 常见几何图形和平面图形画法。			
技能目标	1. 正确使用工具按顺序拆装齿轮油泵。 2. 正确使用绘图工具和仪器。 3. 掌握画图方法和技能及注意事项。 4. 按国家标准有关制图规定和正确步骤抄画零件图。			

一、任务描述

　　通过参观车间,不难发现,无论是加工零件还是装配机器,都离不开图样。为便于生产、管理和交流,国家标准对图样的画法、尺寸的标注等各方面作了统一的规定。对于初学者来说,必须要掌握国家标准有关制图规定,并要正确使用绘图工具和仪器。

　　现有一台配有装配图和零件图的齿轮油泵(也可以是其他简单的装配体)。在老师指导下,熟悉其工作原理,并参照装配图正确拆装,抄画其中老师指定的一张零件图。

二、任务实施要求

　　拆装要求:

　　1. 正确使用工具,不要用工具敲打齿轮油泵。

　　2. 按正确顺序拆装齿轮油泵,并将零件摆放整齐。

　　抄图要求:

　　1. 按国家标准有关制图规定和正确步骤,抄画零件图。

　　2. 正确使用绘图工具和仪器。

　　3. 在老师指导下,掌握画图方法和技能及注意事项。

三、相关资源

　　1. 齿轮油泵实物及其装配图和零件图。

　　2. 教材知识链接内容。

　　3.《技术制图》与《机械制图》国家标准。

　　4. 相关教学课件。

四、任务实施说明

　　1. 学生分组,每小组 3～4 人。

　　2. 小组进行任务分析。

　　3. 现场教学或资料学习。

　　4. 小组现场实践,拆装齿轮油泵。

　　5. 画图之前,由学生自己在工作单上先总结出画图步骤和注意点。

　　6. 小组讨论,掌握画图和标注尺寸的技巧和注意点。

　　7. 小组互评,将抄画的图样相互找出不足之处。

　　8. 由小组推选一张最好的图样由老师集中点评,并在教室内张贴。

五、拓展任务

　　1. 学习常见几何图形和平面图形的画法。

　　2. 由老师指定画一张平面图形。

六、考核评价

　　成果 50%,自我评价 10%,团队合作 20%,教师评价 20%。

【知识链接】

图样是产品设计、制造、安装、检测等过程中的重要技术资料，是信息交流的重要工具。为便于生产、管理和交流，《技术制图》与《机械制图》国家标准对图样的画法、尺寸的标注等各方面作了统一的规定。《技术制图》和《机械制图》国家标准（简称"国标"，代号为"GB"）是工程界重要的技术基础标准，是绘制和阅读图样的准则和依据，工程技术人员必须严格遵守、认真执行。

国家标准代号的解释：GB/T 14689—2008 中"GB"为国标，"T"为推荐性标准，"14689"为标准的批准顺序号，"2008"为标准的颁布年号。下面介绍制图中的有关标准。

一、国家标准有关制图的规定

（一）图纸的幅面及标题栏

1. 图纸幅面（GB/T 14689—2008）

图纸的幅面：图纸幅面指的是图纸宽度与长度组成的图面。绘制技术图样时应优先采用 A0、A1、A2、A3、A4 五种规格尺寸，大小见表 1-1，A1 是 A0 的一半（以长边对折裁开），其余后一号是前一号幅面的一半。必要时，也允许加长幅面，但加长量必须符合国标 GB/T 14689—2008 中的规定，与基本幅面的短边尺寸成整数倍。

表 1-1　图纸基本幅面的尺寸　　　　　　　mm

幅面代号	幅面尺寸 $B \times L$	周边尺寸		
		a	c	e
A0	841×1189	25	10	20
A1	594×841	25	10	20
A2	420×594	25	10	20
A3	297×420	25	5	10
A4	210×297	25	5	10

2. 图框格式

图纸上限定绘图区域的线框称为图框。在图纸上用粗实线画出图框，图框格式分为留有装订边和不留装订边两种，如图 1-1 和图 1-2 所示，图框周边尺寸 a、c、e 见表 1-1。但应注意，同一产品的图样只能采用一种格式。一般情况下 A4 大小的图纸竖装绘图，其余横装绘图。

3. 标题栏（GB/T 10609.1—2008）

每张图样都必须画出标题栏，标题栏的位置应位于图纸的右下角。标题栏的基本要求、内容、尺寸和格式在国家标准 GB/T 10609.1—2008《技术制图　标题栏》中有详细规定，如图 1-3 所示。各单位也有自己的格式。制图作业中建议用图 1-4 所示格式，标题栏位于图纸右下角，底边与下图框线重合，右边与右图框线重合。

4. 附加符号

为了阅读、管理图样的方便，图框线上还可以绘制一些附加符号。如对中符号、方向符号及剪切符号、图幅分区符号等。它们的画法及含义可查阅 GB/T 14689—2008 标准中的有关规定。

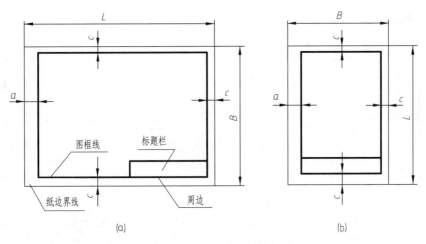

图 1-1　留有装订边的图框格式

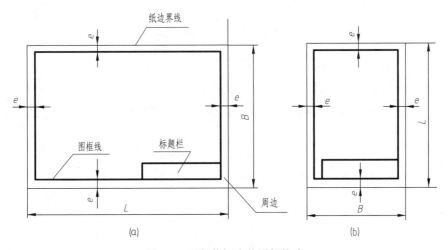

图 1-2　不留装订边的图框格式

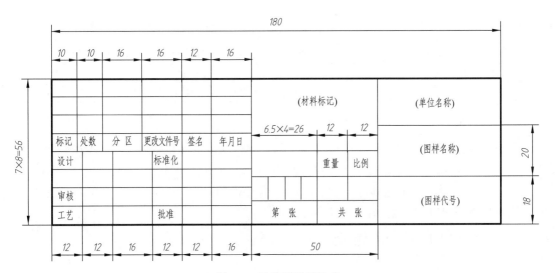

图 1-3　标准标题栏格式

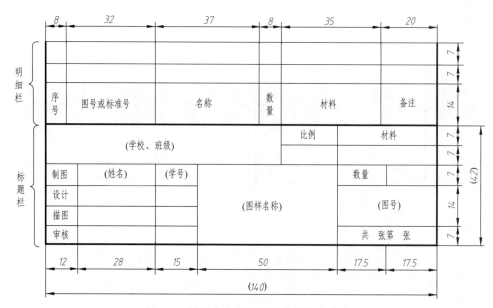

图 1-4　制图作业用标题栏及明细表格式

（二）比例（GB/T 14690—1993）

1. 术语

比例是指图形与实物相应要素的线性尺寸之比，即"图距：实距＝比例尺"。

原值比例：图形尺寸与实物一样，比例为 1：1。

放大比例：图形尺寸大于实物尺寸，如 2：1，即图形线性尺寸是实物线性尺寸的 2 倍。

缩小比例：图形尺寸小于实物尺寸，如 1：2，即图形线性尺寸是实物线性尺寸的一半。

2. 比例系列

比例系列见表 1-2。

表 1-2　比例系列

种　类	比 例 系 列 一	比 例 系 列 二
原值比例	1：1	
放大比例	2：1　　5：1 1×10^n：1　2×10^n：1　5×10^n：1	2.5：1　　4：1 2.5×10^n：1　　4×10^n：1
缩小比例	1：2　　1：5　　1：10 1：2×10^n　　1：5×10^n　　1：1×10^n	1：1.5　1：2.5　1：3　1：4　1：6　1：1.5×10^n 1：2.5×10^n　1：3×10^n　1：4×10^n　1：6×10^n

3. 比例的选用

① 为了在图样上直接获得实际机件大小的真实概念，应尽量采用 1：1 的比例绘图。

② 应优先选用"比例系列一"中的比例。

③ 如不宜采用 1：1 的比例时，可选择放大或缩小的比例。但标注尺寸一定要注写实际尺寸。图形比例与尺寸的关系如图 1-5 所示。

（三）字体（GB/T 14691—1993）

1. 字体的一般要求

图样中除了用视图表示机件的结构形状外，还要用文字和数字说明机件的技术要求和大小。

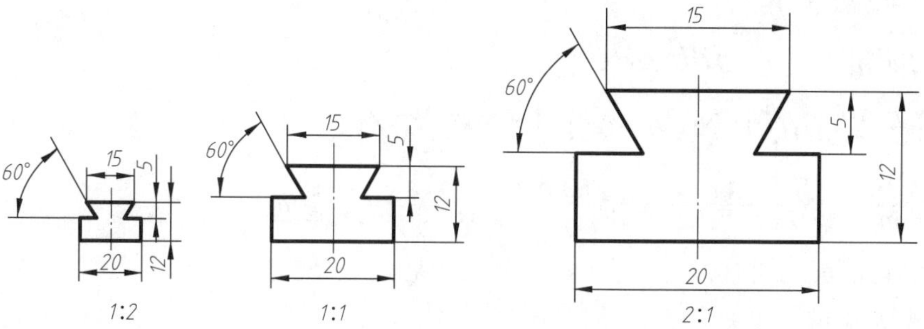

图 1-5　图形比例与尺寸的关系

图样上所注写的汉字、数字、字母必须做到：字体工整、笔画清楚、间隔均匀、排列整齐。这样要求的目的是使图样清晰，文字准确，便于识读，便于交流，给生产和科研带来方便。

2. 字体的具体规定

字体的字号规定了八种：20，14，10，7，5，3.5，2.5，1.8。字体的号数即是字体高度。如 10 号字，它的字高为 10mm。字体的宽度一般是字体高度的 2/3 左右。

① 汉字应写成长仿宋体字，并应采用中华人民共和国国务院正式公布推行的《汉字简化方案》中规定的简化字。工程图中汉字的高度不应小于 3.5mm。

② 字母和数字分斜体和直体两种。斜体字的字体头部向右倾斜 15°。字母和数字各分 A 型和 B 型两种字体。A 型字体的笔画宽度为字高的 1/14，B 型为 1/10。在同一张图样上，只允许选用一种型式的字体。

3. 字体举例

（1）汉字——长仿宋体

10号字　字体工整　笔画清楚　间隔均匀　排列整齐

7号字　仿宋体书写要　横平竖直　注意起落　结构均匀　填满方格

5号字　技术制图　石油化工　机械电子　精细工艺　工艺流程　设备容器　储罐塔器

（2）字母

大写斜体　*ABCDEFGHIJKLMNOPQRSTUVWXYZ*

小写斜体　*abcdefghijklmnopqrstuvwxyz*

（3）阿拉伯数字

斜体　*0123456789*

直体　0123456789

（4）罗马数字

斜体　*I II III IV V VI VII VIII IX X*

直体　I II III IV V VI VII VIII IX X

（5）字体综合应用

460r/min   380kPa

10JS5(±0.003) M24-6h l/mm m/kg

$\phi 25 \frac{H6}{m5}$ $\frac{II}{2:1}$ $\frac{A \frown}{5:1}$ $\sqrt{} \overline{Ra\,6.3}$ R8 5% $\sqrt{} \overline{3.50}$

（四）图线（GB/T 17450—1998、GB/T 4457.4—2002）

1. 线型及应用

机件的图样是用各种不同粗细和型式的图线画成的，不同的线型有不同的用途，表 1-3 是绘制图样时常用的九种图线的型式、名称、宽度及主要用途，图线的具体应用参见图 1-6。

表 1-3 常用图线及应用

图线名称	代码	线　型	线宽	一般应用
细实线	01.1		$d/2$	①过渡线 ②尺寸线 ③尺寸界线 ④指引线和基准线 ⑤剖面线
波浪线	01.1		$d/2$	断裂处边界线,视图与剖视图的分界线
双折线	01.1		$d/2$	断裂处边界线,视图与剖视图的分界线
粗实线	01.2		d	①可见棱边线 ②可见轮廓线 ③相贯线 ④螺纹牙顶线
细虚线	02.1		$d/2$	①不可见棱边线 ②不可见轮廓线
粗虚线	02.2		d	允许表面处理的表示线
细点画线	04.1		$d/2$	①轴线 ②对称中心线 ③分度圆(线)
粗点画线	04.2		d	限定范围表示线
细双点画线	05.1		$d/2$	①相邻辅助零件的轮廓线 ②可动零件的极限位置的轮廓线

2. 线宽

图线分粗线和细线两种，图线宽度应根据图形的大小和复杂程度在 0.5～2mm 之间选择。粗线宽度约为细线宽度的两倍。图线宽度的推荐系列为：0.25mm，0.35mm，0.5mm，0.7mm，1mm，1.4mm，2mm。粗线的宽度一般常用 0.7mm 或 0.5mm。

3. 图线的画法及注意事项

① 同一图样中同类图线的宽度应基本一致。虚线、点画线及双点画线的线段长度和间

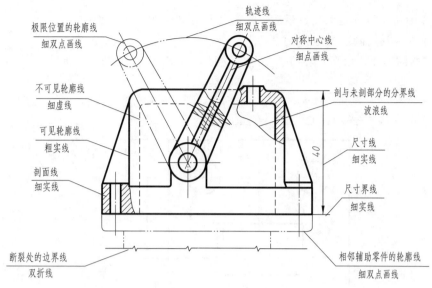

图 1-6　图线应用示例

隔应各自大致相等，保持图线的匀称协调。

　　② 点画线、双点画线的点不是圆点，而是一个小短画；点画线、双点画线的首末两端应是线段，而不是短画，如图 1-7 所示。

　　③ 点画线与点画线相交、虚线与虚线相交、虚线与点画线相交，应以线段相交；虚线、点画线如果是粗实线的延长线，应留有空隙；虚线与粗实线相交，不留空隙，如图 1-7 所示。

　　④ 点画线伸出图形轮廓的长度一般为 2～5mm；在较小的图形上绘制点画线或双点画线有困难时，可用细实线代替，如图 1-7 所示。

　　⑤ 图线的颜色深浅程度要一致，不要粗线深细线浅。

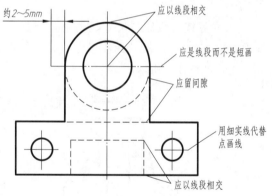

图 1-7　图线画法示例

二、尺寸注法

　　图形只能反映物体的结构形状，物体的大小要靠所标注的尺寸来确定。尺寸是图样中的重要内容之一，是制造机件的直接依据，也是图样中指令性最强的部分。标注尺寸时，应严格遵照国家标准（GB/T 4458.4—2003，GB/T 16675.2—1996）有关尺寸注法的规定，做到正确、齐全、清晰、合理。

　　1. 基本规则

　　① 机件的真实大小应以图样上所注的尺寸数值为依据，与图形的大小及绘图的准确度无关。

　　② 图样中的尺寸以 mm 为单位时，不需注明计量单位的代号或名称，如采用其他单位，则必须注明相应的单位代号或名称。

　　③ 机件的每一尺寸，在图样中一般只标注一次，并应标注在反映该结构最清晰的图

形上。

④ 图样中所注尺寸是该机件最后完工时的尺寸，否则应另加说明。

2. 尺寸要素及其画法规定

一个完整的尺寸，由尺寸界线、尺寸线、尺寸数字组成，如图1-8所示。

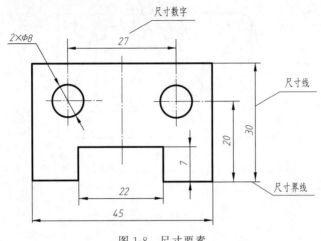

图1-8　尺寸要素

（1）尺寸界线　表示所标注尺寸的起止范围。

① 尺寸界线用细实线绘制，一般应由图形轮廓线、轴线或对称中心线处引出，其末端一般超出尺寸线终端2～3mm。也可直接用图形轮廓线、轴线或对称中心线作尺寸界线，如图1-8所示。

② 尺寸界线一般应与尺寸线垂直，当尺寸界线过于贴近轮廓线时，允许倾斜（不与尺寸线垂直）。在光滑过渡处标注尺寸时，必须用细实线将轮廓线延长，从它们的交点处引出尺寸界线，如图1-9所示。

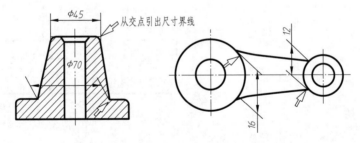

图1-9　允许尺寸界线与尺寸线不垂直

（2）尺寸线　用来表示所注尺寸的度量方向。

① 尺寸线必须用细实线单独绘制，不能用其他图线代替，一般也不能和其他图线（如图形轮廓线、中心线）重合或画在其延长线上，如图1-10所示。

② 尺寸线必须与所注的线段平行，尺寸线与轮廓线的距离以及相互平行的尺寸线间的距离应尽量一致。避免尺寸线之间及与尺寸界线相交，应小尺寸在内，大尺寸在外，如图1-8、图1-10所示。

③ 尺寸线终端有箭头和斜线两种形式，箭头和斜线的画法如图1-11所示。同一张图样中，尺寸线终端只能采用其中一种形式，机械图样中一般采用箭头形式，且箭头大小要一致。

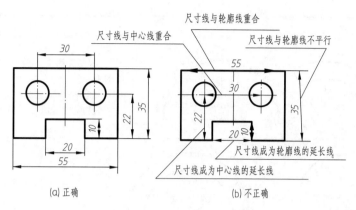

图 1-10 尺寸标注示例

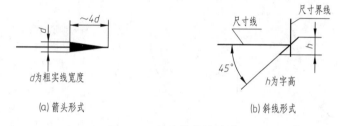

图 1-11 尺寸线终端形式

（3）尺寸数字 用来表示所注尺寸的数值，是图样中指令性最强的部分。

线性尺寸的尺寸数字应标注在尺寸线的上方或左方，也允许注写在尺寸线的中断处。在同一图样上，数字的注法应一致。线性尺寸数字的方向，水平尺寸的数字字头向上；铅垂尺寸的数字字头朝左；倾斜尺寸的数字字头应有朝上的趋势。线性尺寸、角度尺寸、圆、圆弧、小尺寸等尺寸的注法见表 1-4。

标注尺寸时，还应尽可能使用符号和缩写词。常见的符号和缩写词见表 1-5。

表 1-4 常用尺寸注法示例

标注内容	图 例	说 明
线性尺寸	(a) (b) (c)	线性尺寸的数字应按图(a)中的方向书写，并尽量避免在图示 30°范围内标注尺寸。当无法避免时，可按图(b)的方法标注。在不致引起误解时，非水平方向的尺寸数字也允许水平地注写在尺寸线的中断处如图(c)所示，但在同一图样中注法应一致

标注内容	图　例	说　明
角度尺寸	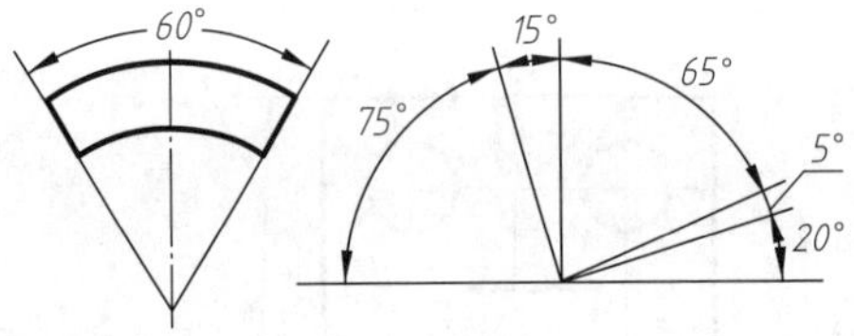	尺寸界线应沿径向引出,尺寸线画成圆弧,圆心是角的顶点。尺寸数字一律水平书写,一般注在尺寸线的中断处,必要时也可按右图的形式标注
圆和圆弧	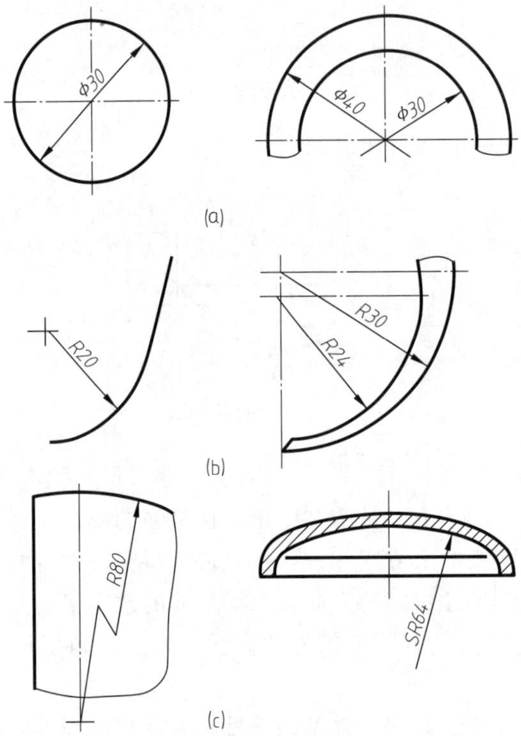	圆的直径和圆弧半径的尺寸线终端应画成箭头。标注圆的直径时,在尺寸数字前面加注符号"ϕ";标注圆弧的半径时,在尺寸数字前面加注符号"R";标注球面时,在尺寸数字前面加注符号"SR"或"$S\phi$";标注大圆弧在图纸范围内无法标出圆心位置时,可按图(c)左图标注,不需标出圆心位置时按图(c)右图标注
弧长和弦长	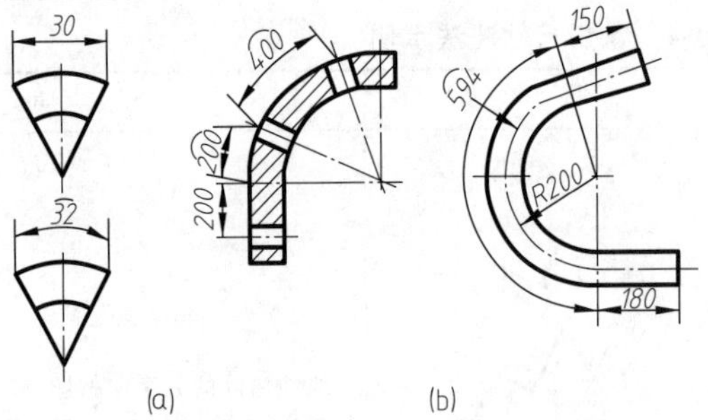	标注弧长时,应在尺寸数字上加符号"⌒"。弧长及弦长的尺寸界线应平行于该弦的垂直平分线,见图(a)。当弧长较大时,尺寸界线可改用沿径向引出,见图(b)
小尺寸标注	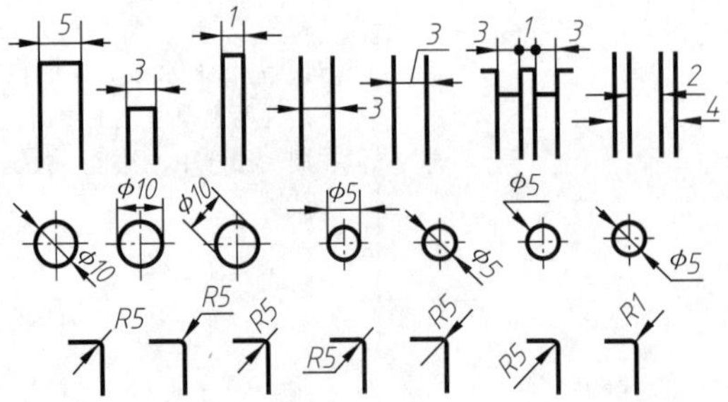	当没有足够位置画箭头或写数字时,可有一个布置在外面;位置更小时,箭头和数字可以都布置在外面;当尺寸界线两侧均无法画箭头时,狭小部位标注尺寸时箭头可用圆点代替

续表

标注内容	图　例	说　明
正方形结构	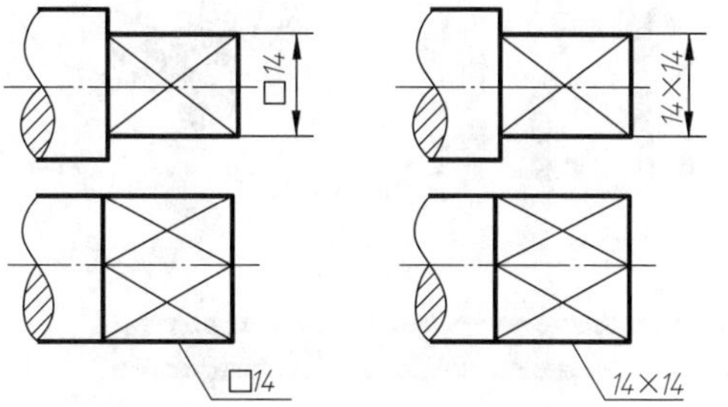 注：方形或矩形小平面可用对角交叉细实线表示	标注断面为正方形结构的尺寸时,可在正方形边长尺寸数字前加注符号"□"或用"$B \times B$"(B 为正方形边长)注出
板状结构	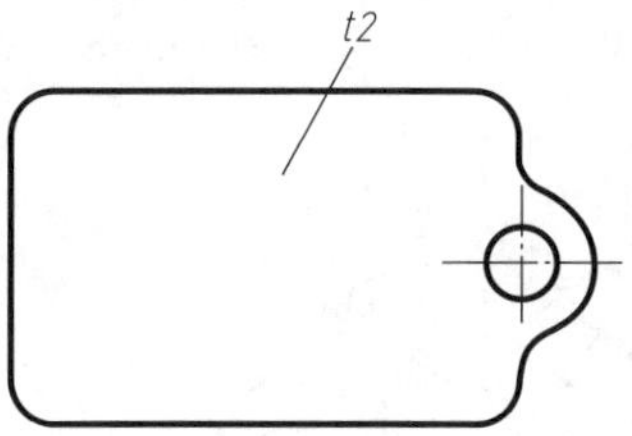	标注板状机件时可在尺寸数字前加注符号"t"(表示为均匀厚度板),而不必另画视图表示厚度

表 1-5　常用符号或缩写词

名　称	符号或缩写词	名　称	符号或缩写词
直径	ϕ	厚度	t
半径	R	正方形	□
球直径	$S\phi$	45°倒角	C
球半径	SR	深度	▽
弧长	⌒	深孔或锪孔	⊔
均布	EQS	埋头孔	∨

三、常用绘图工具及使用

要提高尺规绘图的绘图质量和速度,必须正确熟练地使用各种绘图工具及仪器。几种常用的绘图工具及仪器介绍如下。

1. 铅笔

绘图铅笔铅芯的硬、软分别用标号"H"、"B"表示。标号"HB"为中等硬度。绘图时一般都用"H"或"2H"画底稿,用"HB"书写文字和徒手绘图,用"B"或"2B"加深图线。

削铅笔应从没有标号的一端开始,以保留铅笔的软硬标号,利于使用时识别。用于画粗实线的铅笔和铅芯应磨成矩形断面,其余的磨成圆锥形,如图 1-12 所示。

2. 绘图板和丁字尺

绘图板用来铺放和固定图纸,如图 1-13 所示。绘图板一般用胶合板制作,四周镶硬质木条。图板的规格尺寸有：0 号 (900mm×1200mm)、1 号 (600mm×900mm)、2 号 (450mm×600mm)。

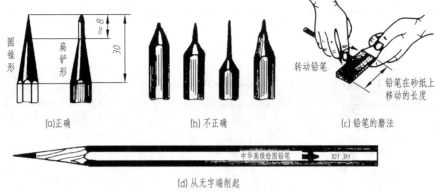

(a)正确   (b) 不正确   (c) 铅笔的磨法

(d) 从无字端削起

图 1-12   铅笔的削法

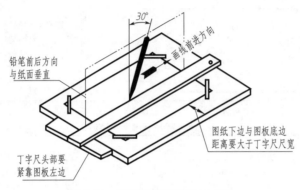

图 1-13   用图板及丁字尺画水平

丁字尺由尺头和尺身构成，用来画水平线，使用时，尺头内侧要紧靠图板左侧导边上下移动，然后沿尺身的上边画线，如图 1-13 所示。使用完毕应悬挂放置，以免尺身弯曲变形。

3. 三角板

三角板由 45°和 30°与 60°角的两块组成一副，可与丁字尺配合画出垂直线及 15°倍角的斜线，也可用一副三角板配合画出任意角度的平行线，如图 1-14 所示。

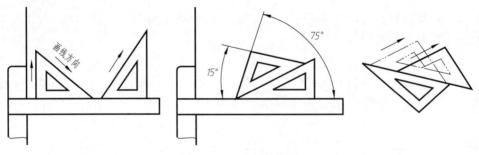

图 1-14   三角板的使用

4. 圆规及分规

圆规用来画圆及圆弧。画细线圆时，用 H 或 HB 铅笔芯并磨成铲形；在描黑粗实线圆时，铅芯应用 2B 或 B（比画粗直线的铅笔软一号）并磨成矩形。圆规的针脚上的针，当画底稿时用普通针尖，描黑时应换用带有支承的小针尖，要注意针尖应调整得比铅芯稍长一点，如图 1-15 所示。

用圆规画圆时，将针尖插入圆心后，圆规应向前进方向（顺时针）稍倾斜，如图 1-16（a）、（b）所示；画较大圆时应使两脚均与纸面垂直，如图 1-16（c）所示；画大圆时应接上加长杆并以双手画圆，如图 1-17 所示。

分规用以量取尺寸、等分线段和圆周。分规两针尖并拢时应对齐，用法如图 1-18 所示。

四、绘图方法与技能

绘制工程图样有三种方法：尺规绘图、徒手绘图

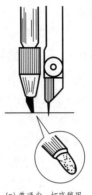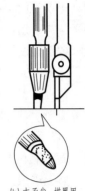

(a) 普通尖，打底稿用　　(b) 支承尖，描黑用

图 1-15　圆规的针脚

和计算机绘图。尺规绘图是绘制各类工程图样的基础，具备良好的尺规绘图能力，才有可能借助其他绘图手段和工具绘制出高质量的工程图。

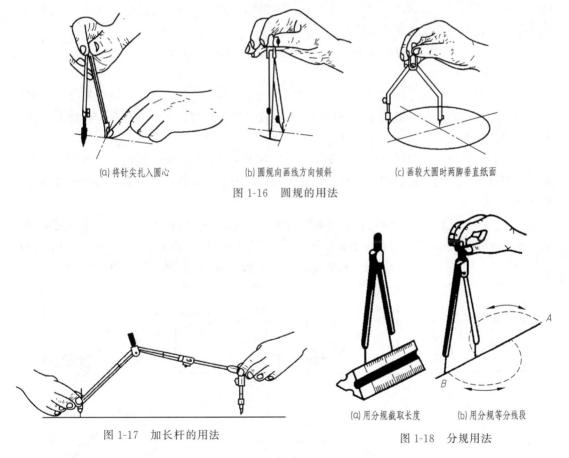

(a) 将针尖扎入圆心　　　　(b) 圆规向画线方向倾斜　　　　(c) 画较大圆时两脚垂直纸面

图 1-16　圆规的用法

图 1-17　加长杆的用法

(a) 用分规截取长度　　(b) 用分规等分线段

图 1-18　分规用法

1. 尺规绘图

尺规绘图是借助丁字尺、三角板、圆规、分规等绘图工具和仪器进行手工操作的一种绘图方法，是工程技术人员的基本技能，也是计算机绘图的基础。

尺规绘图步骤及方法如下。

（1）绘图前的准备工作　准备好所用的绘图工具和仪器，并擦拭干净，按绘制图线的要求削磨好铅笔及圆规上的笔芯。根据绘制对象的尺寸、难易和所选比例选择图幅。将选好的

图纸用胶带固定在图板偏左、偏下的位置，并使图纸上边与丁字尺的边平齐，固定好的图纸要平整。不用的物品不要放在图板上。

（2）画图框及标题栏　按国标规定的幅面尺寸和标题栏位置，用细实线绘制图框和标题栏，待图纸完工后再对图框线加深、加粗（预先印制好图框的图纸省略此步骤）。

（3）布置图形　根据设想好的布局方案先画出各图形的基准线，如中心线、对称线或物体主要平面（如零件底面）的线。

（4）画底稿　用H或2H铅笔绘制底稿，画图线时要尽量细而轻淡，以便于擦除和修改；要尽量利用投影关系，几个图形同时绘制，以提高绘图速度。底稿绘制完成后，经校核，修正错误并擦去多余的作图线。

（5）图线加深　按图线标准加深图线。通常用B或2B铅笔加深粗实线，用HB铅笔加深细实线、虚线、点画线等各类细线，画圆时圆规的铅芯，应比画相应直线的铅芯软一号。加深图线的顺序通常是：先曲后直、先细后粗、先左后右、先水平后垂直。

（6）标注尺寸　在标注尺寸时，先画出尺寸界限、尺寸线和尺寸箭头，再注写尺寸数字和其他文字说明。通常使用HB铅笔。

（7）填写标题栏　经仔细检查图纸后，填写标题栏中的各项内容，完成全部绘图工作。

2. 徒手绘图

徒手绘图就是不用绘图仪器，通过目测机件的形状和大小，直接徒手画出图样，所画图样俗称草图，广泛用于创意构思、设计交流、机件测绘，所以绘制草图也是工程技术人员必备的一项技能。

草图并不是潦草的图样，具体绘图步骤与尺规图完全相同。徒手绘图仍应做到：图形正确，线型分明，比例匀称，字体工整，图面整洁。草图通常画在坐标纸上，各种图线的徒手画法如下。

（1）直线　画直线时，眼睛看着直线的终点，用力均匀，一次画成。画短线常用手腕运笔，画长线则以手臂动作，且肘部不宜接触纸面，否则不易画直。作较长线时，也可以用目测在直线中间定出几个点，然后分段画。水平线由左向右画，铅垂线由上向下画，如图1-19所示。

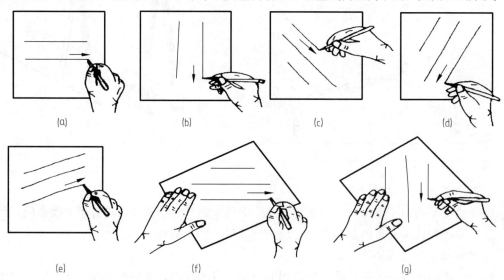

图 1-19　徒手画直线

（2）圆　画圆时，先徒手作两条互相垂直的中心线，定出圆心，再根据直径大小，用目测估计半径大小，在中心线上截得四点，然后徒手将各点连接成圆，如图 1-20(a) 所示。当所画的圆较大时，可过圆心多作几条不同方向的直径线，在中心线和这些直径线上按目测定出若干点后，再徒手连成圆，如图 1-20(b) 所示。

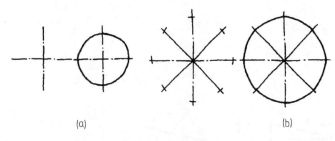

图 1-20　徒手画圆

（3）椭圆　根据椭圆的长短轴，目测定出其端点位置，过四个端点画一矩形，徒手作椭圆与此矩形相切，如图 1-21 所示。

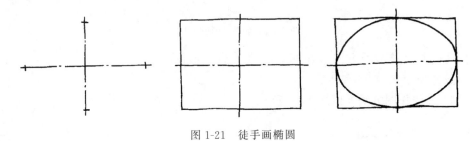

图 1-21　徒手画椭圆

【知识拓展】

一、常见几何图形的画法

1. 正多边形

（1）正六边形　用圆规等分圆周作正六边形的作图方法，如图 1-22(a) 所示。用丁字尺和三角板配合作正六边形的作图方法，如图 1-22(b)、(c) 所示。

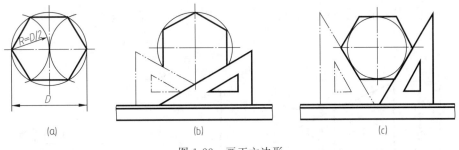

图 1-22　画正六边形

（2）正五边形　用圆规等分圆周作正五边形的作图方法，如图 1-23 所示。

2. 斜度和锥度

（1）斜度　是指一直线（或平面）对另一直线（或平面）的倾斜程度，其大小用该两直线（或平面）间夹角的正切值来表示，如图 1-24(a) 所示。在图样中以∠1：n 的形式

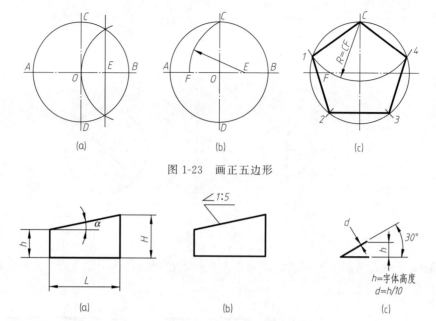

图 1-23　画正五边形

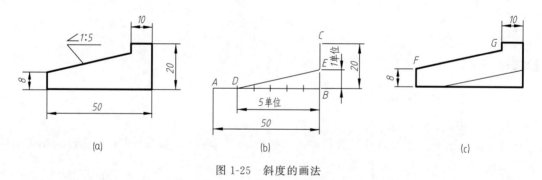

图 1-24　斜度及其标注

标注。标注时斜度符号的方向应与倾斜方向一致，如图 1-24（b）所示。斜度符号的画法如图 1-24（c）所示。

斜度 1：5 的作图方法如图 1-25 所示。

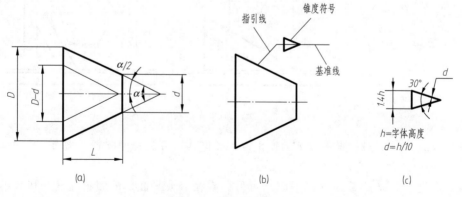

图 1-25　斜度的画法

（2）锥度　是指正圆锥的底圆直径（或圆台顶、底圆的直径差）与高度之比，如图1-26

图 1-26　锥度及其标注

（a）所示。在图样中以 ▷ 1：n 的形式标注。标注时锥度符号的尖端应指向圆锥小端，如图 1-26（b）所示。锥度符号的画法如图 1-26（c）所示。

锥度 1：5 的作图方法如图 1-27 所示。

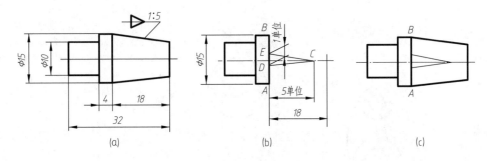

图 1-27　锥度的画法

3．圆弧连接

圆弧连接是指用已知半径的圆弧（称连接弧），光滑连接（即相切）已知相邻两线段（直线或圆弧）。为了保证相切，必须准确地作出连接弧的圆心和切点。

① 圆弧连接的作图原理见表 1-6。

② 圆弧连接的作图方法：无论哪种形式的圆弧连接，首先都要求出连接弧的圆心，再找出切点（连接点），最后画出连接弧。圆弧连接的作图步骤见表 1-7。

表 1-6　圆弧连接的作图原理

类　别	圆弧与直线连接（相切）	圆弧与圆弧外连接（外切）	圆弧与圆弧内连接（内切）
图例			
连接弧圆心轨迹及切点位置	连接弧圆心的轨迹是平行于已知直线且相距为 R 的直线 连接弧圆心向已知直线作垂线，垂足 K 即为切点	连接弧圆心的轨迹是已知圆弧的同心圆弧，其半径为 R_1+R 两圆心连线与已知圆弧的交点 K 即为切点	连接弧圆心的轨迹是已知圆弧的同心圆弧，其半径为 R_1-R 两圆心连线的延长线与已知圆弧的交点 K 即为切点

表 1-7　圆弧连接的作图步骤

形　式	实　例	作　图	步　骤
两直线间的圆弧连接			①分别作与两已知直线距离为 R 的平行线，其交点 O 即为连接圆弧的圆心 ②过 O 点分别作两已知直线的垂线，得垂足 K_1 和 K_2，即为切点 ③以 O 为圆心，R 为半径在两切点 K_1、K_2 之间作圆弧，即为所求

续表

形　式	实　例	作　图	步　骤
两圆弧间的圆弧连接			①分别以 O_1、O_2 为圆心，R_1+R 和 R_2+R 为半径画圆弧得交点 O，即为连接圆弧的圆心 ②连接 OO_1、OO_2 与已知圆弧分别交于 K_1、K_2，即为切点 ③以 O 为圆心，R 为半径在两切点 K_1、K_2 之间作圆弧，即为所求
			①分别以 O_1、O_2 为圆心，$R-R_1$ 和 $R-R_2$ 为半径画圆弧得交点 O，即为连接圆弧的圆心 ②连接 OO_1、OO_2 并延长与已知圆弧分别交于 K_1、K_2，即为切点 ③以 O 为圆心，R 为半径在两切点 K_1、K_2 之间作圆弧，即为所求
两圆弧间的圆弧连接			①分别以 O_1、O_2 为圆心，R_1+R 和 R_2-R 为半径画圆弧得交点 O，即为连接圆弧的圆心 ②连接 OO_1、OO_2 并延长 O_2O 与已知圆弧分别交于 K_1、K_2，即为切点 ③以 O 为圆心，R 为半径在两切点 K_1、K_2 之间作圆弧，即为所求
直线和圆弧间的圆弧连接			①作与已知直线距离为 R 的平行线 ②以 O_1 为圆心，R_1+R 为半径画圆弧与平行线交于 O，即为连接圆弧的圆心 ③过 O 作已知直线垂线，得垂足 K_2，连接 OO_1 与已知圆弧交于 K_1，则 K_1、K_2 为切点 ④以 O 为圆心，R 为半径，在 K_1、K_2 之间作圆弧，即为所求

二、平面图形的画法

画平面图形前，首先要对平面图形进行尺寸分析和线段分析，以便明确作图顺序，正确画出平面图形和标注尺寸。

1. 尺寸分析

平面图形中的尺寸，按其作用可分为定形尺寸和定位尺寸两类。

（1）定形尺寸　确定平面图形中各部分（几何元素）形状和大小的尺寸。如直线段的长度、圆的直径、圆弧的半径、角度的大小等，如图 1-28 中的 20、$\phi 15$、$\phi 27$、$R3$、$R40$ 等尺寸。

（2）定位尺寸　确定平面图形中各部分（几何元素）之间相对位置的尺寸。如圆心、直线、对称中心等位置的尺寸，如图 1-28 中的 60、10、6 等尺寸。

定位尺寸要从尺寸基准出发进行标注。标注尺寸的起始几何要素（点、线）称为尺寸基准。在平面图形中，常用作基准的几何要素有图形对称中心线、较长直线等。标注平面图形尺寸时，应首先确定图形中长度和宽度两个方向的尺寸基准。

2. 线段分析

平面图形中的线段，根据其定位尺寸是否齐全，分为已知线段、中间线段、连接线段三类。

（1）已知线段　有齐全的定形尺寸和定位尺寸，能根据已知尺寸直接画出的线段。如图

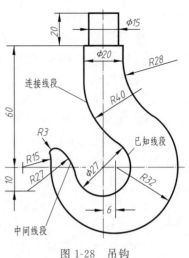

图 1-28　吊钩

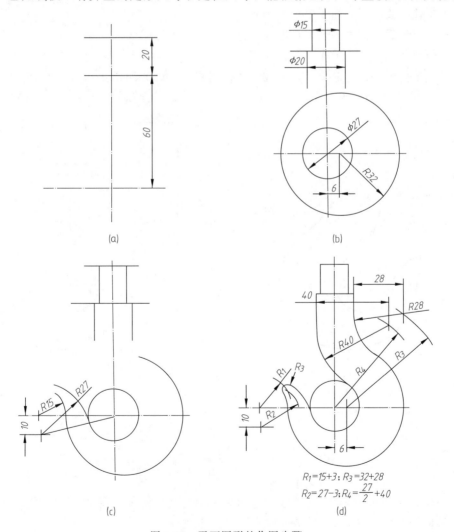

图 1-29　平面图形的作图步骤

1-28 中 $\phi 27$、$R32$ 等线段。

（2）中间线段　只有定形尺寸和一个方向的定位尺寸，另一个定位尺寸必须根据相邻已知线段的几何关系才能画出的线段。如图 1-28 中 $R27$、$R15$ 等线段。

（3）连接线段　只有定形尺寸，其定位尺寸必须依靠两端相邻的已知线段的连接关系才能画出的线段。如图 1-28 中 $R40$、$R3$、$R28$ 等线段。

3. 平面图形的绘图步骤

通过对平面图形的尺寸与线段分析可知，在绘制平面图形时，首先应画已知线段，其次画中间线段，最后画连接线段。

下面以图 1-28 的吊钩为例，说明平面图形的绘图方法和步骤。

① 分析平面图形中的尺寸和线段，搞清哪些是已知线段、中间线段或连接线段（以上已分析）。

② 根据图形各组成部分确定作图基准线，如图 1-29(a) 所示。

③ 画出已知线段，如图 1-29(b) 所示。

④ 画出中间线段，如图 1-29(c) 所示。

⑤ 画出连接线段，如图 1-29(d) 所示。

⑥ 检查无误后，擦去多余的作图线，整理图形，加深图线。

⑦ 选择尺寸基准，如图 1-30(a) 所示。

⑧ 标注定位尺寸、定形尺寸，完成绘图，如图 1-30(b) 所示。

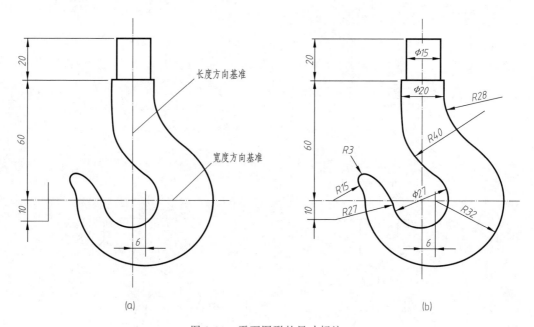

图 1-30　平面图形的尺寸标注

【课后训练】

1. 在 A4 图纸上抄画题图 1-1-1 所示的图形。

2. 检查题图 1-1-2(a) 所示尺寸标注的错误，并在图（b）中进行正确标注。

▲3. 在指定的位置抄画题图 1-1-3 所示的平面图形，并标注尺寸。

▲4. 在 A4 图纸上用 1∶1 比例抄画题图 1-1-4 所示的扳手平面图形。

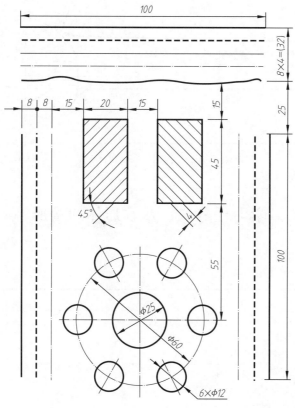

题图 1-1-1

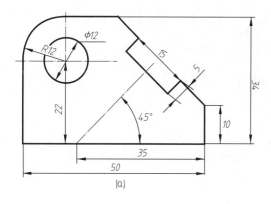

(a)

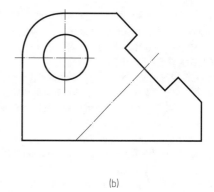

(b)

题图 1-1-2

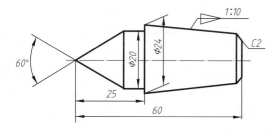

题图 1-1-3

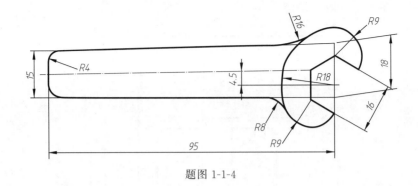

题图 1-1-4

学习任务二　基本形体的构形

【学习任务单】

任　务	基本形体的构形		用　时	8 课时
知　识 目　标	1. 理解正投影的原理、基本性质及三视图形成、投影规律。 2. 掌握三视图的绘制方法和步骤。 3. 掌握常见基本形体的三视图及其尺寸标注。			
技　能 目　标	1. 按投影规律正确绘制简单模型的三视图。 2. 按正确步骤绘制基本形体的三视图并正确标注尺寸。 3. 训练学生尺规画图的基本功。			

一、任务描述

　　在工程界,通常用图纸上的二维平面图形表达机器或零部件。任何物体都可看成由若干基本形体组合而成。现有一些基本形体如正六棱柱、圆柱体等,如何在一张平面图纸上准确而全面地表达它们的形状和大小?

　　通过绘制基本形体和简单形体(若干实物或木模)的三视图,理解正投影的原理和三视图的投影规律。

二、任务实施要求

　　1. 充分理解正投影的原理和三视图的投影规律,并在老师指导下,绘制简单形体的三视图。

　　2. 借助基本形体的模型,弄清基本形体的形成过程及结构要素。

　　3. 在老师指导下,绘制基本形体的三视图并正确标注尺寸。

　　4. 任务实施过程中多想、多练、多看。

三、相关资源

　　1. 简单形体及基本形体的实物或模型及投影箱。

　　2. 教材知识链接内容。

　　3.《技术制图》与《机械制图》国家标准。

　　4. 相关教学课件。

四、任务实施说明

　　1. 学生分组,每小组 3～4 人。

　　2. 小组进行任务分析。

　　3. 现场教学或资料学习。

　　4. 小组讨论三视图绘制方法及注意点。

　　5. 小组现场实践,在老师指导下,绘制基本形体和简单形体(若干实物或木模)的三视图。

　　6. 小组互改,找出三视图绘制过程中的错误。

　　7. 集中点评,解决三视图绘制过程中的重点和难点问题。

五、拓展任务

　　1. 学习轴测图的画法。

　　2. 由老师指定画一物体的轴测图。

六、考核评价

　　成果 50%,自我评价 10%,团队合作 20%,教师评价 20%。

【知识链接】

一、投影法及三视图

1. 投影法

空间物体在灯光的照射下，会在地面或在墙壁上出现它的影子。投影法就是根据这一自然现象，并经过科学的抽象，总结出的用投射在平面上的图形表示空间物体形状的方法。所得的图形称为物体的投影，投影所在的平面，称为投影面。

投影法分为中心投影法和平行投影法两类。

（1）中心投影法　投射线汇交于一点的投影法，如图 1-31 所示。

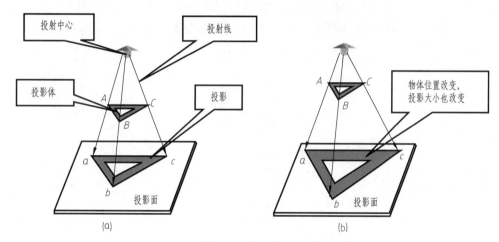

图 1-31　中心投影法

采用中心投影法所得投影，其大小随着投影面、物体和投影中心三者间的距离变化而变化。因此，中心投影法不能真实反映物体大小，且度量性较差，作图复杂。

（2）平行投影法　投射线相互平行的投影法，如图 1-32 所示。

平行投影法，其投射线互相平行，如仅改变物体与投影面的距离，所得投影的形状和大小不发生改变。

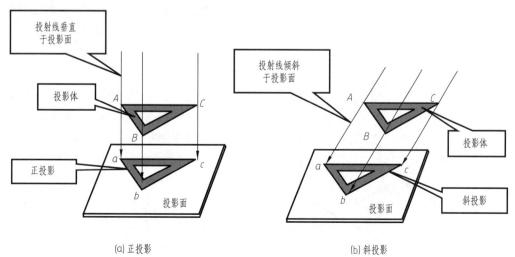

(a) 正投影　　　　　　　　　　　(b) 斜投影

图 1-32　平行投影法

平行投影法可分为斜投影法和正投影法：正投影法是投射线与投影面相互垂直的平行投影法，如图 1-32(a) 所示；斜投影法是投射线与投影面倾斜的平行投影法，如图 1-32(b) 所示。

根据正投影法所得的图形称为正投影。正投影法能准确、完整地表达出形体的形状和结构，且作图简便，度量性较好，故广泛用于工程图。

2. 正投影的基本性质

（1）真实性　当直线（或平面）平行于投影面时，其投影反映线段的实长（或平面实形）。如图 1-33 中所示平面 P 和直线 BC 均平行于投影面，它们的投影 p、bc 反映其在空间的真实形状。

（2）积聚性　当直线（或平面）垂直于投影面时，其投影积聚为点（或直线），如图1-34 中形体垂直于投影面的各条棱线在投影面上的投影积聚成点，各平面的投影积聚成直线。

（3）类似性　当直线或平面倾斜于投影面时，直线的投影变短，平面的投影为原平面图形的类似形，但面积较原图形变小，如图 1-35 所示。

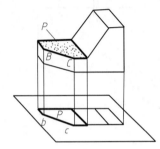
图 1-33　正投影的真实性

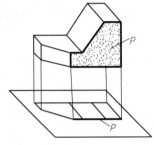
图 1-34　正投影的积聚性

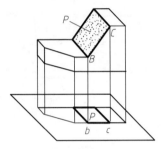
图 1-35　正投影的类似

3. 三视图

在机械行业中，通常把互相平行的投射线看作人的视线，而把零件在投影面上的投影称为视图。

（1）三视图的形成

① 形成的过程。设置三个相互垂直的投影面，即正立投影面 V（正面）、水平投影面 H（水平面）、侧立投影面 W（侧面），形成一个三投影面体系，如图 1-36 所示。三个投影面中两两面的交线 OX、OY、OZ 称为投影轴，分别代表物体的长、宽、高三个方向。OX、OY、OZ 轴的交点 O 称为原点。

将物体放在三投影面体系中（使物体表面的线、面尽可能多地与投影面平行或垂直），按正投影的方法分别从 S、S_1、S_2 三个方向向 H、V、W 投影面投射，就得到物体的三面投影。

由前向后在 V 面上得到的正面投影为主视图；由上向下在 H 面上得到的水平投影为俯视图；由左向右在 W 面上得到的侧面投影为左视图，如图 1-36 所示。

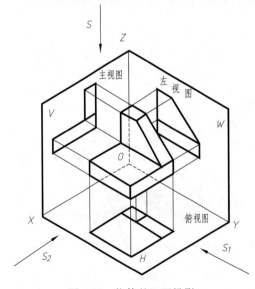
图 1-36　物体的三面投影

② 投影面的展开与摊平。为了将三投影面体系中的各个视图画在同一平面上，保持 V 面不动，将 H 面沿 OX 轴向下旋转 $90°$，将 W 面向右旋转 $90°$，如图 1-37(a) 所示，使 V、H、W 三个投影面处于同一平面位置，获得同一平面上的三个视图，如 1-37(b) 所示。实际画三视图时，由于投影面的大小及物体距投影面距离与视图内容无关，因此不需画出投影面的边框和轴线，如图 1-37(c) 所示。

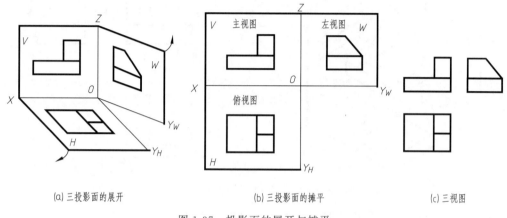

(a) 三投影面的展开　　　　　　　　(b) 三投影面的摊平　　　　　　(c) 三视图

图 1-37　投影面的展开与摊平

（2）三视图之间的关系

① 位置关系。以主视图为基准，俯视图在其正下方，左视图在其正右方，如图 1-37(c) 所示。

② 尺寸关系。从物体的投影过程可以看出，每一个视图都反映了物体两个方向的尺寸。主视图反映物体长度和高度方向的尺寸；俯视图反映物体长度和宽度方向的尺寸；左视图反映物体高度和宽度方向的尺寸，如图 1-38 所示。

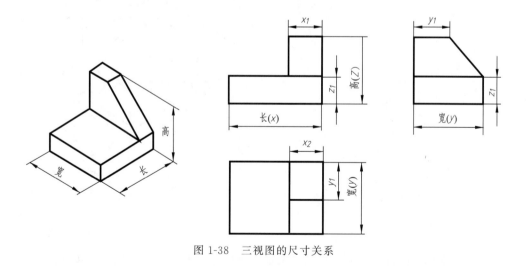

图 1-38　三视图的尺寸关系

由此可得出，三视图间具有下列投影规律：

主视图与俯视图——长对正；

主视图与左视图——高平齐；

俯视图与左视图——宽相等。

③ 方位关系。当物体被放置在三投影面体系中时，指定主视方向靠近观察者的为物体的前面，如图 1-39 所示。主视图反映了物体左、右和上、下方位；俯视图反映了物体的左、右和前、后方位；左视图反映了物体的上、下和前、后方位。

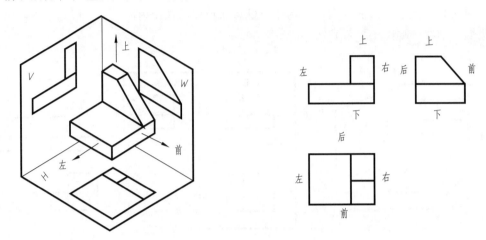

图 1-39 三视图反映的方位关系

主视图和俯视图同时反映了物体上各部分的左右位置；主视图和左视图同时反映了物体上各部分的上下位置；俯视图和左视图同时反映了物体上各部分的前后位置。并且靠近主视图的一面都是物体的后面，远离主视图的一面都是物体的前面。

4. 三视图的绘制

(1) 确定物体的位置 将物体自然放平，尽量使物体的主要表面与三个投影面分别平行或垂直，如图 1-40 所示。

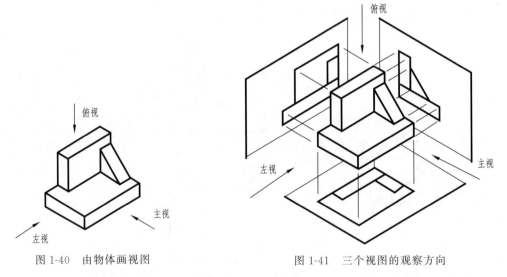

图 1-40 由物体画视图

图 1-41 三个视图的观察方向

(2) 确定主视图的投影方向 应选择最能反映物体形状特征的方向作为主视图的投射方向，如图 1-41 中箭头所指的主视方向，从另两个方向分别进行投射，得到物体的左视图和俯视图，如图 1-41 所示。

(3) 绘图步骤 绘图时按投影规律从主视图开始，逐个地进行，作图过程如图 1-42 所示。

① 画出各视图的定位线,如图 1-42(a) 所示。

② 先画主视图,用铅垂线保证主、俯视图长对正,用水平线保证主、左视图高平齐,用 45°斜线保证俯、左视图宽相等(俯、左视图宽相等的常用方法如图 1-43 所示),画出对应的俯视图和左视图,如图 1-42(b)、(c) 和 (d) 所示。

③ 擦去多余图线,按线型要求加深图线,完成全图,如图 1-42(e) 所示。

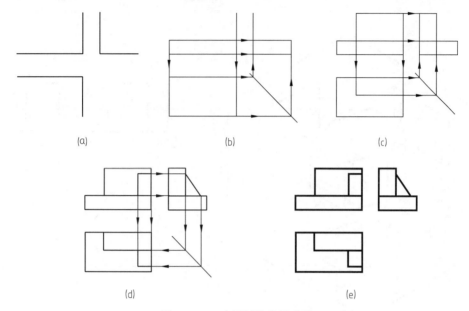

图 1-42 三个视图的作图步骤

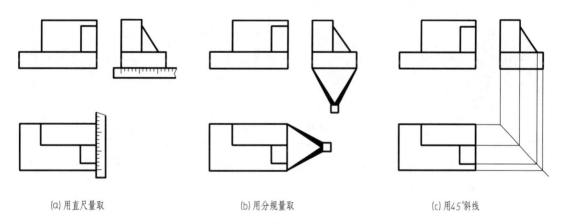

图 1-43 俯、左视图宽相等的三种方法

二、基本形体的构形

基本形体分为平面立体和曲面立体。表面均为平面的立体,称为平面立体,如棱柱、棱锥等;表面由平面和曲面或全部由曲面组成的立体,称为曲面立体,如圆柱体、圆锥体、球体等。

(一)平面立体

1. 棱柱

(1)棱柱的三视图 棱柱由上顶面、下底面和若干棱面所围成,它的棱线相互平行。

如图 1-44(a) 中正六棱柱的顶面和底面为平行且相等的正六边形，均是水平面，其在 H 面上的投影反映实形，在 V 面和 W 面的投影积聚成直线；六个棱面都是相等的长方形，前后两棱面为正平面，在 V 面上的投影反映实形，在 H 面和 W 面的投影积聚成直线；另外四个棱面均为铅垂面，在 H 面上的投影积聚成直线，在 V 面和 W 面上的投影为类似形。

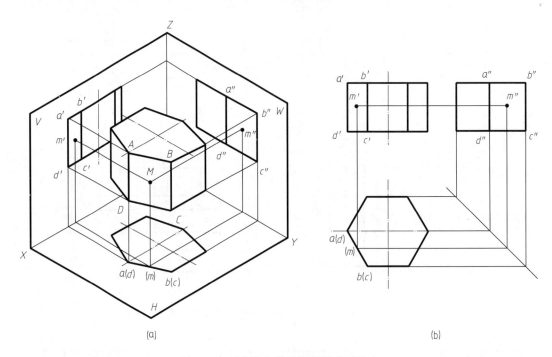

图 1-44   正六棱柱的三视图及表面取点

六棱柱的六条棱线均为铅垂线，在 H 面上的投影积聚成点，在 V 面和 W 面上的投影反映实长。

作图步骤如下。

① 作基准线：以对称线或轴线作为宽度或长度方向的基准线，以下底面积聚的线段为高度方向的基准线。

② 作上、下底面的投影：首先，应先画俯视图以反映正六边形的实形，然后作另两个视图上的投影，即平行于相应投影轴的直线。

③ 将上、下底面对应顶点的同面投影连接起来，即为棱线的投影。它们分别与正六边形的相应边围成正六棱柱的六个棱面。绘图时要注意投影规律，特别是俯视图与左视图宽相等。

（2）棱柱表面取点   根据已知立体表面上点的一个投影，求出点的其他两面投影。在平面立体表面上取点、线的方法与在平面上取点、线的方法基本相同。首先利用已知的投影确定该点在平面立体表面的位置，并且充分利用点所在表面的积聚性，求出点的其他两面投影。

如图 1-44(b) 所示，已知正六棱柱表面上一点 M 的正面投影 m'，求其水平投影 m 和侧面投影 m''。

分析：由 m' 未加注括号可知 M 点在主视图上是可见的，处于正六棱柱左前侧的平面

$ABCD$ 上，因点 M 所在平面 $ABCD$ 是铅垂面，因此其水平投影 m 必落在该平面有积聚性的水平投影 $abcd$ 上，通过点的投影规律（长对正）求出该投影的水平投影 m，找出 $ABCD$ 平面在左视图上的投影位置，通过点的投影规律（高平齐、宽相等）求出 m''，并判断其可见性。

2. 棱锥

（1）棱锥的三视图　棱锥由若干棱面和底面组成，棱锥的棱线相交于一点。正棱锥的底面是一个正多边形，锥顶点在正多边形中心且与其底面垂直的直线上。图 1-45（a）所示为一正三棱锥，它由底面和三个棱面组成。底面△ABC 为水平面，在 H 面上的投影反映实形（即△abc），正面投影和侧面投影积聚为水平直线 $a'b'c'$ 和 $a''b''c''$；棱面△SAC 为侧垂面，在 W 面上的投影积聚为直线 $s''a''c''$，水平投影和正面投影均为类似形，分别是△sac 和△$s'a'c'$，其中△$s'a'c'$ 不可见；另两个棱面是一般位置平面，三个投影均为类似形。

作图步骤如下。

① 作基准线。

② 从俯视图开始，作正三棱锥底面的三个投影。

③ 求出 S 点在水平面上的投影（等边三角形的中心），量取正三棱锥的高得 s'，即可作正三棱锥的正面投影。

④ 根据高平齐、宽相等求出正三棱锥侧面投影。

（2）棱锥表面取点　处于特殊位置表面上的点，可利用积聚性求解；处于一般位置面上的点，可采用作辅助线的方法求得。

如图 1-45（b）所示，已知正三棱锥表面上一点 M 的正面投影 m'，求点 M 的另外两面投影。

分析：M 点所在棱面△SAB 是一般位置平面，需过锥顶 S 和点 M 作辅助线 SⅠ，如图1-45（b）中过 m' 作 $s'1'$，其水平投影为 $s1$，然后根据点在直线上的投影特性求出其水平投影

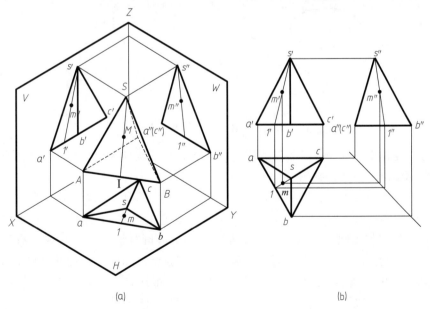

(a)　　　(b)

图 1-45　正三棱锥的三视图及表面取点

m，再由 m'、m 得出侧面投影 m''，作图时，应注意判断点的可见性。

（二）曲面立体

曲面立体主要是回转体，回转体的表面主要由回转面与平面组成。回转面是由一条母线（直线或曲线）围绕一轴线回转而成，任意位置的母线称为素线。

1. 圆柱体

（1）圆柱体的三视图　圆柱面由一条直线围绕与它平行的轴线回转而成，图 1-46 所示为圆柱体及其三视图。俯视图为圆，圆柱面上所有素线上的点都积聚在圆周上，圆柱体的顶面和底面均为水平面，其 H 面投影反映实形与该圆重合。主视图为矩形，上下两条水平线表示圆柱体顶面和底面积聚的投影；左右两条垂直线表示圆柱曲面最左、最右素线的投影（它们在左视图上的位置与圆柱的轴线重合），矩形表示以最左、最右素线为界的前半个圆柱面的投影，后半部分圆柱面不可见，且与前半部分圆柱面的投影重合。左视图同为矩形，但与主视图所代表的空间含义不同，左右两条垂直线为圆柱上最前、最后素线的投影，矩形表示以最前、最后素线为界的左半部分圆柱面的投影，右半部分曲面在侧面投影中不可见，且与左半个圆柱面的投影重合。

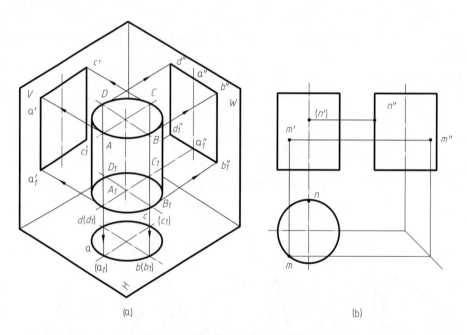

图 1-46　圆柱体的三视图及表面取点

作图时，先作出基准线——轴线和圆的中心线，然后从具有积聚性圆的视图画起，最后根据投影规律画出其他两个视图。

（2）圆柱体表面取点　在圆柱体表面上取点时，可利用具有积聚性的投影进行作图。图 1-46（b）中已知圆柱面上的 M 点的正面投影，要求作它的另两个投影。因 M 点的正面投影 m' 为可见，可知它位于圆柱面的前半面的左半部分，因圆柱面的水平投影具有积聚性，M 点的水平投影在俯视图的前半个圆周的左部，所以按投影规律可在圆柱面上由 m' 求得 m 及 m''。图 1-46（b）中又知 N 点的侧面投影 n''，要求另两面投影 n 和 n'，可根据给定的 n'' 的位置，判断出 N 点在最后素线上，按投影规律由 n'' 求得 n 和（n'）。

2. 圆锥

（1）圆锥的三视图　圆锥面由与轴线相交的直线回转而成。图 1-47 所示为轴线为铅垂方向的圆锥体及其三视图。三视图中，俯视图为圆，它既是底圆的水平投影又是圆锥面的水平投影；主视图为三角形线框，底边是圆锥底圆积聚的投影，反映底圆直径的大小，三角形的两腰分别为圆锥面最左、最右素线的投影，在主视图中，以最左、最右素线为圆锥面前后两半的分界线，圆锥的前半部分可见，后半部分不可见；该圆锥的左视图同为三角形线框，但两腰分别是圆锥面最前、最后素线的投影，在左视图中，以最前、最后素线为分界线，圆锥的左半部分可见，右半部分不可见。

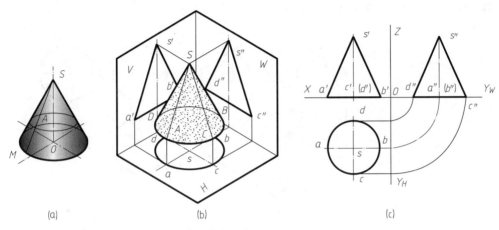

图 1-47　圆锥体的形成及其三视图

（2）圆锥表面上取点　圆锥面没有积聚性，在其表面上取点通常采用下列方法（图 1-48）。

① 辅助素线法：由于圆锥表面的素线都是直线，可以利用素线作辅助线。如图 1-48（a）所示，已知圆锥面上一点 K 的正面投影 k'，求其水平投影和侧面投影。可以过锥顶 S 和锥面上点 K 作素线 SA，如图 1-48（b）所示，连 s' 和 k' 并延长，交底面投影于 a'，得到素线 SA 的正面投影 $s'a'$；由于 K 点的正面投影 k' 可见，故素线 SA 应在前半个圆锥面上，其水平投影的 a 点则在底圆水平投影的前半个圆上，由 a' 利用铅垂线作出 a 点，连接 s 和 a 点，得 SA 的水平投影 sa；再由 k' 作铅垂线交 sa 于 k 点，得 K 点的水平投影 k。

② 辅助圆法：由于圆锥面是回转面，过锥面上的点作纬圆，这个圆应垂直于圆锥的轴

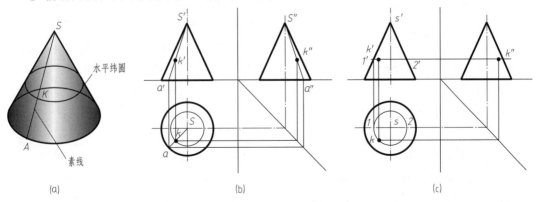

图 1-48　圆锥体表面取点的两种方法

线（平行于底圆），所求点的各个投影必在纬圆的相应投影上。如图 1-48(c) 所示，过 k' 作水平线交圆锥轮廓素线于 $1'$、$2'$ 两点，$1'2'$ 即为纬圆的正面投影，其长度为纬圆的直径；以 s 为圆心，$s1$ 或 $s2$ 为半径画圆，得纬圆在俯视图上的实形；由于 k' 可见，故 K 点在前半锥面上，由 k' 作铅垂线交纬圆水平投影于 k 点；最后根据 k'、k 可求得 k''。

3. 球体

（1）**球体的三视图**　球面可看作一个圆绕其直径回转而成，如图 1-49(a) 所示。在母线上任一点的运动轨迹为圆，点在母线上位置不同，轨迹圆的直径也不相同。球体的三个视图均为等于球直径的圆，如图 1-49(c) 所示。

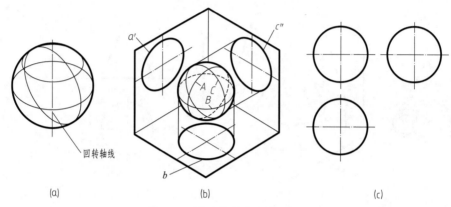

图 1-49　圆球的形成及其三视图

由图 1-49(b) 可见，主视图实质就是前、后半球分界圆的投影，前半球可见，后半球不可见。俯视图则是上、下半球分界圆的投影，上半球可见，下半球不可见。左视图是左、右半球分界圆的投影，右半球不可见，左半球可见。这三个分界圆的其他两面投影，都与圆的相应中心线重合。

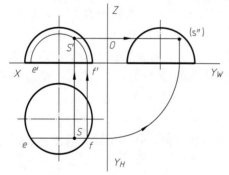

图 1-50　圆球表面取点

（2）**球体表面取点**　根据球面性质，可以运用纬圆法来求球体表面上点的投影。如图 1-50 所示，已知半球表面上点 S 在俯视图上的投影 s，求其他两个视图上的投影。根据点 S 的位置和可见性，点 S 在前半球的右上部分，因此点 S 的侧面投影不可见，正面投影可见。过点 s 在球面上作一平行于 V 面的纬圆。因点在纬圆上，故点的投影必在纬圆的同面投影上。

作图时先在水平投影中过 s 作 $ef \parallel OX$，ef 为纬圆在俯视图上的积聚性投影（其正面投影为直径等于 ef 的圆），由 s 作铅垂线，与纬圆正面投影交于点 s'，再据 s'、s 求得 s''。

三、基本形体的定形尺寸标注

1. 平面立体的定形尺寸标注举例

平面立体一般应注长、宽、高尺寸，如图 1-51 所示。

2. 曲面立体的定形尺寸标注举例

通常将尺寸注在非圆视图上，只需一个视图及在直径尺寸数字前加"ϕ"即可确定回转体的形状和大小，如图 1-52 所示。

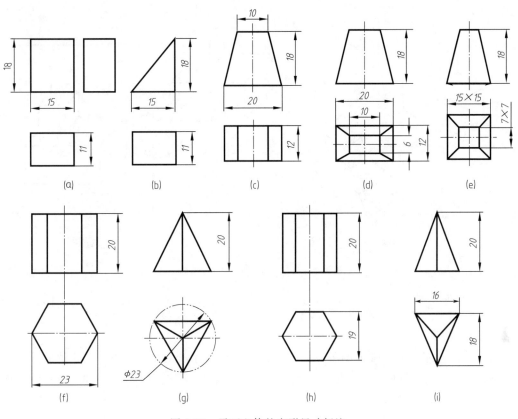

图 1-51　平面立体的定形尺寸标注

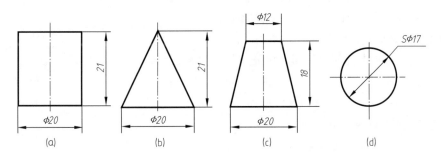

图 1-52　曲面立体的定形尺寸标注

【知识拓展】

正投影图虽度量性好、绘图简便，但缺乏立体感，没有经过专门训练的人一般难以看懂。因此，在工程上常用富有立体感的轴测图作为辅助图样。

一、轴测图的基本知识

1. 基本概念

（1）轴测图　将物体连同其参考直角坐标体系，沿不平行于任一坐标平面的方向，用平行投影法将其投射在单一投影面上所得到的图形称为轴测图，如图 1-53 所示。

（2）轴测轴　直角坐标轴（OX、OY、OZ）在轴测投影面上的投影（O_1X_1、O_1Y_1、

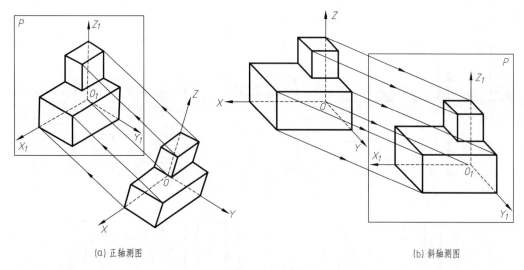

| (a) 正轴测图 | (b) 斜轴测图 |

图 1-53　轴测图

O_1Z_1）称为轴测轴。

（3）轴间角　轴测投影中，任意两根轴测轴之间的夹角称为轴间角，如$\angle X_1O_1Y_1$、$\angle Y_1O_1Z_1$、$\angle X_1O_1Z_1$。

（4）轴向伸缩系数　轴上的单位长度与相应直角坐标轴上的单位长度的比值，称为轴向伸缩系数。X、Y、Z轴的轴向伸缩系数分别用p_1（$p_1 = O_1X_1/OX$）、q_1（$q_1 = O_1Y_1/OY$）、r_1（$r_1 = O_1Z_1/OZ$）表示。

2. 轴测图的基本性质

① 物体上与坐标轴平行的线段：它们的轴测投影必与相应的轴测轴平行。

② 物体上相互平行的线段：它们的轴测投影也相互平行。

3. 轴测图的种类

根据投射线与轴测投影面的相对位置不同，轴测图可以分为两类。

① 正轴测图：投射线与轴测投影面垂直时得到的轴测图，如图 1-53(a) 所示。

② 斜轴测图：投射线与轴测投影面倾斜时得到的轴测图，如图 1-53(b) 所示。

二、正等测轴测图的画法

1. 正等轴测图（正等测）特性

正等轴测图的轴间角都相等，均为120°，如图 1-54(a) 所示。轴向伸缩系数 $p_1 = q_1 = r_1 = 0.82$。绘图时，为方便起见，用简化伸缩系数，取 $p = q = r = 1$。即所有与坐标轴平行

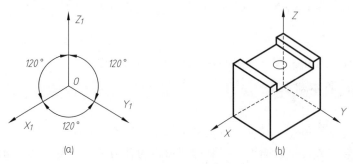

(a)　　　　　　　　　　　　(b)

图 1-54　正等测

的线段，在作图时按物体的实际大小量取，这样画出的图其轴向尺寸均比原来的图形放大
$(1/0.82 \approx 1.22)$ 1.22 倍。

2. 正等轴测图的画法

（1）平面立体的正等轴测图画法　根据物体形状的特点，选定合适的坐标轴，画出轴测
轴，再按坐标关系画出物体的各顶点，然后连接各顶点，完成物体的轴测图［图 1-54(b)］。

图 1-55(a) 所示四棱台的正等轴测图绘图步骤如下。

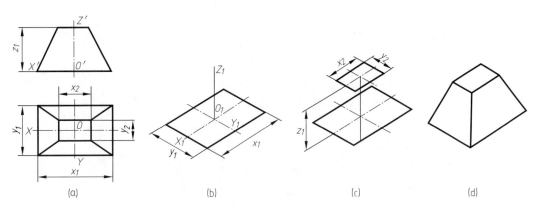

图 1-55　四棱台的正等测画法

① 选定坐标原点和坐标轴。选底面中心为坐标原点，以底面对称线和棱台的高线为三
根坐标轴，如图 1-55(a) 所示。

② 画轴测轴，作出下底面的轴测投影，如图 1-55(b) 所示。

③ 根据高度尺寸 z_1 确定上底面的中心，作出上顶面的轴测投影，如图 1-55(c) 所示。

④ 连接上、下底面的对应顶点，即完成四棱台的正等轴测图，如图 1-55(d) 所示。

轴测图上的虚线一般省略不画。

（2）回转体的正等轴测图画法　画回转体的正等轴测图，关键是画回转体上圆的正等测
投影。平行于各坐标面圆的正等测投影均为椭圆，如图 1-56 所示。它们除长、短轴方向不
同外，画法基本相同。在圆的正等测投影中，椭圆的长、短轴方向与圆的中心线轴测投影的
小角、大角平分线重合，画出中心线的轴测投影，椭圆长、短轴方向即可确定。

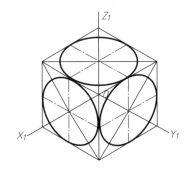

图 1-56　不同坐标面上圆的正等测

如图 1-57 所示（图为平行于 H 面圆的正等测），采用四心法绘制椭圆的作图步骤如下。

① 画圆的两条中心线的轴测投影（轴测轴），如图 1-57(a) 所示。

② 画大、小角的角平分线，如图 1-57(b) 所示。

③ 以交点为圆心，以 $d/2$ 为半径画弧，在轴测轴上取点 1、2、4、5，在短轴上取圆心 3、6，如图 1-57(c) 所示。

④ 连 26 和 46 交长轴于 I、II 两点，如图 1-57(d) 所示。

⑤ 以 3、6 为圆心，以 35 为半径画两大弧，以 I、II 为圆心，以 I1 为半径画两小弧即得椭圆，如图 1-57(e) 所示。

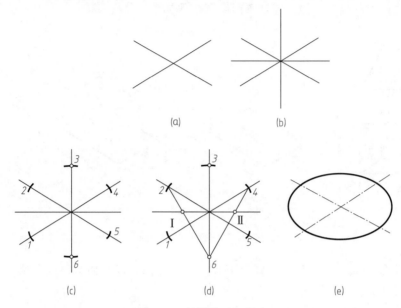

图 1-57 椭圆的近似画法

下面以圆柱为例说明绘制回转体正等测的画法。如图 1-58(a) 所示，绘图步骤如下。

① 画轴测轴，定左、右底圆中心，画出两底椭圆，如图 1-58(b) 所示。

② 画出两边轮廓线，轮廓线应与两椭圆相切，如图 1-58(c) 所示。

③ 擦掉多余图线，加深图线，得图 1-58(d) 所示立体。

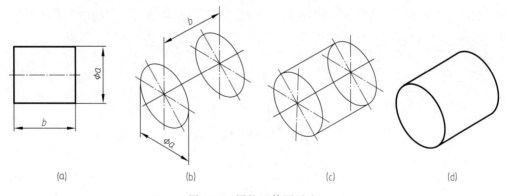

图 1-58 圆柱正等测画法

三、斜二等轴测图画法简介

1. 斜二等轴测图特性

轴测投影面平行于一个坐标平面，且平行于坐标平面的那两条轴的轴向伸缩系数相等的斜轴测投影，称为斜二等轴测投影，简称斜二测。

斜二测的特点是平行于 XOZ 坐标平面的平面图形，在斜二测中其轴测投影反映实形。轴间角如图 1-59(a) 所示，轴向伸缩系数取 $p_1 = r_1 = 1$、$q_1 = 0.5$。

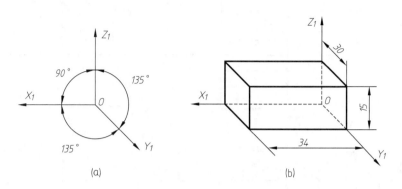

图 1-59　斜二测

2. 斜二等轴测图的画法

因斜二测中，物体上平行于 XOZ 坐标面的平面，其轴测投影反映实形 [图 1-59(b)]，故利用这一特点，在画单个方向形状复杂的物体时，作图简便易画出。画斜二测时，首先要分析物体的结构形状，选形状复杂（非直线组成）的平面与 XOZ 坐标面平行。此时平行于 V 面的圆，其斜二测仍然是一个圆，但平行 H 面和 W 面的圆，其斜二测都是椭圆。

根据图 1-60(a) 所示的两视图，画斜二测的绘图步骤如下。

① 在视图上定出坐标原点和坐标轴，如图 1-60(a) 所示。

② 画出轴测轴，再画物体的最前端面的投影（与主视图相同），如图 1-60(b) 所示。

③ 取物体宽度的一半值，确定最后端面的位置并将其画出，如图 1-60(c) 所示。

④ 校核后加深图线，完成物体的斜二测，如图 1-60(d) 所示。

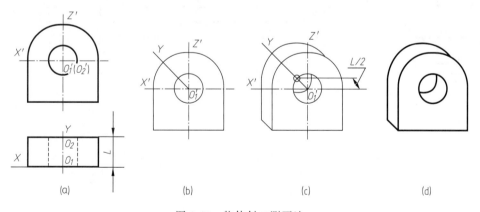

图 1-60　物体斜二测画法

【课后训练】

1. 根据题图 1-2-1 中三视图找出相对应的轴测图，在括号内填写正确的序号。

2. 根据题图 1-2-2 中的轴测图，补画三视图中所缺漏的图线。

3. 根据题图 1-2-3 中的轴测图辨认其相应的两视图，并补画第三视图。

三视图：

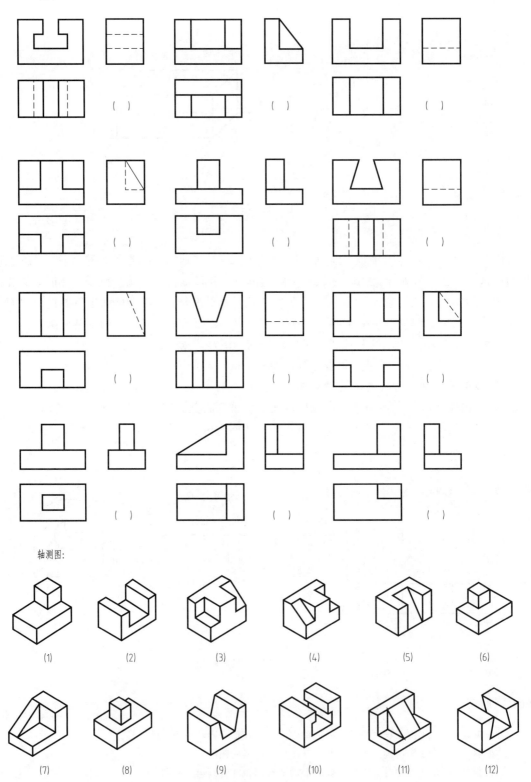

轴测图：

题图 1-2-1

(1)

(2)

(3)

(4)

题图 1-2-2

(1)

(2)

(3)

(4)

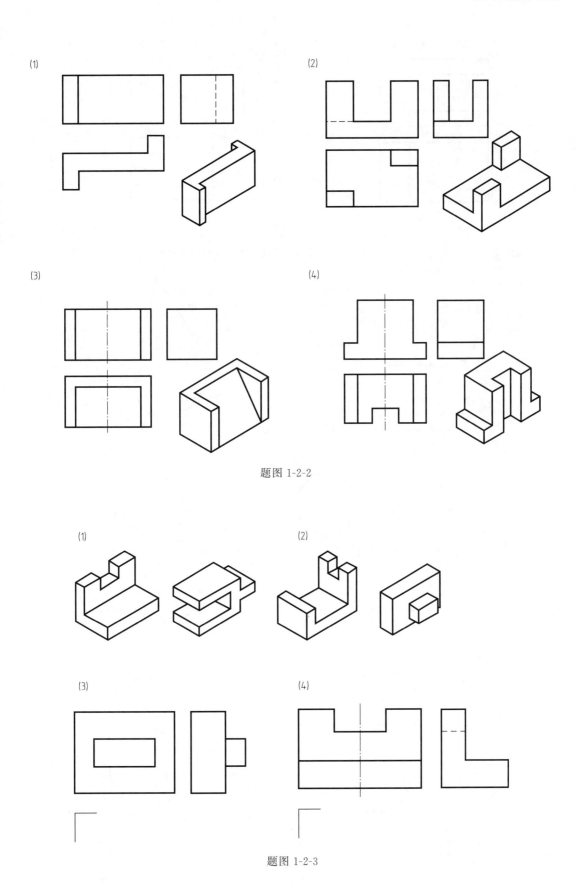

题图 1-2-3

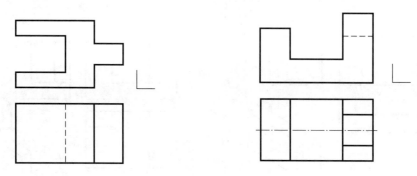

题图 1-2-3

4. 完成题图 1-2-4 中的基本体的第三投影，并补全立体表面点的其余投影。

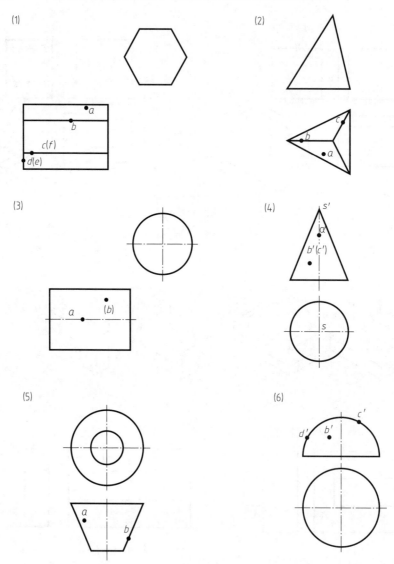

题图 1-2-4

▲5. 根据题图 1-2-5 中的视图，徒手目测画出其轴测图。

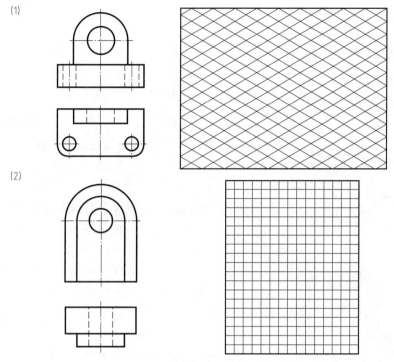

(1)
(2)

题图 1-2-5

学习任务三　组合体的构形与识读

【学习任务单】

任　务	组合体的构形与识读	用　时	8 课时
知　识 目　标	1. 理解组合体形体分析方法及组合形式。 2. 掌握运用形体分析法绘制组合体三视图并标注尺寸的方法。 3. 掌握组合体视图识读要领和方法。		
技　能 目　标	1. 运用形体分析法，正确绘制组合体的三视图，并标注尺寸。 2. 读懂组合体视图，培养空间想象能力。 3. 训练学生尺规画图的基本功。		

一、任务描述

任何复杂的零件都可以看成是由若干基本体组合而成的。按形体特征，组合体可分为叠加、切割、综合三类。如何根据形体分析法绘制和识读组合体视图并标注尺寸，是本任务的学习重点。

现有一组简单组合体的实物或模型，如 V 形块、接头、三通管、轴承座等，在老师指导下，绘制其三视图并标注尺寸。

二、任务实施要求

1. 借助实物或模型，充分理解形体分析法，分析各物体的组合方式。
2. 在老师指导下，按形体分析法正确绘制组合体的三视图，并标注尺寸。
3. 通过由补画缺漏的线或两视图补画第三视图等练习训练识图能力。
4. 任务实施过程中多想、多练、多看。

三、相关资源

1. 组合体的实物或模型。
2. 教材知识链接内容。
3. 《技术制图》与《机械制图》国家标准。
4. 相关教学课件。

四、任务实施说明

1. 学生分组，每小组 3～4 人。
2. 小组进行任务分析。
3. 现场教学或资料学习。
4. 小组现场讨论绘制组合体三视图要领和步骤。
5. 小组现场实践，绘制一组老师指定组合体(实物或模型)的三视图，并标注尺寸。
6. 小组现场练习，补画缺漏的线或两视图补画第三视图。
7. 小组互改，找出绘图和识图过程中的错误。
8. 集中点评，解决组合体三视图绘制和识读过程中的重点和难点。

五、考核评价

成果 50%，自我评价 10%，团队合作 20%，教师评价 20%。

【知识链接】

由两个或两个以上基本形体所组成的物体称组合体。

一、组合体的构形

1. 组合体的形体分析法

任何一个复杂的物体，都可以看成由若干基本形体按不同的组合形式组合而成的。形体分析法就是假想地把组合体分解成若干个基本形体，并确定它们的相对位置、组合形式以及相邻表面间的相互关系的方法。

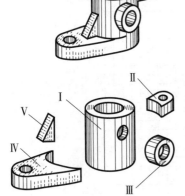

图 1-61 所示支座是由圆筒Ⅰ、耳板Ⅱ、凸台Ⅲ、底板Ⅳ和肋板Ⅴ组成的。底板可以看成是部分圆柱体与棱台相切并挖去一个小圆柱，耳板是半圆柱体与正四棱柱相切并挖去一个小圆柱，凸台是一空心圆柱。

由以上分析可知，形体分析法可以化繁为简，把解决复杂组合体的问题转化为简单的基本体问题。所以形体分析法是组合体画图、读图和标注尺寸最基本的方法。

图 1-61 支座及其形体分析

2. 组合体的组合形式

组合体的组合形式有叠加型、切割型和综合型。

（1）叠加型 叠加是两形体组合的基本形式。根据形体相邻表面间的相互关系，又可分为表面平齐或不平齐、相切或相交等，在绘图时应正确处理表面分界线的投影。

① 表面平齐与不平齐。图 1-62 和图 1-63 中的组合体均可看成是由两个基本体叠加而成的。画图过程中，当两形体的表面不平齐时，中间应该画出分界线；当两形体的表面平齐时，中间不应画出分界线。

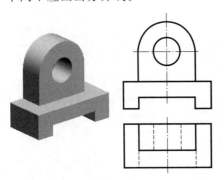

图 1-62 两表面不平齐的画法

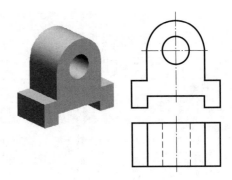

图 1-63 两表面平齐的画法

② 表面相交与相切。如图 1-64 所示，物体由底板与大小两圆筒组成。底板的侧面与大圆筒面相交，在主视图相交处应画交线，底板的侧面与小圆筒面相切，在相切处形成了光滑过渡，因此在主视图相切处无交线，所以不画线。在画图时必须注意交点和切点的位置。

在化工设备和化工管道中常用到两圆筒垂直相交，如筒体和接口、三通管（图 1-65）等。由两回转体相交所形成的交线称为相贯线。由于相贯线是立体相贯时自然形成的表面交线，因此，绘图时无需表示它们的真实投影，可采用近似画法。图 1-66 中，两圆柱体轴线垂直相交，其相贯线的水平和侧面投影分别重合在圆柱的积聚投影上，其正面投影不具有积

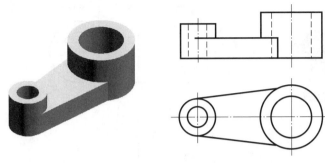

图 1-64　两表面相交和相切的画法

图 1-65　三通道

聚性，可采用近似画法，以相交两圆柱中较大圆柱的半径为半径画弧即得。

　　两圆柱正交相贯时，当圆直径变化时，相贯
线的变化趋势如图 1-67 所示。

　　图 1-68 所示组合体为两圆筒相贯，圆筒外表面
及内表面均有相贯线，内、外相贯线的画法同上。

　　（2）切割型

　　① 平面切割平面立体。图 1-69 中所示的形
体，可看成是由一个长方体在左上、左前、左后
各切去一三棱柱而形成的。

　　画三视图时，可先画出基本体的三视图，然
后逐个画出被切部分的投影。图 1-70（a）为先切
去左上角的投影（在主视图上定出切割面的位
置，然后画出其余两个视图的投影）；

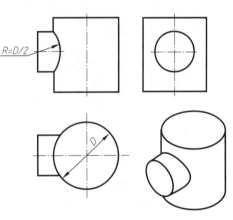

图 1-66　相贯线近似画法

1-70（b）为切去左前、后角的投影（由俯视图定出切割面的位置，然后再决定其在主、左视
图上的投影）。作图过程中，注意截切面与立体表面的交线（截交线）以及截平面之间的交线。

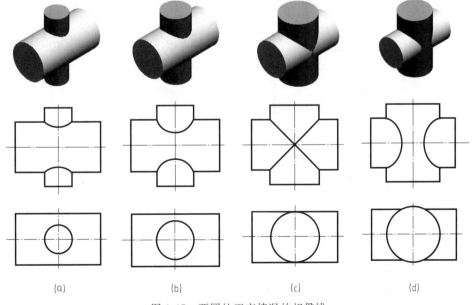

　　　　(a)　　　　　　　　　　(b)　　　　　　　　　　(c)　　　　　　　　　　(d)

图 1-67　两圆柱正交情况的相贯线

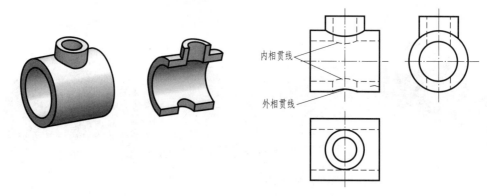

图 1-68　两圆筒相贯相贯线的画法示例

内相贯线

外相贯线

图 1-69　切割式形体

图 1-70　切割式形体的绘制过程

(a)

(b)

② 平面切割圆柱。平面与圆柱体相交时，由于平面对圆柱体轴线相对位置的不同，所得截交线的形状有三种：矩形、圆和椭圆，见表 1-8。

表 1-8　平面截切圆柱时的三种截交线

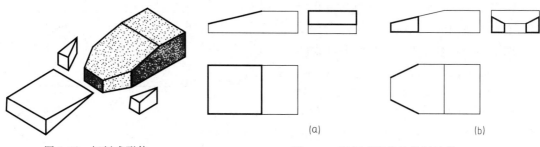

截平面位置	与轴线倾斜时	与轴线垂直时	与轴线平行时
轴测图	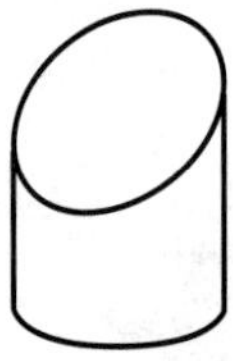	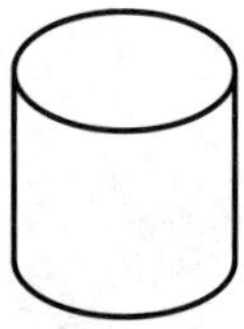	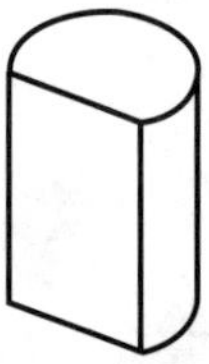
投影图		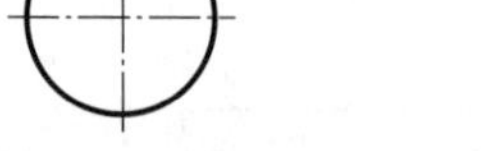	
截交线形状	椭圆	圆	矩形
与轴线的关系	相交	垂直	平行

图 1-71 中圆柱体上的凹槽可看成被平面 Q_1、Q_2 和 P 截切而成。其中 Q_1 和 Q_2 面与轴线平行且以轴线对称，与圆柱产生的截交线是矩形，P 面与轴线垂直，截交线是与圆柱直

径相同的部分圆周。作图步骤如下。

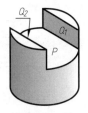

图 1-71　开
槽圆柱

a. 作出未切割前圆柱体的三视图，在主视图上画出 Q_1、Q_2、P 积聚的投影。

b. 运用投影规律画出俯视图，Q_1、Q_2 两面为侧平面，其在俯视图上的投影积聚成直线。通过长对正即可画出；P 面在俯视图上反映实形，投影为 Q_1、Q_2 两平面积聚性投影中间的部分，如图 1-72(a) 所示。

c. 运用投影规律画出左视图，通过宽相等、高平齐画出左视图上关于轴线对称的矩形，即 Q_1、Q_2 面在左视图上的投影；P 面在左视图上的投影积聚成直线，并且贯穿圆柱前后（在主视图中可以观察到圆柱上左右分界的轮廓素线已经被切掉），但由于该直线在 Q_1、Q_2 面投影的矩形范围内的部分不可见，应画成虚线。完成后的三视图如图 1-72(b) 所示。

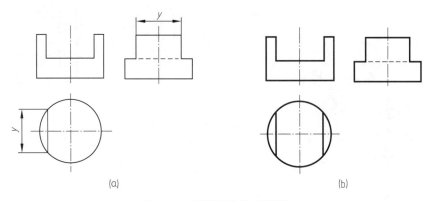

(a)　　　　　　　　　　(b)

图 1-72　开槽圆柱体的作图

③ 平面切割圆球。平面截切球体时，所得到的截交线都是圆。圆的直径随截切平面与球心的距离不同而不同。截切平面平行于哪一个投影面，截线圆在其上的视图中反映实形，其他视图上积聚成线，其长度等于截交线圆的直径，图 1-73 所示为球体被侧平面截切的球体的投影。

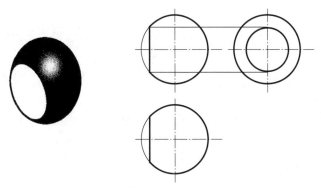

图 1-73　侧平面截圆球

图 1-74 所示的三视图是一半球中间被切去一个槽，R_1 和 R_2 分别是半球上的截平面Ⅰ和截平面Ⅱ的投影圆半径。量取半径画出需要的圆弧。

（3）综合型　在组合体的组合形式中更常见的为综合型。这类组合体组合时既有切割形式又有叠加形式，如图 1-75 所示。

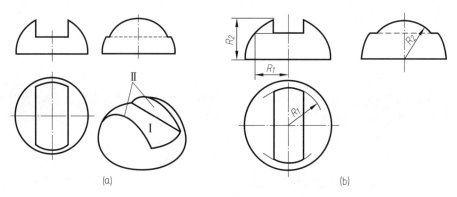

图 1-74 中间切槽的半球三视图

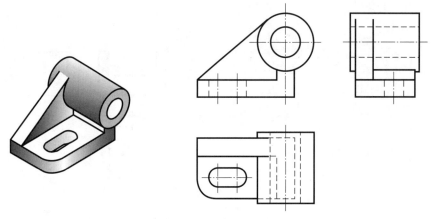

图 1-75 综合型组合体

3. 组合体三视图的画法

画组合体三视图时，应按一定的步骤进行：形体分析，视图选择，选比例定图幅，布置视图，画底稿，校核加深等。现以图 1-76 轴承座为例介绍组合体视图的画法。

（1）形体分析 画图之前，首先应对组合体进行形体分析。该轴承座主要由底板、竖板和肋板组成，组合形式为综合型。底板的前方两侧为圆角，并挖去两个圆柱孔；竖板为等腰梯形，顶部为半圆形，并有一个与此半圆形同轴的圆柱孔；肋板为三角形板。竖板紧靠底板的后侧；肋板在正中间。

（2）主视图的选择 组合体的主视图是由其安放位置和主视图的投射方向来确定的。

① 安放位置：通常选择组合体自然放平，并使物体主要表面尽可能多地平行或垂直于投影面的位置为安放位置。这样，视图上能有更多的表面反映组合体的实形。

② 主视方向：选择能较多地反映组合体的形状特征（各组成部分的形状特点和相互关系）的方向作为主视图的投射方向，并尽可能减少其他视图上不可见轮廓线。轴承座的安放位置和主视图的投射方向如图 1-76 所示。

图 1-76 轴承座

（3）组合体三视图画图步骤

① 选比例、定图幅：视图确定后，要根据物体的大小和复杂程度，按标准规定选定适当的比例和图幅。一般尽可能地选用 1∶1 的比例，图幅要根据所绘制视图的大小以及留足尺寸标注和画标题栏的位置来确定。

② 布置视图、画作图定位线：确定各视图中的对称中心线、主要轴线或主要轮廓线在图纸上的位置，即确定长、宽、高三个方向的基准线位置，如图 1-77(a) 所示。

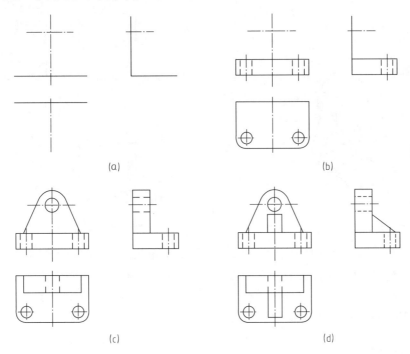

图 1-77　画三视图的步骤

③ 逐个画出各部分的三视图：根据各组成部分的投影特点，将其逐个画出。一般顺序是：先画实体，后画截切的形体；先画大形体，后画小形体；先画反映形体特征的视图，后画其他视图；先画主要轮廓，后画细节，并且三个视图联系起来画，如图 1-77(b)~(d)所示。

④ 校核加深：检查底稿，纠错补漏，擦去多余的图线，最后按规定的图线要求加深图线，完成全图，如图 1-78 所示。

二、组合体的尺寸标注

视图只能表达组合体的结构和形状，而它的大小及各组成部分的相对位置则要通过尺寸来确定。标注尺寸要完整、清晰、合理，且符合国家标准中有关尺寸注法的规定。

1. 尺寸种类

（1）定形尺寸　确定组合体各基本形体长、宽、高三个方向大小的尺寸为定形尺寸。基本形体尺寸标注见任务二。

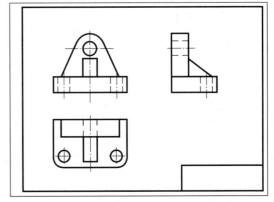

图 1-78　轴承座三视图

（2）定位尺寸　该尺寸是指确定组合体各组成部分相对位置的尺寸。以图 1-79 所示轴承座为例，图 1-80 中注出了该组合体的全部定位尺寸。标注各组成部分的相对位置尺寸时，需要选定长、宽、高三个方向的尺寸基准，尺寸基准是标注尺寸的起点。组合体的尺寸基准，常选用其对称面、主要回转体的轴线及大的端面、底面等。图 1-80 中以支撑板右侧端面作为长度方向的基准；以前后对称面作为宽度方向的基准；以底板的下底面作为高度方向的基准。

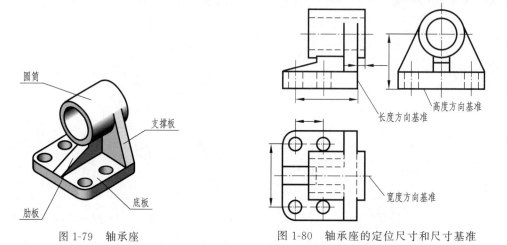

图 1-79　轴承座

图 1-80　轴承座的定位尺寸和尺寸基准

（3）总体尺寸　该尺寸是确定组合体总长、总宽和总高的尺寸。图 1-81（b）中底板的尺寸 80 既是定形尺寸又是总宽尺寸。总高尺寸为圆柱孔轴线高度方向定位尺寸 49 和圆柱筒的外圆柱面半径 21.5 的和。当物体的总体轮廓最外为曲面时，总体尺寸只能注到该曲面的中心轴线位置，同时需注出该曲面的半径。

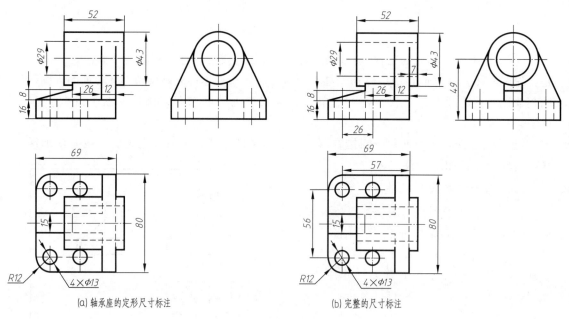

(a) 轴承座的定形尺寸标注

(b) 完整的尺寸标注

图 1-81　轴承座的尺寸标注

2. 组合体的尺寸注法

标注组合体的尺寸时，一般步骤如下。

① 形体分析。根据视图进行形体分析，把物体分解成几个基本部分。图 1-79 中轴承座可分解成四个组成部分：底板、支撑板、圆筒和肋。其中，底板上有四个圆柱孔。

② 选定尺寸基准。

③ 逐个标注各部分的定形尺寸。标注时应逐个形体按顺序标注，以免遗漏。图 1-81(a) 所示标注了轴承座各组成部分的定形尺寸。

④ 标注定位尺寸。从基准出发，确定各组成部分之间的相对位置尺寸。除各组成部分间需标明相对位置尺寸外，细节上的孔洞、通槽的位置尺寸也要注全。如图 1-80 所示。

⑤ 标注总体尺寸。确定和标注总体尺寸时，需剔除重复和不合理的尺寸，这样就完成了整个物体的标注，如图 1-81(b) 所示。

图 1-82 表示了一些组合体上常见结构的尺寸注法，供标注尺寸时参考。

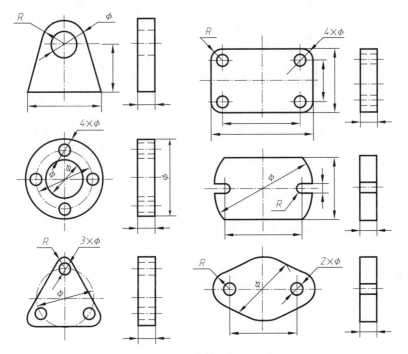

图 1-82　常见组合体结构的尺寸注法

3. 尺寸标注的注意事项

① 尺寸要尽量标注在反映形状特征最明显的视图上，并且尽量位于视图的外部或相关的两视图之间。

② 同一基本形体的尺寸应尽量集中标注。

③ 标注时应尽量避免尺寸线与其他尺寸线或尺寸界线相交。互相平行线段的尺寸标注时应小尺寸布置在内，大尺寸布置在外。

④ 直径尺寸一般标注在投影为非圆的视图上。圆弧的半径尺寸应标注在反映圆弧实形的视图上。

⑤ 对称的尺寸，应以对称中心线为尺寸基准，跨过标注全长。

⑥ 尺寸尽量不注在虚线上。

图 1-83 是一组组合体尺寸标注示例，请读者认真理解，体会尺寸标注的方法和注意事项。

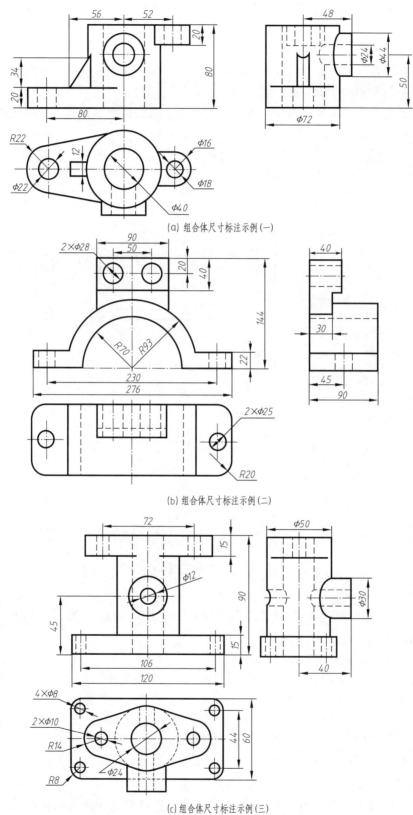

(a) 组合体尺寸标注示例 (一)

(b) 组合体尺寸标注示例 (二)

(c) 组合体尺寸标注示例 (三)

图 1-83　组合体尺寸标注示例

三、组合体视图的识读

读图是画图的逆过程，就是根据视图想象物体形状和大小。所以，读组合体视图通常也采用形体分析法。要能正确、快速地读懂视图，必须掌握读图的基本要领和正确的读图方法，并要不断地实践积累。

1. 读图的基本要领

（1）把几个视图联系起来看并且抓住特征视图　在工程图样中，物体的形状是通过几个视图来表达的。因此，只看一个或两个视图往往不一定能确定物体的形状。如图 1-84 所示，若只看俯视图，物体的形状是不能确定的，不同的主视图，物体会是不同的形体。这时，主视图是特征视图，抓住主视图，就能确定物体的形状。

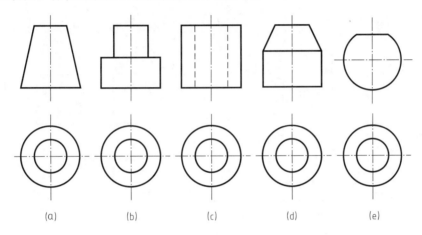

(a)　　(b)　　(c)　　(d)　　(e)

图 1-84　两个视图联系看示例

又如图 1-85（a）、（b）中主、左两个视图完全相同，但俯视图不同，它们表示两个完全不同的形体，俯视图是特征视图。因此，在看图时，必须把所有视图都联系起来，并且抓住特征视图，才能确定物体的形状。

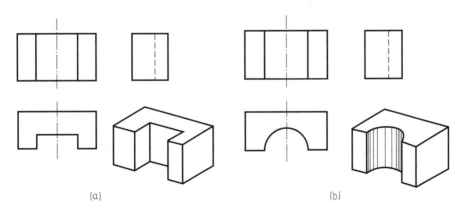

(a)　　　　　　　　　　(b)

图 1-85　三个视图联系看示例

（2）分析视图中线框和线段的含义

① 视图上每一个封闭线框都表示物体上一个面的投影，具体可分为以下几种情况。

a. 平面的投影，如图 1-86 中线框Ⅰ为平面的实形；线框Ⅱ为平面的类似形。

b. 曲面及切面的投影，如图 1-86 中线框Ⅲ为圆柱面的投影；线框Ⅳ为切面的投影。

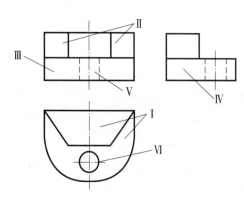

图 1-86 视图中的线框分析

c. 孔洞、凸台的投影，如图 1-86 中虚线框 Ⅴ 和圆 Ⅵ。

② 视图中相邻两个线框的含义。一个线框代表一个面，相邻的两个线框（或线框里面套线框）必然代表两个表面。既然有两个表面，就会有上下、左右、前后和斜交之分，图 1-87 表示了判别的方法。

③ 视图中线段的含义。从图 1-88 所示的组合体的投影，可知投影上的线段有三种不同的含义。

a. 表面积聚的投影，如图 1-88 中线段 Ⅰ。

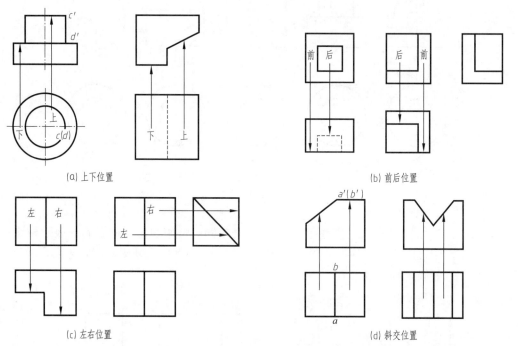

(a) 上下位置　　　　(b) 前后位置

(c) 左右位置　　　　(d) 斜交位置

图 1-87 判别表面之间相互位置的方法

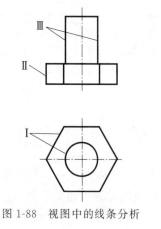

图 1-88 视图中的线条分析

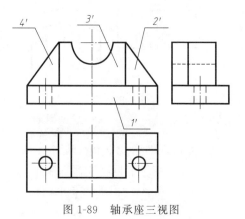

图 1-89 轴承座三视图

b. 两个表面的交线，如图 1-88 中线段Ⅱ等各棱线的投影。

c. 曲面的转向轮廓线，如图 1-88 中线段Ⅲ为圆柱最左、最右两条轮廓线的投影。

2. 读组合体视图的方法和步骤

一般是从反映物体形状特征最多的主视图着手，对照其他视图把它分解成几部分。然后，再根据投影的"三等"关系，找出每一部分的三个投影，抓住其特征视图，想象出它们的形状。

以图 1-89 所示轴承座为例，说明看图过程中的形体分析法。

（1）抓住特征分部分　从主视图入手，将轴承座分成Ⅰ、Ⅱ、Ⅲ、Ⅳ四部分。

（2）根据投影想形状　从形体Ⅰ的主视图出发，根据"三等"关系对投影，找出俯视图和左视图的相应投影，如图 1-90（a）所示，可以看出形体Ⅰ俯视图反映了它的形状特征，是一个长方形板，并且左右钻了两个孔；形体Ⅲ是一个长方块，上部中间挖了一个半圆孔，如图 1-84（b）所示；形体Ⅱ和Ⅳ是三角形的肋板，如图 1-90（c）所示。

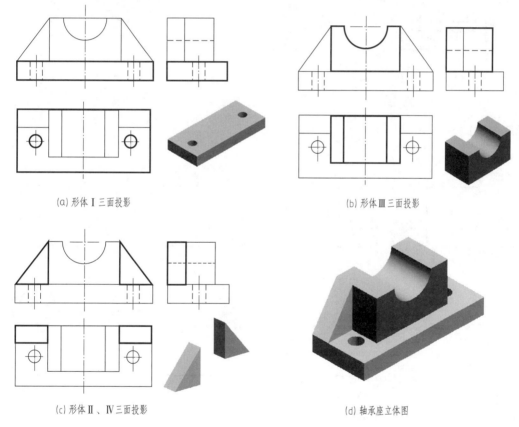

(a) 形体Ⅰ三面投影　　　　　　　　　　(b) 形体Ⅲ三面投影

(c) 形体Ⅱ、Ⅳ三面投影　　　　　　　　(d) 轴承座立体图

图 1-90　读组合体视图

（3）综合起来想整体　在看懂每一部分的基础上，再根据整体的三视图，弄清楚它们的相对位置，逐渐形成一个整体形状。将轴承座的各部分按它们的相对位置进行组合。这样，综合起来就可以得到如图 1-90（d）所示的空间物体的形状。

3. 已知两个视图补画第三视图

补画第三视图，其实质是读懂已有视图，并想象出物体实形，然后再正确画出第三个视图。作图时，应按各组成部分并结合投影规律完成第三视图。

　　根据图 1-91(a) 所示的两个视图，补画左视图。从主、俯视图可以看出该组合体左右对称。对视图进行分析可知物体由三部分组成，其中Ⅰ为长方形的底板；Ⅱ为长方形的竖板，竖板与底板的后面平齐，呈左右对称布置，叠加后在后面对称位置上开一长方形槽；Ⅲ是由半圆柱体与小长方体组成的凸台，与Ⅱ贴合后，在前面开了一个与半圆柱同轴的通孔。这样综合想象可得如图 1-91(c) 中物体形象。然后根据已知的两个视图，结合获得的空间形象，按底板、竖板、凸台顺序作出左视图，如图 1-91(b) 所示。

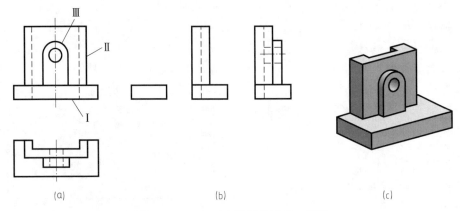

(a)　　　　　　　　　　　　　(b)　　　　　　　　　　　　　(c)

图 1-91　已知两个视图补画第三视图

【课后训练】

　　1. 补画题图 1-3-1 中组合体表面的交线。

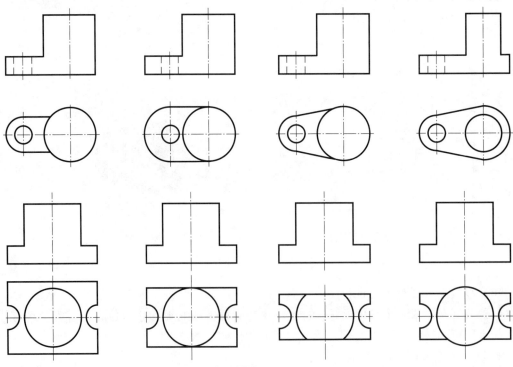

题图 1-3-1

　　2. 补画题图 1-3-2 中各形体中截交线和相贯线。

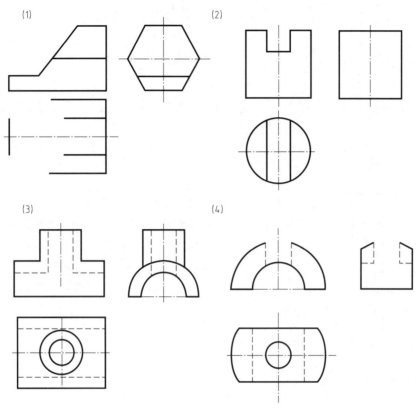

(1)

(2)

(3)

(4)

题图 1-3-2

3. 想出题图 1-3-3 中的组合体形状，并补画所缺漏的图线。

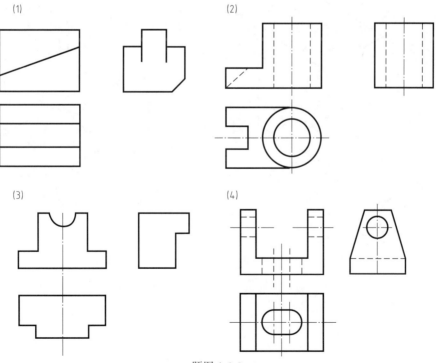

(1)

(2)

(3)

(4)

题图 1-3-3

4. 根据题图 1-3-4 中的两视图，想出组合体形状，并补画第三视图。

(1) (2)

(3) (4)

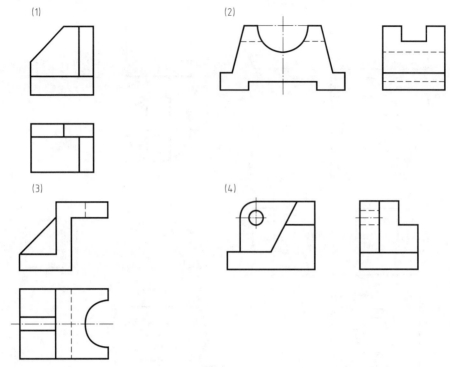

题图 1-3-4

▲5. 根据题图 1-3-5 中的轴测图上所注尺寸，画出组合体的三视图，并标注尺寸（图幅、比例自定）。

(1) (2)

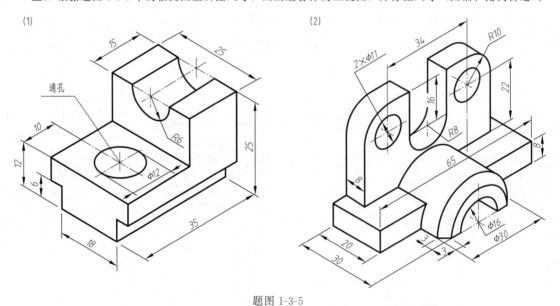

题图 1-3-5

情境二　轴类零件的构形

学习任务四　齿轮油泵主动轴的视图表达

【学习任务单】

任　务	齿轮油泵主动轴的视图表达		用　时	8 课时
知识 目标	1. 掌握一张完整零件图包含的内容。 2. 了解轴类零件常见的结构。 3. 掌握轴类零件常见的视图表达方法,即断面图、局部剖视图、局部放大图等。 4. 掌握螺纹的基本知识及规定画法。 5. 掌握零件测绘的过程及简单测量工具的使用。			
技能 目标	1. 会分析轴类零件的结构。 2. 会选择正确或合理的轴类零件的视图表达方法。 3. 能使用测量工具测绘轴类零件并画出其草图。 4. 能按国家标准有关制图规定画出齿轮油泵主动轴的视图。			

一、任务描述

　　通过拆卸齿轮油泵可知,一台机器或设备,是由若干零件按一定要求装配而成的。零件是机器的制造单元。零件图是表示零件结构形状、大小及技术要求的图样,是制造、检验零件的依据,是设计和生产部门的重要技术文件。绘制和识读零件图是工程技术人员必备的基本技能。

　　轴类零件在机器中用来支承和定位回转零件,并传递动力,用途广泛,相对于其他零件结构简单、易懂。

　　现有一齿轮油泵主动轴(见实物),分析其结构特点,确定其合理表达方法,并按国家标准有关制图规定画出齿轮油泵主动轴的零件草图和尺规图。

二、任务实施要求

　　1. 通过资料学习,并在老师指导下正确选择视图表达方法。

　　2. 正确使用测量工具。

　　3. 正确使用绘图工具和仪器。

　　4. 绘图时要遵守国家标准有关制图规定。

三、相关资源

　　1. 齿轮油泵主动轴实物。

　　2. 教材知识链接内容。

　　3.《技术制图》与《机械制图》国家标准。

　　4. 相关教学课件。

四、任务实施说明

　　1. 学生分组,每小组 3～4 人。

　　2. 小组进行任务分析。

　　3. 现场教学或资料学习。

　　4. 小组讨论,确定表达方案。

　　5. 小组现场实践,测绘齿轮油泵主动轴,画出草图。

　　6. 小组互评互改,选用合理图幅和比例画出尺规图。

　　7. 集中点评,总结轴类零件视图表达。

五、考核评价

　　成果 50%,自我评价 10%,团队合作 20%,教师评价 20%。

【知识链接】

一、零件图的作用和内容

任何机器或设备，都是由若干零件按一定要求装配而成的。制造机器时先按零件图生产出全部零件，再按照装配图装配成机器。零件图是表示零件结构形状、大小及技术要求的图样。它是制造、检验零件的依据，是设计和生产部门的重要技术文件。

图 2-1 所示为齿轮轴的零件图。

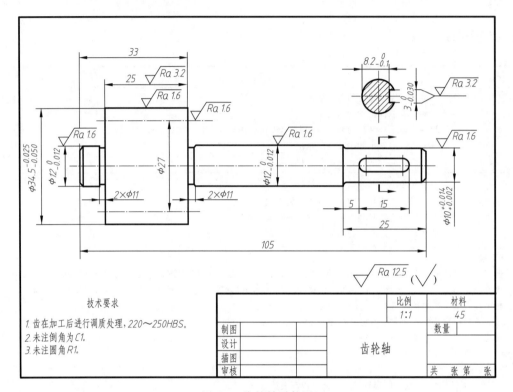

图 2-1 齿轮轴零件图

由图 2-1 可知，一张完整的零件图应包含以下内容。

① 一组图形：用适当的表达方法，正确、完整、清晰、简便地表示出零件的结构形状。

② 完整的尺寸：正确、完整、清晰、合理地标注出所需的全部尺寸。

③ 技术要求：用国家标准中规定的代（符）号、数字或文字（字母），简明、准确地表示出零件在制造、检验、材质处理等过程中应达到的各项质量指标和技术要求。

④ 标题栏：用于填写零件的名称、材料、数量、图样代号、绘图比例以及责任人员签名和日期等。

二、零件图的视图选择

零件图的视图选择总原则：既要正确、完整、清晰地表达出结构形状，又要力求画图简单、看图方便。

1. 主视图的选择

主视图应比较清楚和较多地表达出该零件的结构形状，它是零件表达方案的核心。

（1）形状特征原则　应把最能反映零件结构形状特征的方向，作为主视图的方向，使主视图较多地表达出零件的主要结构和各组成部分之间的相对位置。

（2）加工位置原则　主视图上零件的安放位置应与该零件在加工时的位置尽量一致，以便于加工时看图。例如轴、套、轮、盘等由回转体形成的零件，其加工以车削加工为主，主视图通常按加工位置（轴线横放）画出。

（3）工作位置原则　主视图上零件的安放位置与该零件在机器中的工作位置一致，以便于将零件和整台机器联系起来，想象其工作情况。例如支座、底座、支架等零件的主视图通常都按工作位置画出。

确定零件的安放位置应首先考虑加工位置，其次选择工作位置，并应注意安放平稳和便于画图。

2．其他视图的选择

主视图确定之后，应根据零件中尚未表达清楚的结构形状，有针对性地选择其他视图及相应的表达方法。注意使所选择的每个视图都有明确的表达目的。

三、轴类零件的视图表达

1．轴类零件的结构特征

轴类零件的结构大多数由位于同一轴线上数段直径不同的回转体组成，轴向尺寸一般比径向尺寸大，如图 2-2 所示。轴上常有键槽、销孔、螺纹、退刀槽、越程槽、中心孔、油槽、倒角、圆角、锥度等一些局部结构。

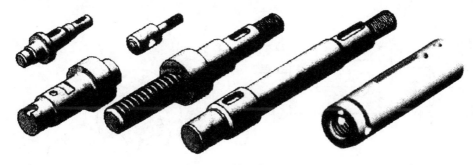

图 2-2　轴的直观图

2．轴类零件主视图表达

轴类零件通常在车床或磨床上加工，加工过程中一般将轴线放置在水平位置，因此常按加工位置选择主视图安放位置，轴线水平放置，通常大端在左、小端在右，以便加工时看图方便。又由于轴类零件大多数是由同轴的圆柱体组成，只需一个标注直径的非圆主视图就可以表达其主要结构，如图 2-3 所示。

3．其他结构的表达

轴类零件视图表达时，不能教条地去应用三视图，而是用主视图表达主体结构，用断面图、局部放大图等方法处理局部结构的表达。

四、断面图

1．断面图的概念

（1）概念　假想用剖切平面将机件的某处切断，仅画出断面形状，并在断面上画上剖面图案的图形，这样的图形称为断面图，如图 2-4 所示。断面图主要用于表达机件的断面形状。

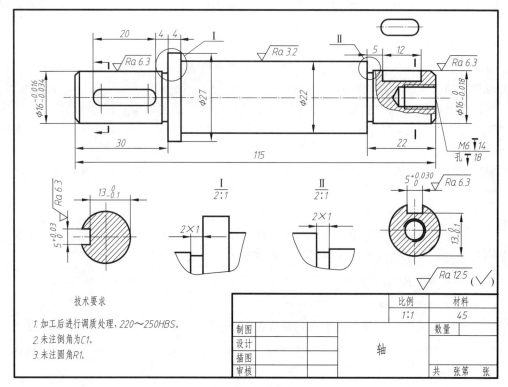

图 2-3 轴零件图

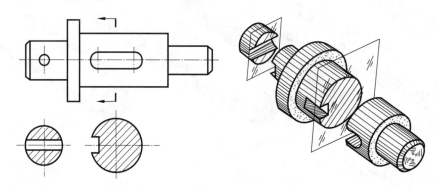

图 2-4 断面图

（2）剖面符号 国家标准规定，剖视图和断面图中，假想剖切面与物体的接触部分，称为剖面区域。画剖视图时，通常在剖面区域内画出剖面符号，使之与未剖部分区别开。当不需要在剖面区域中表示被剖切物体的材料类别时，剖面符号可用通用剖面线表示。通用剖面线为一组间隔相等的平行细实线，一般与主要轮廓或剖面区域的对称线成 45°，如图 2-5 所示。当需要在剖面区域中表示材料的类别时，应采用特定的剖面符号表示，见表 2-1。

对于金属材料的剖面图案通常是一组间隔相等的平行细实线，一般与主要轮廓线或剖面区域的对称线成 45°。同一机件的各个剖面区域，其剖面线的倾斜方向应一致，间隔要相同。

（3）剖切符号 在剖切平面的起、迄位置用长约 5mm，线宽 1~1.5d 的粗实线表示，它不能与图形轮廓线相交，并在剖切符号的起、迄和转折处注上字母，在剖切符号的两端外侧用箭头指明剖切后的投射方向，如图 2-4 所示。

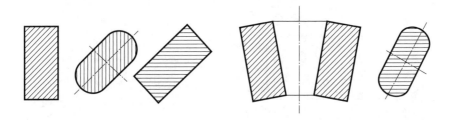

图 2-5　通用剖面线的画法

表 **2-1**　剖面符号（摘自 GB/T 4457.5—1984）

金属材料(已有规定剖面符号者除外)		木质胶合板	
线圈绕组元件		基础周围的泥土	
转子,电枢、变压器和电抗器等的叠钢片		混凝土	
非金属材料(已有规定剖面符号者除外)		钢筋混凝土	
型砂、填砂、粉末冶金、砂轮、陶瓷刀片、硬质合金刀片等		砖	
玻璃及供观察用的其他透明材料		格网(筛网、过滤网等)	
木材	纵剖面	液体	
	横剖面		

2. 断面图的种类及画法

（1）移出断面图　画在视图之外的断面图，称为移出断面图，规定轮廓线用粗实线绘制。尽量配置在剖切线的延长线上，也可画在其他适当的位置。画移出断面图时，应注意以下几点。

① 移出断面图应尽量配置在剖切符号（剖切线）的延长线上，如图 2-6(a) 中最左侧断面图所示；必要时也可配置在其他适当位置，但必须标注，如图 2-6(a) 中 B—B 断面图与 C—C 断面图所示；对称的断面图也可画在视图的中断处，如图 2-6(b) 所示。

② 当剖切平面通过由回转面形成蹬孔或凹坑的轴线时，这些结构按剖视绘制，如图 2-6(a) 中最左侧断面图与 B—B 断面图所示。

③ 当剖切面通过非圆孔，导致出现完全分离的两个断面图时，这些结构应按剖视绘制，如图 2-6(a) 中 C—C 断面图所示。

④ 剖切平面应与物体的主要轮廓线垂直。由两个或多个相交的剖切平面剖切得出的移出断面图，中间以波浪线断开，如图 2-6(c) 所示。

（2）重合断面图　画在视图轮廓线之内的断面图称为重合断面图。

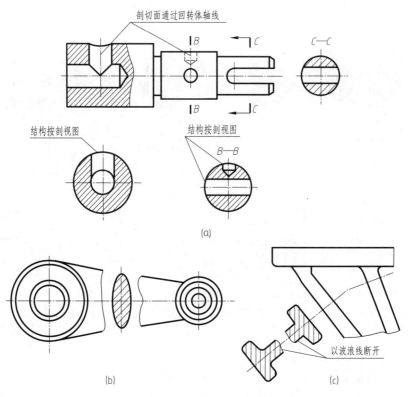

(a)

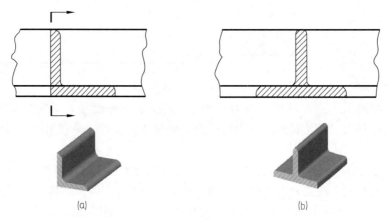

(b)   (c)

图 2-6　移出断面图的画法

为了避免与视图轮廓线相混淆，重合断面的轮廓线用细实线绘制。当视图中轮廓线与重合断面图的图形重叠时，视图中的轮廓线仍应连续画出，不可间断，如图 2-7 所示。

(a)   (b)

图 2-7　重合断面图的画法

3. 断面图的标注

（1）移出断面图的标注

① 移出断面图一般用剖切符号表示剖切位置，剖切符号之间的剖切线省略不画，用箭头表示投射方向并注上大写拉丁字母；在断面图的上方，用同样的字母标出相应的名称，如图 2-6(a) 中 C—C 断面图所示。

② 配置在剖切线延长线上的对称移出断面，可省略标注，如图 2-6(a) 中最左侧断面图

所示；配置在视图中断处的移出断面，可省略标注，如图 2-6(b) 所示。

③ 配置在剖切符号延长线上的不对称移出断面，要画出剖切符号和箭头，可以省略字母，如图 2-4 所示。

④ 不配置在剖切符号延长线上的对称移出断面 [图 2-6(a) 中 B—B 断面图]，以及按投影关系配置的不对称移出断面，均可省略箭头。

（2）重合断面图的标注

① 当重合断面非对称时，应标注剖切符号和箭头，表示剖切面的位置及投射方向，可不标注字母，如图 2-7(a) 所示。

② 相对于剖切线对称的重合断面图可不必进行任何标注，如图 2-7(b) 所示。

五、局部放大图

当选择好合适的绘图比例后，有时零件上的一些局部细小结构表达不清或不便于标注尺寸，如轴类零件上的退刀槽、越程槽、中心孔等，此时往往采用局部放大图的方法来绘制。局部放大图的绘图比例比原图大，但也应符合机械制图国家标准中比例规定。这种将机件的局部细小结构用大于原图比例画出的图形，称为局部放大图，如图 2-8 所示。

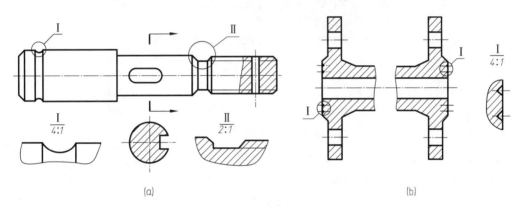

(a)　　　　　　　　　　　　　　　(b)

图 2-8　局部放大图的画法和标注

画局部放大图时应注意以下几点。

① 局部放大图可以画成视图、剖视图或断面图，它与原图形所采用的表达方式无关。

② 绘制局部放大图时，应在视图上用细实线圈出放大部位，并将局部放大图尽量配置在被放大部位的附近。

③ 当同一机件上有几个放大部位时，需用罗马数字按顺序注明，并在局部放大图上方标出相应的罗马数字及所采用的比例，如图 2-8(a) 所示。

④ 局部放大图中标注的比例为放大图中机件要素线性尺寸与实际机件相应要素线性尺寸之比，与原图所采用的比例无关。

⑤ 对于同一零件上的不同部位，当图形相同或对称时，只需画出一个局部放大图，如图 2-8(b) 所示。

六、轴上结构的简化画法

① 断面图在不引起误解的情况下，允许省

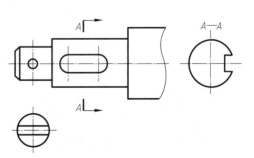

图 2-9　剖面符号简化画法

略剖面符号，如图 2-9 所示。

② 较长的机件（轴、杆、型材等）沿长度方向的形状一致或按一定规律变化时，可断开后缩短绘制，断开后尺寸仍按实际的尺寸长度标注，如图 2-10 所示。

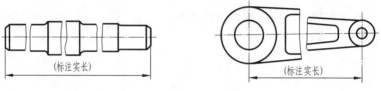

图 2-10　机件的断开画法

③ 当轴上的平面在图形中不能充分表达时，可用两条相交的细实线表示，如图 2-11 所示。

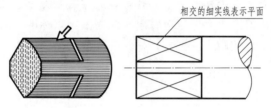

图 2-11　轴上的平面表示

七、轴类零件的常见结构

1. 螺纹

螺纹是零件中常见的一种结构，它是在圆柱或圆锥表面上，沿着螺旋线所形成的具有特定断面形状的连续凸起（又称为"牙"）和沟槽。螺旋线是由圆周运动与直线运动的合成而形成的，螺纹结构通常是标准结构。

在圆柱（圆锥）的外表面上形成的螺纹称为外螺纹，在圆柱（圆锥）的内表面上形成的螺纹称为内螺纹。内、外螺纹一般成对使用。

（1）螺纹的要素　有牙型、直径、线数、螺距、旋向。

① 牙型：在通过螺纹轴线的断面上，螺纹的轮廓形状称为牙型。常用的牙型有三角形螺纹（用 M 表示，因为它的使用很普遍，故又称为普通螺纹，分为粗牙和细牙两种）、梯形螺纹（用 Tr 表示，多用于机床上的传动丝杆）、锯齿形螺纹（用 B 表示，多用于螺旋压力机的传动丝杆）、矩形螺纹（也称为方牙形螺纹）等。其中矩形螺纹尚未标准化，其余牙型的螺纹均为标准螺纹，如图 2-12 所示。

② 直径：分为大径、中径和小径，大径为螺纹的公称直径，如图 2-13 所示。

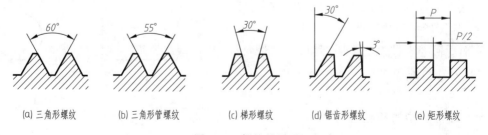

（a）三角形螺纹　　（b）三角形管螺纹　　（c）梯形螺纹　　（d）锯齿形螺纹　　（e）矩形螺纹

图 2-12　螺纹的牙型

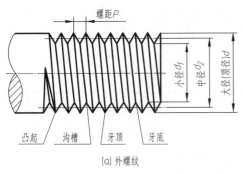 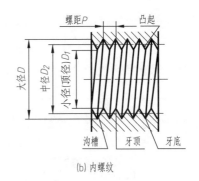

(a) 外螺纹　　　　　　　　　　　　　　　　　(b) 内螺纹

图 2-13　螺纹的直径

③ 线数（n）：螺纹有单线和多线之分。沿一条螺旋线形成的螺纹为单线螺纹；沿两条或两条以上的螺旋线形成的螺纹为双线或多线螺纹，如图 2-14 所示。

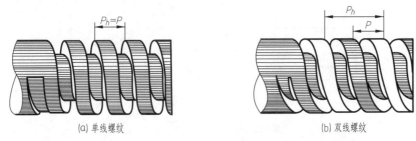

(a) 单线螺纹　　　　　　　　　　　　　　　(b) 双线螺纹

图 2-14　螺纹线数、螺距和导程

④ 螺距（P）和导程（P_h）：螺纹上相邻两牙在中径线上对应两点间的轴向距离称为螺距；同一条螺旋线上的相邻两牙在中径线上对应两点间的轴向距离，称为导程。单线螺纹的螺距等于导程，多线螺纹的螺距 $P = P_h/n$，如图 2-14 所示。

⑤ 旋向：内、外螺纹旋合时的旋转方向称为旋向。螺纹有右旋和左旋两种。顺时针旋转时旋入的螺纹为右旋螺纹，逆时针旋转时旋入的螺纹为左旋螺纹，其中以右旋为最常见。判断螺纹旋向的方法为左、右手定则或将轴线铅垂放置，看螺纹哪边高，左边高为左旋，右边高为右旋。如图 2-15 所示。

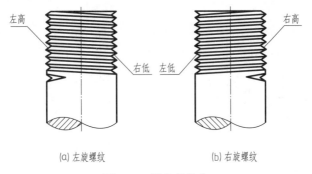

(a) 左旋螺纹　　　　　　　　　　　(b) 右旋螺纹

图 2-15　螺纹的旋向

因螺纹的牙型、大径和螺距是决定螺纹结构规格最基本的要素，故称它们为螺纹的三要素。凡三要素符合国家标准的螺纹，称为标准螺纹；仅螺纹牙型符合标准，而大径、螺距不符合标准的称为特殊螺纹；若螺纹牙型不符合标准，则称为非标准螺纹。内、外螺纹总是成对地使用，只有当五个要素相同时，内、外螺纹才能旋合在一起。

（2）螺纹的规定画法　螺纹的画法并不按具体的结构投影绘制，而是按国家标准的规定画法绘制。国家标准（GB/T 4459.1—1995）规定了螺纹和螺纹紧固件的规定画法，见表2-2。

表2-2　螺纹的规定画法

名　称	图　例	说　明
外螺纹		1. 外螺纹倒角的投影在左视图上不应画出 2. 牙顶用粗实线表示 3. 螺纹的小径尺寸按大径尺寸的0.85倍绘制 4. 螺纹终止线用粗实线表示 5. 螺纹的牙底用细实线表示 6. 牙底的细实线只画约3/4圈 7. 外螺纹的剖面线必须画到粗实线 8. 螺尾部分的牙底用与轴线成30°的细实线绘制
内螺纹		1. 内螺纹倒角的投影在左视图上不应画出 2. 牙顶用粗实线表示 3. 螺纹终止线用粗实线表示 4. 螺纹的牙底用细实线表示 5. 牙底的细实线只画约3/4圈 6. 外螺纹的剖面线必须画到粗实线 7. 螺尾部分的牙底用与轴线成30°的细实线绘制 8. 孔底部的锥顶角为120°
内、外螺纹连接		1. 旋合部分应按外螺纹画出，其余部分仍按各自的画法画出 2. 内、外螺纹的牙顶与牙底的粗实线和细实线应分别对齐 3. 剖面线画到粗实线

（3）螺纹的标注　由于螺纹规定画法不能表达螺纹的种类和螺纹的牙型、螺距、旋向等要素，因此绘制螺纹图样时，还必须按照国家标准的规定进行标注。标准螺纹的标注方法见表 2-3～表 2-5。

表 2-3　普通螺纹的标注

螺纹种类	标注的内容和方式	图　例	说　明
粗牙普通螺纹	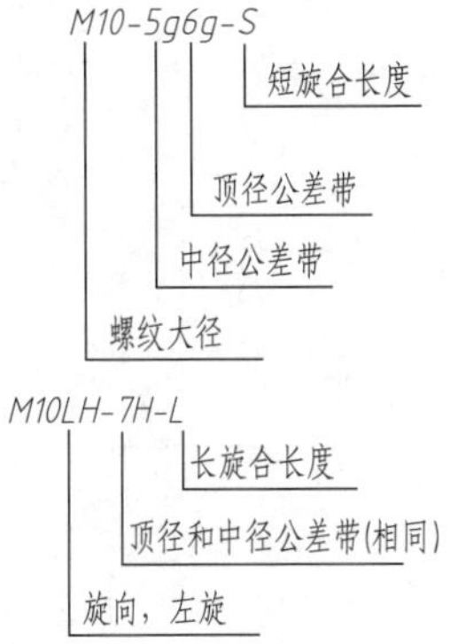 M10-5g6g-S 　短旋合长度 　顶径公差带 　中径公差带 　螺纹大径 M10LH-7H-L 　长旋合长度 　顶径和中径公差带(相同) 　旋向，左旋	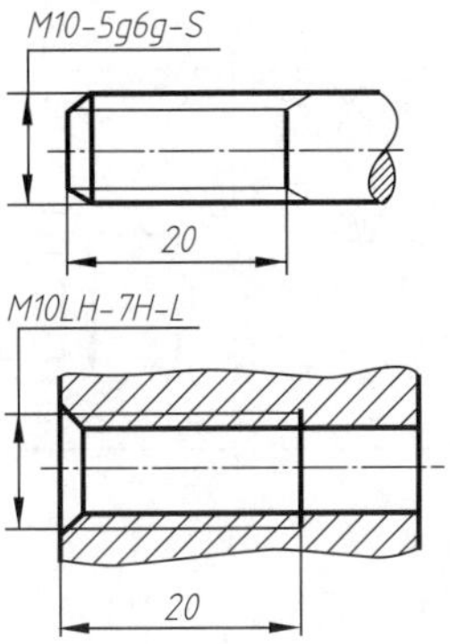 M10-5g6g-S 20 M10LH-7H-L 20	1. 不注螺距 2. 右旋省略不注，左旋要标注 3. 中径和顶径公差带相同时，只注一个代号，如 7H 4. 当旋合长度为中等长度时，不标注 5. 图中所注螺纹长度，均不包括螺尾在内
细牙普通螺纹	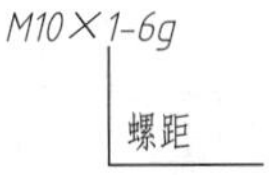 M10×1-6g 　螺距	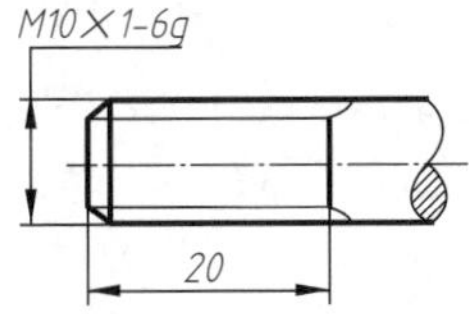 M10×1-6g 20	1. 要注螺距 2. 其他规定同上

表 2-4　管螺纹的标注

螺纹种类	标注方式	图　例	说　明
非螺纹密封的管螺纹	G1A （外螺纹公差等级分 A 级和 B 级两种，此处表示 A 级） G3/4 （内螺纹公差等级只有一种）	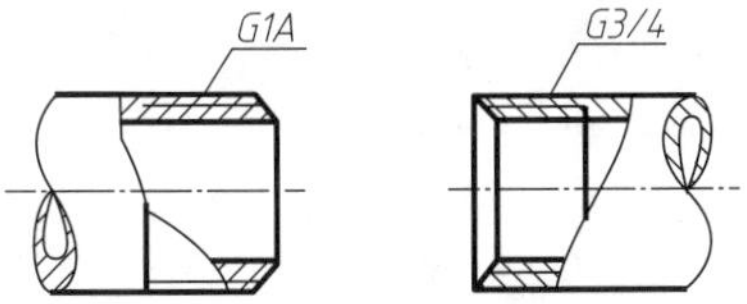 G1A　　G3/4	1. 特征代号后边的数字是管子尺寸代号而不是螺纹大径，管子尺寸代号数值等于管子的内径，单位为英寸。作图时应据此查出螺纹大径 2. 管螺纹标记一律注在引出线上(不能以尺寸方式标记)，引出线应由大径处引出(或由对称中心处引出)
用螺纹密封的圆柱管螺纹	R_p1 $R_p3/4$ （内螺纹均只有一种公差带）	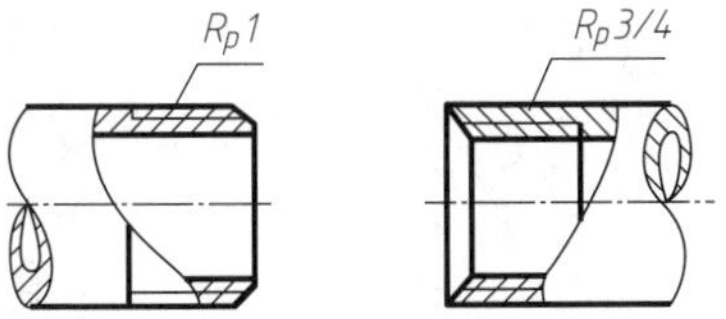 R_p1　　$R_p3/4$	
用螺纹密封的圆锥管螺纹	R1/2(外螺纹) $R_r1/2$(内螺纹) （内、外螺纹均只有一种公差带）	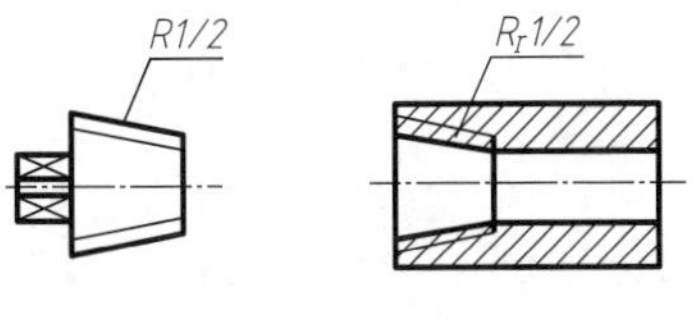 R1/2　　$R_r1/2$	

表 2-5　梯形螺纹的标注

螺纹种类	标注方式	图　例	说　明
单线梯形螺纹	Tr36×6-8e 中径公差带代号 导程=螺距 螺纹大径	Tr36×6-8e	1. 单线注导程即可 2. 多线的要注导程、螺距 3. 右旋省略不注，左旋要注 LH 4. 旋合长度分为中等(N)和长(L)两组，中等旋合长度代号 N 可以不注
多线梯形螺纹	Tr36×12(P6)　LH-8e-L 左旋 螺距 导程	Tr36×12(P6)/LH-8e-L	

2. 倒角和倒圆

为了便于零件在装配和制造过程中不划伤手且便于装配，常在零件的锐边进行倒角、倒钝、去毛刺等 [图 2-16(a)]。零件上加工出倒角后，会有明显的装入导向功能。常见的倒角为 45°，其尺寸标注可简化，如图 2-16(b) 中的"C2"，"C"表示 45°，"2"表示轴向距离。倒角为 30°、60°时标注如图 2-16(c)、(d) 所示。

另外，为避免因应力集中而产生裂纹，提高零件的抗疲劳强度，轴肩根部常以圆角过渡，倒圆及标注如图 2-16(b) 所示。

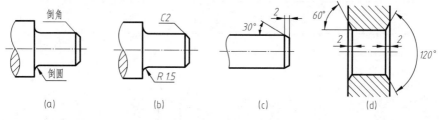

图 2-16　倒角和倒圆

3. 退刀槽和砂轮越程槽

在车削和磨削加工时，为了安全退刀或退砂轮以及符合制造工艺的要求，通常在加工部分的末端，预加工出退刀槽或砂轮越程槽，其尺寸可按"槽宽×直径"或"槽宽×槽深"的形式来标注，当标注尺寸困难时，可画出局部放大图来标注，如图 2-17 所示。

4. 中心孔

中心孔 (GB/T 145—2001) 在轴的两端中心处，是为轴类零件装夹、测量等需要而设计的，常见的有 A、B、C 三种类型，如图 2-18 所示。中心孔可在图中画出，也可用标准代号标注，如 GB/T 145-B2.5。

八、零件测绘

1. 零件测绘的要求

根据已有的零件，不用或只用简单的绘图工具，用较快的速度，徒手目测画出零件的视图，测量并注上尺寸及技术要求，得到零件草图。然后参考有关资料整理绘制出供生产使用

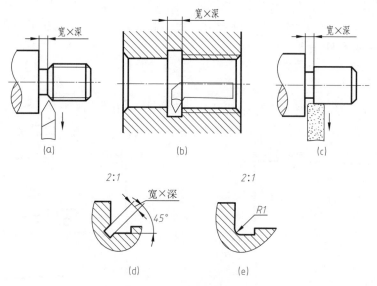

图 2-17　退刀槽和砂轮越程槽

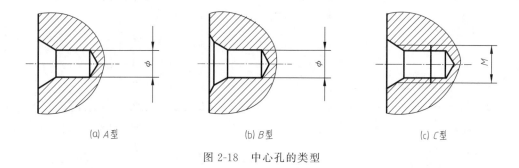

图 2-18　中心孔的类型

的零件工作图。这个过程称为零件测绘。

零件测绘对推广先进技术，改造现有设备，技术革新，修配零件等都有重要作用。

测绘零件大多在车间现场进行，由于场地和时间限制，一般都不用或只用少数简单绘图工具，徒手目测绘出图形，其线型不可能像用直尺和仪器绘制的那样均匀挺拔，但绝不能马虎潦草，而应努力做到线型明显清晰、内容完整、投影关系正确、比例匀称、字迹工整。

2. 零件测绘的步骤

（1）分析零件　为了把被测零件准确完整地表达出来，应先对被测零件进行认真地分析，了解零件的类型，在机器中的作用，所使用的材料及大致的加工方法。

（2）确定零件的视图表达方案　关于零件的表达方案，前面已经讨论过。需要重申的是，一个零件，其表达方案并非是唯一的，可多考虑几种方案，选择最佳方案。

（3）画零件草图

① 确定绘图比例并定位布局：根据零件大小、视图数量、现有图纸大小，确定适当的比例；粗略确定各视图应占的图纸面积，在图纸上作出主要视图的作图基准线、中心线；注意留出标注尺寸和画其他补充视图的地方。

② 详细画出零件内外结构和形状，检查、加深有关图线。注意各部分结构之间的比例应协调。

③ 画尺寸界线、尺寸线，将应该标注的尺寸的尺寸界线、尺寸线全部画出，然后集中测量、注写各个尺寸。注意最好不要画一个、量一个、注写一个。这样不但费时，而且容易将某些尺寸遗漏或注错。

④ 注写技术要求：确定表面粗糙度，确定零件的材料、尺寸公差、形位公差及热处理等要求。

⑤ 最后检查、修改全图并填写标题栏，完成草图，如图 2-19 所示。

（4）绘制零件工作图 由于绘制零件草图时，往往受某些条件的限制，有些问题可能

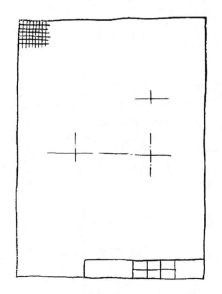

(a) 布图(画中心线、对称中心线及主要基准线)

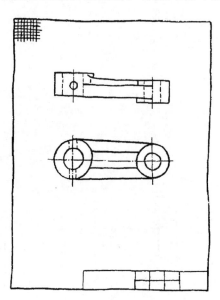

(b) 画各视图的主要部分

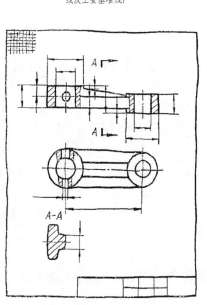

(c) 取剖视、画出全部细节，并画出尺寸界线、尺寸线

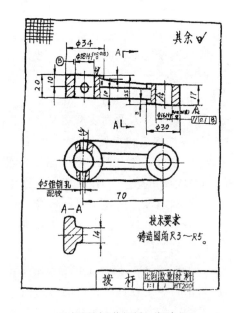

(d) 标注尺寸和技术要求，填写标题栏并检查校正全图

图 2-19 画零件草图示例

处理得不够完善。一般应将零件草图整理、修改后画成正式的零件工作图，经批准后才能投入生产。在画零件工作图时，要对草图进一步检查和校对，用仪器或计算机画出零件工作图。

3. 零件测绘注意事项

① 测量尺寸时，应正确选择测量基准，以减少测量误差。零件上磨损部位的尺寸，应参考其配合的零件的相关尺寸，或参考有关的技术资料予以确定。

② 零件间相配合结构的基本尺寸必须一致，并应精确测量，查阅有关手册，给出恰当的尺寸偏差。

③ 零件上的非配合尺寸，如果测得为小数，应圆整为整数标出。

④ 零件上的截交线和相贯线，不能机械地照实物绘制。因为它们常常由于制造上的缺陷而被歪曲。画图时要分析弄清它们是怎样形成的，然后用学过的相应方法画出。

⑤ 要重视零件上的一些细小结构，如倒角、圆角、凹坑、凸台、退刀槽、中心孔等。如系标准结构，在测得尺寸后，应参照相应的标准查出其标准值，注写在图纸上。

⑥ 对于零件上的缺陷，如铸造缩孔、砂眼、加工的疵点、磨损等，不要在图上画出。

4. 测量工具简介及使用

① 常见的测量工具如图 2-20 所示。

② 零件尺寸的测量示例如图 2-21 所示。

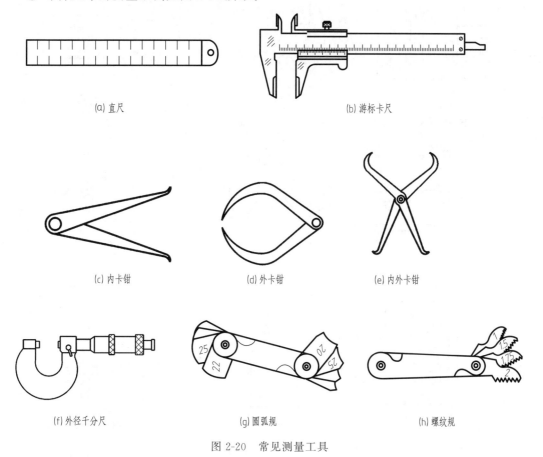

(a) 直尺　　　　　　　　　　　　　(b) 游标卡尺

(c) 内卡钳　　　　　　(d) 外卡钳　　　　　　(e) 内外卡钳

(f) 外径千分尺　　　　　(g) 圆弧规　　　　　　(h) 螺纹规

图 2-20　常见测量工具

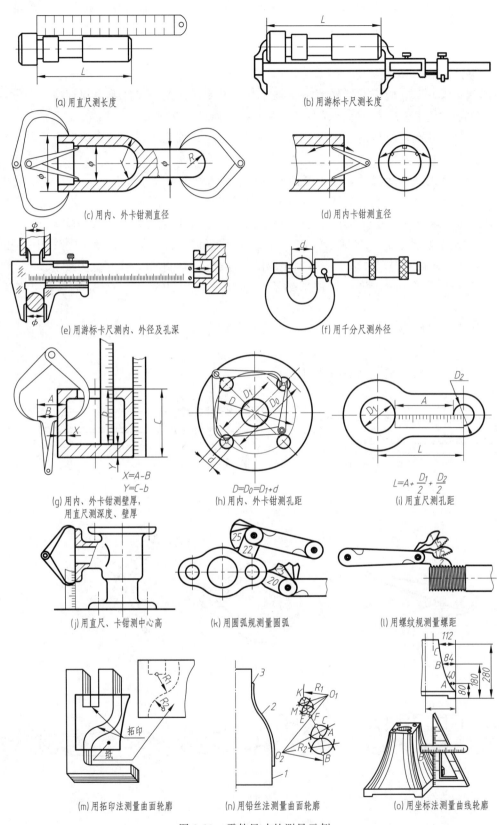

图 2-21　零件尺寸的测量示例

【课后训练】

1. 画出题图 2-4-1 中指定位置的移出剖面图，并正确标注（中间键槽的深度为 4mm，右边的孔为通孔）。

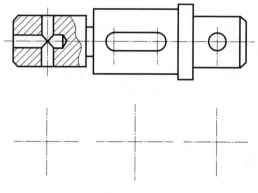

题图 2-4-1

2. 分析题图 2-4-2 中螺纹规定画法中的错误，并在指定位置画出正确图形。

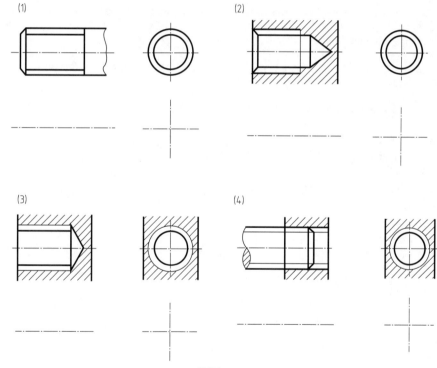

题图 2-4-2

3. 解释下列螺纹代号的含义。

（1）M12-5g

（2）M20×1.5-5g6g

（3）M24LH-5g6g-S

（4）Tr40×14(P7)LH-8e

（5）G1/2A

学习任务五　齿轮油泵主动轴的尺寸标注与技术要求

【学习任务单】

任　务	齿轮油泵主动轴的尺寸标注与技术要求	用　时	8 课时
知识 目标	1. 掌握轴类零件标注尺寸的方法及合理性标注的注意事项。 2. 掌握表面结构的概念、代号、参数选择及注写。 3. 掌握极限与配合的概念及注写。 4. 掌握形位公差的概念、代号及注写。		
技能 目标	1. 对轴类零件进行基本合理的标注尺寸。 2. 根据轴类零件上各段不同的功能基本合理注写技术要求。 3. 会正确阅读轴类零件的零件图。 4. 训练学生画零件草图和尺规图的基本功。		

一、任务描述

　　视图只能表达零件的结构形状,而为了表达零件的大小则需要在零件图上标注尺寸,并且标注尺寸要完整、正确、清晰、合理。合理性要求就是标注尺寸时既要满足设计要求又要符合加工和测量要求。另外,零件图上除了有视图和尺寸外,还应该注写出在制造和检验中应达到的技术要求。

　　学生已完成了任务四中齿轮油泵主动轴的零件草图和尺规图,在此基础上通过有关知识的学习和阅读有关轴类零件的零件图,在老师的指导下,分析齿轮油泵主动轴各段的功能及加工、测量、装配要求,合理地标注尺寸和技术要求,最终完成一张完整的齿轮油泵主动轴的零件图。

二、任务实施要求

　　1. 任务实施之前,认真学习尺寸标注和技术要求注写的基本知识,并阅读有关轴类零件的零件图。

　　2. 在完整、正确、清晰标注尺寸的基础上尽可能满足合理性要求。

　　3. 正确使用测量工具。

　　4. 严格遵守国家标准制图和尺寸标注有关规定。

三、相关资源

　　1. 齿轮油泵主动轴实物。

　　2. 教材知识链接内容。

　　3.《技术制图》与《机械制图》国家标准。

　　4. 相关教学课件。

四、任务实施说明

　　1. 学生分组,每小组 3～4 人。

　　2. 小组进行任务分析。

　　3. 现场教学或资料学习。

　　4. 小组讨论,确定尺寸标注合理方案。

　　5. 现场实践,齿轮油泵主动轴尺寸标注和技术要求注写。

　　6. 小组互评,找出尺寸标注不足之处。

　　7. 集中点评,重点解决尺寸标注的合理性要求。

五、考核评价

　　成果 50%,自我评价 10%,团队合作 20%,教师评价 20%。

【知识链接】

　　零件图上的尺寸和技术要求是零件加工和检验的重要依据,是零件图中主要内容之一。

　　零件图的尺寸标注应做到正确、完整、清晰和合理。合理标注尺寸是指标注尺寸时应符合设计要求和生产工艺要求。要真正做到尺寸标注合理,除了要具有较多的机械设计、制造工艺等方面的专业知识外,还要有较丰富的生产实践经验。这里只介绍一些合理标注尺寸的初步知识。

　　零件图上除了有表达零件结构形状与大小的一组视图和尺寸外,还应该注写出零件在制造和检验中应达到的技术要求，包括表面结构（表面粗糙度）、尺寸公差、形状和位置公差及材料热处理等内容，它们有的用代（符）号标注在图中，有的则用文字加以说明。技术要求涉及面广，内容多，此处只介绍表面结构、尺寸公差、形状和位置公差的基本知识和注写方法。

一、轴类零件的尺寸标注

1. 尺寸基准的选择

尺寸基准是尺寸标注的起点，在零件图中标注尺寸时，必须首先选择尺寸基准。尺寸基准应选零件上的重要几何要素，如零件某一方向对称面、底面、轴线、某一轮廓线等。

尺寸基准的选择应符合零件的设计要求，同时符合加工工艺要求。因此，基准可分为设计基准和工艺基准。

（1）设计基准和工艺基准　根据零件的结构和设计要求而确定的基准为设计基准，根据零件加工工艺、测量检验要求而确定的基准为工艺基准。图2-22中的阶梯轴是以其轴线作为径向基准（设计基准），而以右端面作为轴向尺寸的基准（工艺基准）。因为在车床上车削外圆时，车刀切削每段长度的最终位置都是以右端面为起点来测量的，所以将它确定为工艺基准，便于加工时测量。

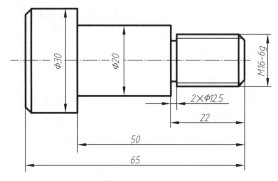

图2-22　阶梯轴

（2）主要基准的选择　标注零件图尺寸时，首先应确定零件各方向的主要基准，即决定零件主要尺寸的基准。常选零件上的设计基准作为主要基准，如零件上一些重要的面（安装底面、对称面、零件与零件间的结合面、主要端面等）及主要回转体的轴线等为主要基准。确定主要基准时，应尽量使设计基准和工艺基准重合。图2-23中的轴承座，其底面决定着轴承孔的中心高，而中心高是影响其工作性能的主要尺寸。一般是由两个轴承座来支承轴，为使轴线水平，两个轴承座支承孔的轴线应等高；加工轴承座时其底面通常是先加工出来，因此在标注轴承座的尺寸时，高度方向一般以底面作为主要基准，长度方向和宽度方向应以对称面为基准，以保证结构的对称性。

（3）辅助基准　为了便于加工和测量，在长、宽、高的某一方向有时除主要基准外，还常常选一些辅助的基准。图2-23中的轴承座上部螺孔的深度则是以上端面为基准标注的，这样标注便于加工时的测量，因此是工艺基准。像这样在同一方向上除主要基准外而再选的基准称为辅助基准。图2-22中，阶梯轴中的退刀槽宽度尺寸不从右端面直接标注，而以轴肩为辅助基准标注，就是为了便于加工和测量。在确定辅助基准时，应注意辅助基准和主要基准之间应有一个联系尺寸，图2-23中的 H 即为联系尺寸。

2. 合理标注尺寸要点

在零件图上合理地标注尺寸，除了根据设计要求和工艺要求正确选择尺寸基准外，还要注意以下几点。

（1）重要尺寸必须从主要基准直接注出　零件上凡是影响产品性能、工作精度和互换性的重要尺寸（规格性能尺寸、配合尺寸、安装尺寸、定位尺寸），都必须从设计基准直接注

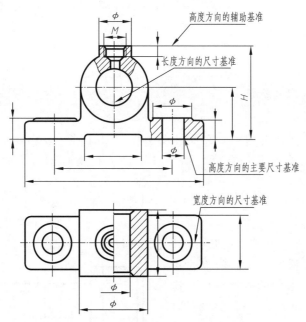

图 2-23　轴承座尺寸基准选择

出。这样可避免加工误差的积累，保证尺寸精度。在图 2-24(a) 中轴承孔的高度 A 是影响轴承座工作性能的主要尺寸，直接以底面为基准标注出来，而不能将其代之为 B 和 C，如图 2-24(b) 所示。在加工零件的过程中，总会产生尺寸误差，如果标注 B 和 C，由于每个尺寸都有误差，两个尺寸的误差加在一起就会有积累误差，设计要求就难以保证。同样，轴承座底板上两个螺栓孔的中心距 L 也应直接标注，而不应标注 E。

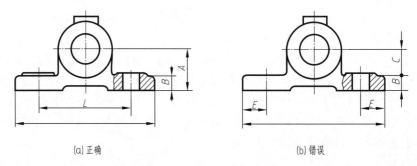

(a) 正确　　　　　　　　　　　　　(b) 错误

图 2-24　重要尺寸直接注出

（2）避免注成封闭尺寸链　一组首尾相连的链状尺寸称为尺寸链，每一尺寸称为尺寸链的组成环，若将轴的总长和各段长度都注上尺寸，这样就形成首尾相接封闭的尺寸链，称为封闭尺寸链，如图 2-25(b) 所示。零件在加工过程中各段尺寸总存在误差（在允许的范围内），若将尺寸注成封闭尺寸链，虽然保证了每段尺寸精度，总长的尺寸精度就难以保证；如保证了总长的尺寸精度，每一段尺寸精度也难达到。因此，在一般情况下应避免将尺寸标注成封闭尺寸链。在图 2-25(a) 中，选择一段最不重要的尺寸作为开环，使每段尺寸的加工误差都积累在开环上，既保证了重要尺寸的设计要求，又便于加工。

（3）标注尺寸要符合加工工艺要求　就是要符合加工顺序，便于工人看图、加工和测量，如图 2-26～图 2-28 所示。

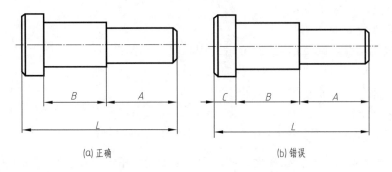

(a) 正确　　　　　　　　(b) 错误

图 2-25　避免注成封闭尺寸链

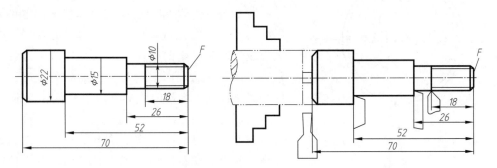

图 2-26　按加工顺序、便于测量标注尺寸

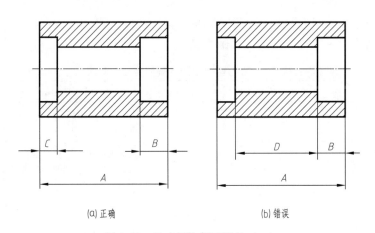

(a) 正确　　　　　　　　(b) 错误

图 2-27　尺寸标注便于测量（一）

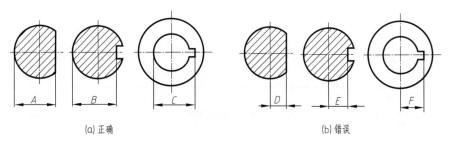

(a) 正确　　　　　　　　(b) 错误

图 2-28　尺寸标注便于测量（二）

3. 轴类零件尺寸标注步骤

① 注出轴上各段的直径尺寸。

② 分析尺寸基准，确定轴向尺寸的主要基准和辅助基准。

③ 注出轴上的轴向尺寸及其他结构的尺寸。

④ 整理完成全部尺寸标注。

二、表面结构简介

1. 表面结构的概念

零件的表面结构要求包括粗糙度、波纹度、原始轮廓等，是指零件表面上具有的较小间距和峰谷所组成的微观几何形状特性，是表示零件表面质量的重要技术指标之一。

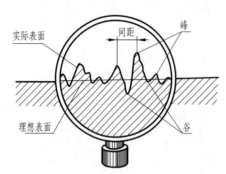

图 2-29 零件表面的放大情况

图 2-29 所示为零件表面的放大情况。零件表面结构与零件在加工过程中机床、刀具的振动，金属表面被切削时产生的塑性变形以及残留的刀痕等因素有关。零件的表面质量与零件的疲劳强度、耐磨性、耐腐蚀性、零件间的配合特性等有密切的关系，并对机器的使用性能和寿命产生很大的影响。

国家标准对表面结构都给出了相应的指标评价标准，并都能在特定的仪器中观察到，在零件实际加工中，一般用对照块规来比照，控制表面质量。

2. 表面结构的符号

表面结构的符号由图形符号和参数等构成。

（1）表面结构的图形符号　意义和画法见表 2-6。

表 2-6　表面结构图形符号的意义和画法

类　型	符　号	说　明
基本图形符号		表示表面可用任何方法获得，当不加注粗糙度参数值或有关说明时，仅适于简化代号标注
扩展图形符号		表示表面用去除材料的方法获得，如车、铣、钻、磨、剪切、抛光等，可称为加工符号
扩展图形符号		表示表面用不去除材料的方法获得，如铸、锻、冲压、热轧、冷轧、粉末冶金等，可称为毛坯符号
完整图形符号		在基本或扩展图形符号右上方加一横线，用于标注有关参数和说明
表面结构图形符号的画法		一般用细实线绘制 $h=$ 字号（字高）通常取 $0.25mm$　$H_1=1.4h$　$H_2=2H_1$

在报告和合同的文本中用文字表达表面结构的图形符号时，"$\checkmark$" 用 APA 表示；"$\checkmark$" 用 MRR 表示；"$\checkmark$" 用 NMR 表示。

（2）表面结构的评定参数　给出表面结构要求时，应标注其参数代号和相应数值（单位为 μm）。表面结构常用的评定参数是轮廓算术平均偏差 Ra 和轮廓最大高度 Rz。其中，轮廓算术平均偏差 Ra 是目前常用的零件表面结构参数。Ra 参数的数值越小，零件表面越光滑，加工工艺越复杂，成本也越高。确定表面结构参数时，应根据零件的工作条件和使用要求，并考虑加工工艺的经济性和可能性，合理地进行选择。

表面结构要求的图形符号的演变见表 2-7。

表 2-7　表面结构要求的图形符号的演变

序号	GB/T 131 的版本		
	1993（第二版）	2006（第三版）	表面结构符号的说明
1	1.6 ∨　1.6 ∨	√ Ra 1.6	表示去除材料，单向上限值，默认传输带，Ra 参数最大高度 1.6μm
2	Ry 3.2 ∨　Ry 3.2 ∨	√ Rz 3.2	表示去除材料，单向上限值，默认传输带，Rz 参数最大高度 3.2μm
3	1.6 / Ry 6.3 ∨	√ Ra 1.6　Rz 6.3	表示去除材料，Ra 参数最大高度 1.6μm；Rz 参数最大高度 6.3μm
4	3.2 / 1.6 ∨	√ U Ra 3.2　L Ra 1.6	表示去除材料，双向极限值，双极限值均使用默认传输带，Ra 参数上限值为 3.2μm，下限值为 1.6μm

3. 表面结构要求在图样上的注法

① 标注总则：表面结构要求对每个表面一般只标注一次，并尽可能标注在相应的尺寸及其公差的同一视图上。除非另有说明，所标注的表面结构要求是对完工零件表面的要求。

表面结构图形符号不应倒着标注，也不应指向左侧标注。表面结构标注总的原则是根据 GB/T 4458.4 的规定，使表面结构的注写与读取方向与尺寸的注写与读取方向一致，如图 2-30 所示。

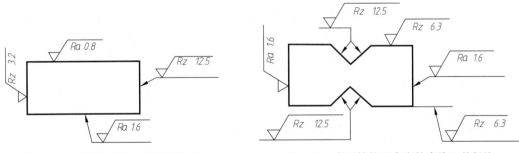

图 2-30　表面结构要求的注写方向　　　　　图 2-31　表面结构要求在轮廓线上的标注

② 标注要求：表面结构要求可标注在轮廓线上，其符号应从材料外指向并接触表面。必要时，表面结构符号也可用带箭头或黑点的指引线引出标注，或直接标注在延长线上，如图 2-31、图 2-32 所示。

对于标注在轮廓线以内的指引线，其端部不带箭头，而带圆点，如图 2-32(a) 所示。

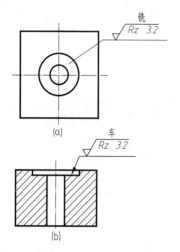

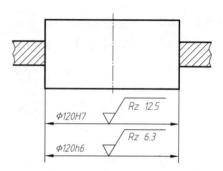

图 2-32　用指引线引出标注表面结构要求　　　　图 2-33　表面结构要求在尺寸线上的标注

③ 在不至于引起误解时，表面结构要求可以标注在指定的尺寸线上，如图 2-33 所示。也可将表面结构要求标注在形位公差框格的上方，如图 2-34 所示。

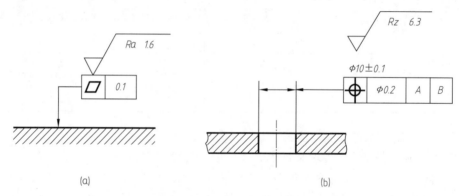

图 2-34　表面结构要求在形位公差框格上方的标注

④ 圆柱和棱柱表面的表面结构要求只标注一次，如果每个棱柱表面有不同的表面结构要求，则应分别单独标注，如图 2-35 所示。

⑤ 有相同表面结构的简化注法：如果在工件的多数（包括全部）表面有相同的表面结

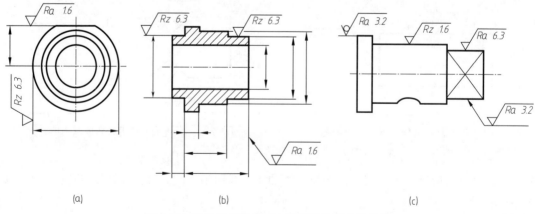

图 2-35　圆柱和棱柱表面上表面结构要求的标注

构要求，则其表面结构要求可统一标注在图样的标题栏附近。此时（除全部表面有相同要求的情况外），表面结构要求的符号后面应有：在圆括号内给出无任何其他标注的基本符号，如图2-36（a）所示；在圆括号内给出不同的表面结构要求，如图2-36（b）所示。

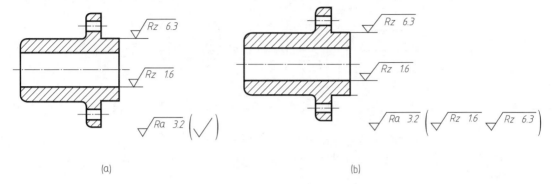

图 2-36　大多数表面有相同表面结构要求的简化注法

⑥ 多数表面有共同要求的注法。

a. 用带字母的完整符号的简化注法。可用带字母的完整符号，以等式的形式，在图形或标题栏附近，对有相同表面结构要求的表面进行简化标注，如图2-37所示。

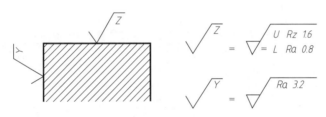

图 2-37　在图纸空间有限时的简化注法

b. 只用表面结构符号的简化注法。可用表面结构符号，以等式的形式给出多个表面共同的表面结构要求，如图2-38～图2-40所示。

图 2-38　未指定工艺方法的多个　　图 2-39　要求去除材料的多个　　图 2-40　不允许去除材料的多个
表面结构要求的简化注法　　　表面结构要求的简化注法　　　表面结构要求的简化注法

⑦ 由几种不同的工艺方法获得的同一表面，当需要明确每种工艺方法的表面结构要求时，可按图2-41所示进行标注。

⑧ 常见机械结构如圆角、倒角、螺纹、退刀槽的表面结构要求的标注，如图2-42所示。

4. 表面结构常用参数值 Ra 的选择

零件表面结构参数值的选用，既要满足零件表面的功能要求，又要考虑其经济合理性。选用时要注意以下问题。

① 在满足功用的前提下，尽量选用较大的 Ra 值，以降低生产成本。

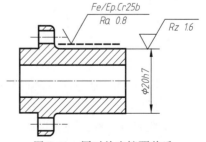

图 2-41　同时给出镀覆前后的表面结构要求的标注

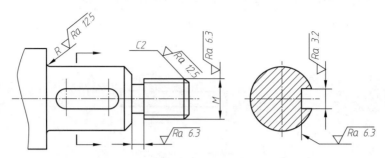

图 2-42　常见机械结构的表面结构要求的注写

② 在一般情况下，零件的接触表面比非接触表面的 Ra 值要小。

③ 配合性质相同，零件尺寸小的比尺寸大的 Ra 值小；同一公差等级，小尺寸比大尺寸、轴比孔的 Ra 值要小。

④ 运动速度高、单位压力大的摩擦表面比运动速度低、单位压力小的摩擦表面的 Ra 值小。

⑤ 要求密封性、耐腐蚀性的表面 Ra 值要小。

表 2-8 为表面结构参数 Ra 值的常用系列及对应的加工方式（GB/T 6060.1—1997、GB/T 6060.2—2006）。

表 2-8　常用加工方式的表面结构参数 Ra 值

加工方式	表面结构常用参数 Ra 值/μm	加工方式	表面结构常用参数 Ra 值/μm
铸造加工	100、50、25、12.5、6.3	车削加工	12.5、6.3、3.2、1.6
钻削加工	12.5、6.3	磨削加工	0.8、0.4、0.2
铣削加工	12.5、6.3、3.2	超精磨削加工	0.1、0.05、0.025、0.012

三、极限与配合简介

1. 零件的互换性

在一批相同规格的零件或部件中，任取一件，不经修配或其他加工，就能顺利装配，并能够达到预期使用要求，把这批零件或部件所具有的这种性质称为互换性。零件具有互换性，便于组织高效率、大规模的专业化协作生产，提高产品质量，降低成本，便于制造、装配和维修。没有互换性就没有现代化的可能。

国家标准《极限与配合》为零件的互换性提供了必要的技术保证。机械图样上有关极限与配合的注写，必须要严格执行国家标准《机械制图 尺寸公差与配合注法》（GB/T 4458.5—2003）的规定。

2. 极限与配合的基本术语定义及概念

（1）零件的尺寸

① 公称尺寸：设计时给定的尺寸，如图 2-43 中的尺寸 $\phi35$。

② 实际尺寸：通过测量所得的尺寸（由于存在测量误差，实际尺寸并非真值）。

③ 极限尺寸：孔或轴允许尺寸变化的两个极限值。实际尺寸应介于其间。

上极限尺寸：孔或轴允许的最大尺寸，如图 2-43(b) 所示。

下极限尺寸：孔或轴允许的最小尺寸，如图 2-43(b) 所示。

（2）极限偏差　极限尺寸减其基本尺寸所得的代数差称为极限偏差。偏差可以为正、为

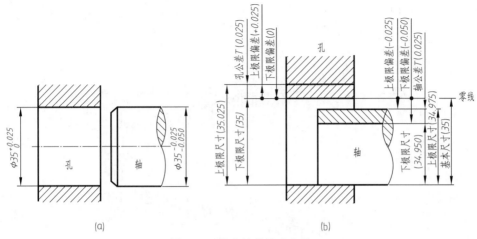

图 2-43 孔和轴的尺寸公差

负或为零。

① 上极限偏差：上极限尺寸减其公称尺寸所得的代数差（ES 或 es）。

② 下极限偏差：下极限尺寸减其公称尺寸所得的代数差（EI 或 ei）。

（3）尺寸公差和标准公差

① 尺寸公差：简称公差，用 IT 表示，是上极限尺寸减下极限尺寸之差，或上极限偏差减下极限偏差之差，是允许尺寸的变动量。

公差＝上极限尺寸－下极限尺寸＝上极限偏差－下极限偏差

由于上极限尺寸总是大于下极限尺寸，上极限偏差总是大于下极限偏差，所以它们的代数差值总为正值，一般将正号省略，取其绝对值。即尺寸公差是一个没有符号的绝对值。如图 2-43 所示，孔的直径允许在 $0 \sim \phi 35.025$ 之间变动，轴的直径允许在 $\phi 34.950 \sim \phi 34.975$ 之间变动。

② 标准公差：国家标准（GB/T 1800.3—1998）所规定的已标准化的公差值。标准公差分 20 个等级：IT01、IT0、IT1、IT2、…、IT17、IT18。从 IT01 至 IT18 等级依次降低，对应的标准公差数值依次增大。

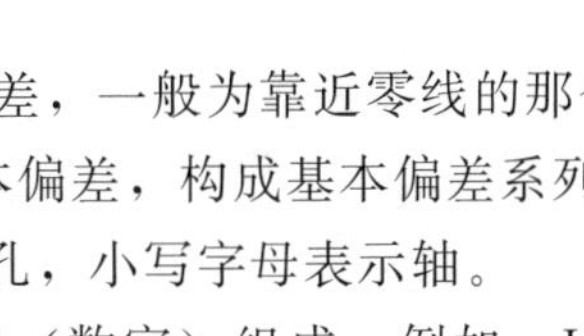

（4）尺寸公差带和公差带图 尺寸公差带是由代表上、下偏差的两条平行直线所限定的区域。公差带图是尺寸允许变动范围的图解形式，如图 2-44 所示。

图 2-44 公差带图

（5）基本偏差 在极限与配合制中，确定公差带相对零线位置的极限偏差称为基本偏差。它可以是上极限偏差或下极限偏差，一般为靠近零线的那个偏差。国家标准中，对孔和轴的每一基本尺寸段规定了 28 个基本偏差，构成基本偏差系列，如图2-45所示。基本偏差的代号用拉丁字母表示，大写字母表示孔，小写字母表示轴。

（6）公差带代号 由基本偏差代号（字母）与标准公差等级（数字）组成。例如，H7 是基本偏差为 H、公差等级为 IT7 孔的公差带代号；f7 是基本偏差为 f、公差等级为 IT7 轴的公差带代号。

由基本尺寸和公差带代号可查表确定孔和轴的上、下极限偏差值。例如，$\phi 20 H8$ 查孔的极限偏差表可得上极限偏差为＋0.033，下极限偏差为 0；由 $\phi 20 f7$ 查轴的极限偏差表可

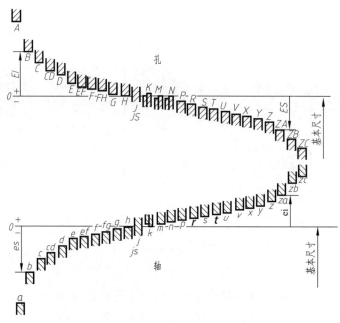

图 2-45　基本偏差系列

得上极限偏差为 -0.020，下极限偏差为 -0.041（查表时注意基本尺寸的范围）。

（7）配合　基本尺寸相同的相互结合的孔和轴公差带之间的关系称为配合。国家标准规定的配合制有两种：基本偏差（H）为一定孔的公差带与不同基本偏差轴的公差带的配合称为基孔制配合（简称基孔制）；基本偏差（h）为一定轴的公差带与不同基本偏差孔的公差带的配合称为基轴制配合（简称基轴制）。其中：基本偏差代号为 H 的孔（下极限偏差为基本偏差等于零）为基准孔；基本偏差代号为 h 的轴（上极限偏差为基本偏差等于零）为基准轴。

根据使用要求的不同，配合有紧有松，国家标准规定了间隙、过渡、过盈三种配合，见表 2-9。

表 2-9　配合状态

配合种类	间隙配合	过渡配合	过盈配合
基孔制		基准孔的公差带	
基轴制		基准轴的公差带	
公差带位置	孔的公差带在轴的公差带之上	孔、轴公差带重叠	孔的公差带在轴的公差带之下

续表

配合种类		间隙配合	过渡配合	过盈配合
说明	原因	孔的下极限尺寸大于轴的上极限尺寸	孔的下极限尺寸小于轴的上极限尺寸；孔的上极限尺寸大于轴的下极限尺寸	孔的上极限尺寸小于轴的下极限尺寸
	结论	孔的尺寸一定大于轴的尺寸，孔与轴之间一定存在间隙	孔的尺寸可能大于轴的尺寸，轴的尺寸也可能大于孔的尺寸；孔与轴之间可能出现间隙，也可能出现过盈	孔的尺寸一定小于轴的尺寸，孔与轴之间一定存在过盈

（8）配合代号　用分数形式表示：分子为孔的公差带代号，分母为轴的公差带代号。标注时将配合代号标注在基本尺寸之后，如 $\phi20H8/f7$、$\phi20H8/h7$、$\phi20K8/h7$。

如果配合代号的分子中基本偏差代号为 H，说明是基孔制配合；如果配合代号的分母中基本偏差代号为 h，说明是基轴制配合。

例如，$\phi40H9/d8$ 表示基本尺寸为 $\phi40$，标准公差等级 IT9 的基准孔与相同基本尺寸、标准公差等级 IT8、基本偏差为 d 的轴组成的间隙配合；$\phi40K8/h7$ 表示基本尺寸为 $\phi40$，标准公差等级 IT7 的基准轴与相同基本尺寸、标准公差等级 IT8、基本偏差为 K 的孔组成的过渡配合。

3. 极限与配合在图样上的标注

极限与配合在图样上的标注见表 2-10。在零件图上标注时有三种形式：只注写公差带代号；只注写极限偏差数值；同时注写公差带代号及极限偏差数值。

表 2-10　极限与配合的标注

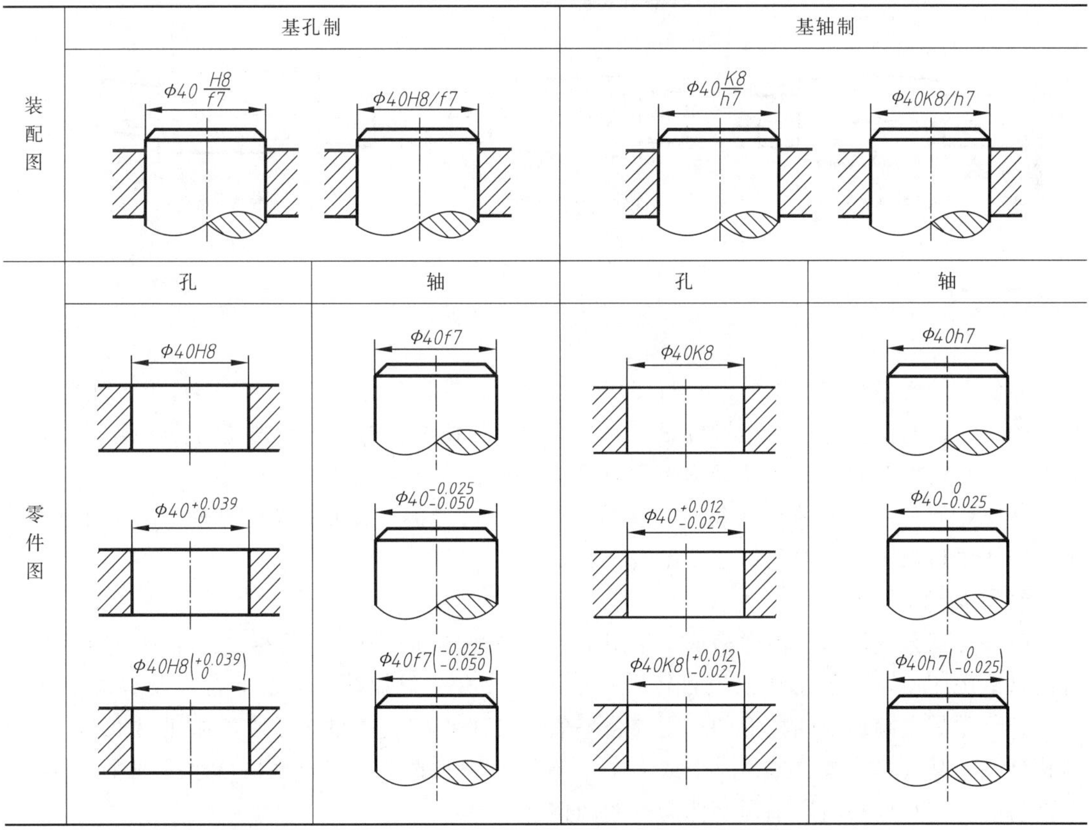

极限与配合在图样上标注时应注意以下两点。

① 标注公差带代号时，基本偏差代号和公差等级数字均应与基本尺寸数字等高，如 $\phi40f7$。

② 标注极限偏差数值时，上极限偏差应注在基本尺寸右上方，下极限偏差注在基本尺寸右下方或与基本尺寸注在同一底线上，字体应比基本尺寸小一号；当上、下极限偏差中有一个为零时，数字"0"要标出，并与另一偏差的小数点前的个位数对齐；当上、下极限偏差的绝对值相同，只是符号相反时，则偏差数字只标注一次，且字高与基本尺寸相同，如 $\phi40\pm0.2$。

四、几何公差简介

1. 基本概念

(1) 几何误差和公差　零件在加工后形成的各种误差是客观存在的，除了在极限与配合中讨论过的尺寸误差外，还存在着形状误差和位置误差。如图 2-46 所示的阶梯轴，加工后各实际尺寸虽然都在尺寸公差范围内，但各段可能会出现鼓形、锥形，也可能出现各段圆柱轴线不在同一条直线上或轴线与端面不垂直等现象。因此，对精度要求较高的零件，要规定其形状和位置公差。

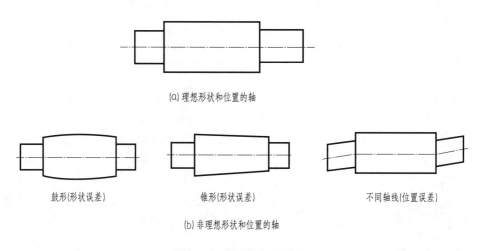

(a) 理想形状和位置的轴

鼓形(形状误差)　　　锥形(形状误差)　　　不同轴线(位置误差)

(b) 非理想形状和位置的轴

图 2-46　形状和位置误差

零件上的实际几何要素的形状与理想形状之间的误差称为形状误差。零件上各几何要素之间的实际相对位置与理想相对位置之间的误差称为位置误差。形状误差与位置误差简称几何误差。几何误差的允许变动量称为几何公差。

(2) 几何公差特征项目及符号　国家标准 GB/T 1182—2008 将几何公差分为十四项，每个特征项目都规定了专用符号，见表 2-11。

2. 几何公差的标注

(1) 几何公差框格　由两格或多格组成，如图 2-47(a) 所示。框格中的主要内容从左到右按以下次序填写：公差特征项目符号；公差值及有关附加符号；基准符号及有关附加符号。若公差带是圆形或圆柱形的，则在公差值前加注"ϕ"，如是球形的，加注"$S\phi$"。对于形状公差无基准，位置公差需一个或多个字母表示基准要素。公差框格可水平或垂直放置。框格的高度应是框格内所书写字体高度的两倍。

表 2-11 几何公差特征项目及符号

分 类		特征项目	符 号	分 类		特征项目	符 号
形状		直线度	—	位置	定向	平行度	//
		平面度	▱			垂直度	⊥
		圆度	○			倾斜度	∠
		圆柱度	⌀		定位	同轴度	◎
形状或位置	轮廓	线轮廓度	⌒			对称度	=
						位置度	⊕
		面轮廓度	⌓		跳动	圆跳动	↗
						全跳动	↗↗

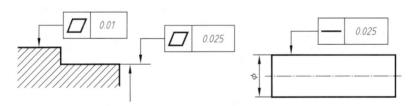

(a) 几何公差框格 （指引线、公差带的形状、几何公差项目符号、几何公差数值、基准符号的字母）

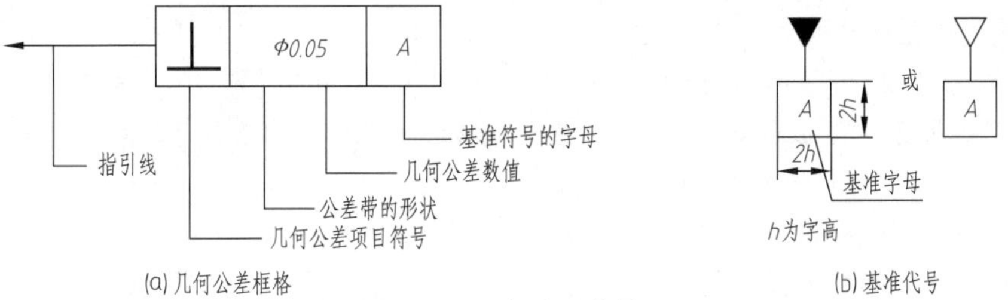

(b) 基准代号 （A, 2h, 2h, 基准字母；h为字高）

图 2-47 几何公差代号

（2）被测要素的标注 被测要素是指图样上给出了几何公差要求的要素，是被检测的对象。标注时，用带箭头的指引线将框格与被测要素相连，按以下方式标注。

① 当被测要素为组成要素（构成零件外形能直接为人们所感觉到的点、线、面等要素）时，指引线箭头应垂直指向该要素的轮廓线或其延长线，并与相应的尺寸线明显错开，如图 2-48 所示。

图 2-48 被测要素为轮廓要素时的标注

② 被测要素为导出要素（不能直接为人们所感觉到的要素，如球心、轴线、对称中心线、对称中心面）时，带箭头的指引线应与其尺寸线的延长线重合，如图 2-49 所示。

③ 对于多个被测要素具有同一几何公差要求时，其标注方法如图 2-50(a) 所示。对于同一要素有多项公差要求时，其标注方法如图 2-50(b) 所示。

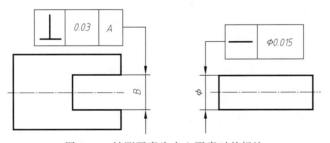

图 2-49 被测要素为中心要素时的标注

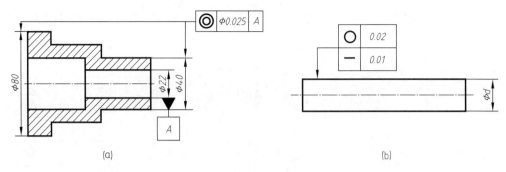

图 2-50　几何公差的其他规定标注

（3）基准要素的标注　用来确定被测要素方向或位置的要素。图样上一般用基准代号标出。基准代号由基准三角形（为等边三角形，边长为字高 h，空心或实心）、正方框、连线和基准字母（大写拉丁字母）组成，如图 2-47（b）所示，正方框内填写基准字母。

① 当基准要素为组成要素时，基准三角形贴近基准要素的外轮廓线或其延长线，应与尺寸线明显错开，如图 2-51（a）所示。

② 当基准要素为导出要素时，基准三角形应与相应基准要素的尺寸线对齐，如图 2-51（b）所示。当地方受限制，基准符号与尺寸线箭头重叠时，基准三角形可以代替尺寸线箭头，如图 2-51（c）所示。

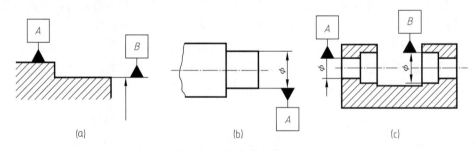

图 2-51　基准要素的标注

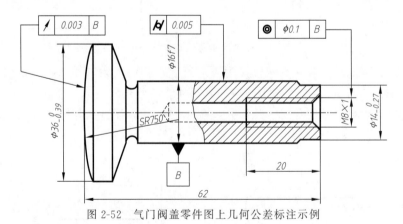

图 2-52　气门阀盖零件图上几何公差标注示例

↗	0.003	B	$SR750$ 球面对 $\phi16f7$ 圆柱面轴线的圆跳动公差为 0.003mm。
⌭	0.005		$\phi16f7$ 圆柱面的圆柱度公差为 0.005mm。
◎	$\phi0.1$	B	$M8\times1$ 螺纹孔的轴线对 $\phi16f7$ 圆柱面轴线的同轴度公差为 $\phi0.1$mm。

3. 几何公差标注示例

零件图上几何公差标注示例如图 2-52 所示。

【课后训练】

1. 在题图 2-5-1 中标注尺寸（按 1∶1 从图中量取尺寸数值，取整数），并按表中给定的 *Ra* 值在图中标注表面结构要求。

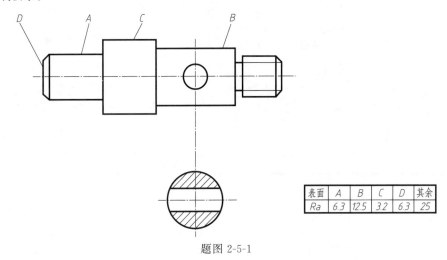

表面	A	B	C	D	其余
Ra	6.3	12.5	3.2	6.3	25

题图 2-5-1

2. 分析题图 2-5-2 中表面结构要求注法上的错误，将正确的注法标注在右图中。

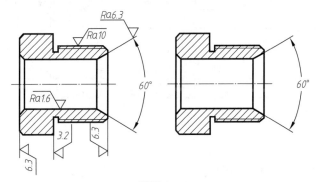

题图 2-5-2

3. 根据配合代号查表，在题图 2-5-3 中作相应的标注（轴 ϕ15f6；套 ϕ15H7、ϕ30n6；孔 ϕ30 H7），并说明基准制和配合种类：ϕ15H7/f6 为基____制_____配合；ϕ30H7/n6 为基____制_____配合。

4. 读懂题图 2-5-4 中的尺寸公差和几何公差标注，解释其含义。

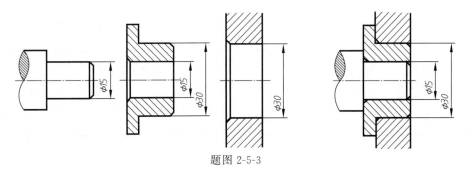

题图 2-5-3

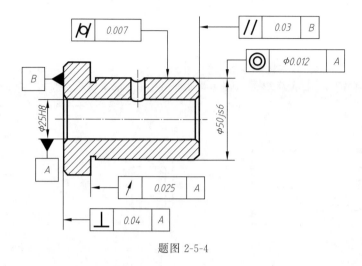

题图 2-5-4

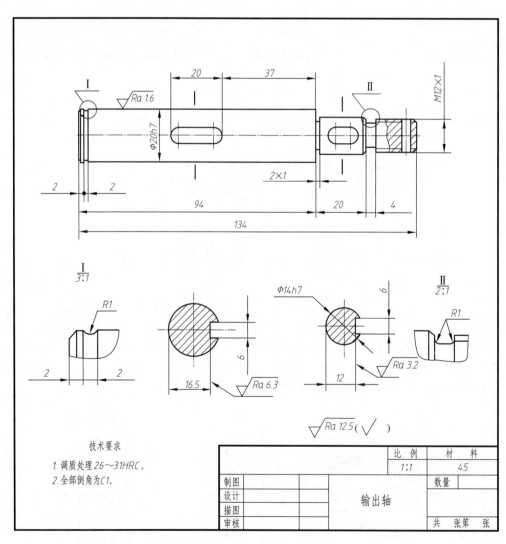

技术要求

1. 调质处理 26～31HRC。
2. 全部倒角为C1。

			比　例		材　料	
			1:1		45	
制图					数量	
设计			输出轴			
描图						
审核					共　张第　张	

题图 2-5-5

5. 读题图 2-5-5 的零件图，并回答问题。

（1）该零件名称为_____，材料为_____，绘图比例为_____。

（2）主视图轴线水平放置，主要考虑的是符合零件的_____位置。

（3）除主视图外，采用了两个_____图表达两个键槽的断面形状；用两个_____图表达Ⅰ、Ⅱ两处沟槽结构。

（4）该轴的径向基准是_____，轴向主要基准是_____。长度为 20 的键槽的定位尺寸为_____。

（5）φ20h7 表示该轴的公称尺寸为_____，h7 含义是_____，7 是_____，h 是_____，查表得上极限偏差为_____，下极限偏差为_____，公差为_____。

（6）φ20h7 轴段上键槽的宽度为_____，深度为_____，注出 16.5 表示深度，是为了便于_____。

（7）φ20h7 轴段右端轴肩处所注 2×1 表示了_____的尺寸，2 为_____，1 为_____。

（8）解释 M12×1 的含义是_____。

（9）分析轴上各面的表面粗糙度要求，最光滑面的 Ra 值为_____，最粗糙面的 Ra 值为_____。

情境三　　盘盖类零件的构形

学习任务六　　齿轮油泵泵盖的构形

【学习任务单】

任务	齿轮油泵泵盖的构形	用　时	8 课时
知识目标	1. 了解盘盖类零件的常见结构并加以分析。 2. 掌握盘盖类零件的视图表达,即剖视图、局部视图及简化画法。 3. 掌握盘盖类零件的尺寸及技术要求标注。		
技能目标	1. 会分析盘盖类零件的结构。 2. 会选择正确或合理的盘盖类零件的视图表达方法。 3. 会画出盘盖类零件的零件草图。 4. 能独立测绘出齿轮油泵泵盖的零件图。 5. 会正确阅读盘盖类零件的零件图。		

一、任务描述

　　盘盖类零件是机器上的常见零件,如减速器中的轴承端盖、齿轮油泵中的泵盖、化工设备中的法兰盘等,这类零件在机器中主要起支撑、轴向定位和密封作用。

　　本任务以齿轮油泵泵盖为例,学习盘盖类零件的有关视图表达方法,并在老师指导下,测绘齿轮油泵泵盖,画出草图和尺规图。通过盘盖类零件图的识读练习,能熟练阅读盘盖类零件的零件图。

二、任务实施要求

　　1. 通过资料学习,并在老师指导下正确选择泵盖的视图表达方法。

　　2. 正确使用测量工具。

　　3. 正确使用绘图工具和仪器。

　　4. 按国家标准有关制图规定和正确步骤画零件图。

　　5. 测绘时要注意排除泵盖结构上磨损造成的缺欠。

三、相关资源

　　1. 齿轮油泵泵盖实物。

　　2. 教材知识链接内容。

　　3.《技术制图》与《机械制图》国家标准。

　　4. 相关教学课件。

四、任务实施说明

　　1. 学生分组,每小组 3~4 人。

　　2. 小组进行任务分析。

　　3. 现场教学或资料学习。

　　4. 小组讨论,确定表达方案。

　　5. 小组现场实践,测绘齿轮油泵泵盖,画出草图。

　　6. 小组互评互改后,画泵盖零件图。

　　7. 老师集中点评,总结盘盖类零件视图表达方法及尺寸、技术要求标注。

　　8. 由小组推选一张优秀图样由老师批改后在教室内张贴。

五、考核评价

　　成果 50%;自我评价 10%;团队合作 20%;教师评价 20%。

【知识链接】

盘盖类包括齿轮、手轮、带轮、飞轮、法兰盘、端盖等。作用主要是轴向定位、防尘和密封。常见盘盖类零件如图 3-1 所示。

图 3-1　常见盘盖类零件

一、盘盖类零件视图表达及标注

1. 盘盖类零件结构特征

盘盖类零件是机器上的常见零件，如减速器中的轴承端盖、齿轮油泵中的泵盖、化工设备中的法兰盘及常见的齿轮、带轮、手轮等，其主体结构通常为径向尺寸大、轴向尺寸小的扁平盘状。常带有均匀分布的肋、轮辐、螺孔、凸台、凹坑及定位或连接用孔、槽、倒角、圆角等结构。盘盖类零件主要在车床上加工。

2. 盘盖类零件视图表达

① 主视图通常为非圆视图，并按加工位置将其轴线水平放置画出，由于外形简单，因此常采用全剖视、半剖视或局部剖视来反映其内部结构，如图 3-2 所示。

② 采用左视图或右视图表达盘盖上的连接螺孔、定位孔及轮辐、肋板等数目和分布情况。

③ 常采用移出断面或重合断面表达轮辐和肋板的断面形状，对于均匀分布有轮辐和肋板，还采用其简化画法。

3. 尺寸标注

① 此类零件的尺寸一般为两大类：轴向及径向尺寸，径向尺寸的主要基准是回转轴线，轴向尺寸的主要基准是经过加工的重要端面。

② 定形和定位尺寸都较明显，尤其是在圆周上分布的小孔的定位圆直径是这类零件的典型定位尺寸，多个小孔一般采用如"4×ϕ"、"EQS"形式标注，"EQS"即等分圆周，角度定位尺寸一般不标注。

③ 零件上各圆柱体直径及较大的孔径，其尺寸多注在投影为非圆视图上，盘上小孔的直径注在投影为圆的视图上较清晰，如图 3-2 所示。内外结构形状尺寸通常分开标注。

4. 技术要求

① 有配合要求的内、外表面或用于轴向定位的端面，其表面结构要求较高。

② 有配合关系的孔、轴尺寸，其精度要求较高，应给出恰当的尺寸公差，如图 3-2 中的 ϕ70、ϕ46、ϕ55 尺寸等；端面与轴线之间常有形位公差要求。

二、剖视图

在用视图表达机件时，其内部结构都用虚线来表示，内部结构形状越复杂，视图中就会出现越多虚线，这样会影响图面清晰，不便于看图和标注尺寸。为清晰地表达机件的内部结

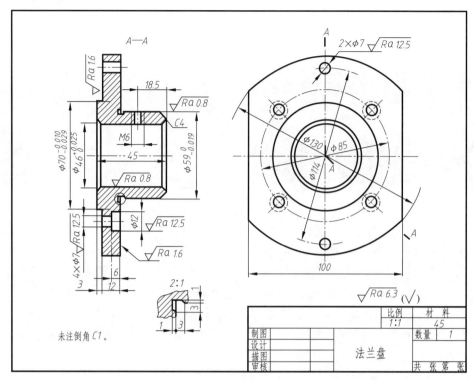

图 3-2　法兰盘零件图

构形状，国家标准《技术制图》规定了剖视图的画法。

1. 剖视图的概念及画法

（1）剖视图的概念　假想用剖切面剖开机件，将处在观察者和剖切面之间的部分移去，而将其余部分向投影面投射所得的图形，称为剖视图，简称剖视，如图 3-3 所示。

（2）剖视图画法

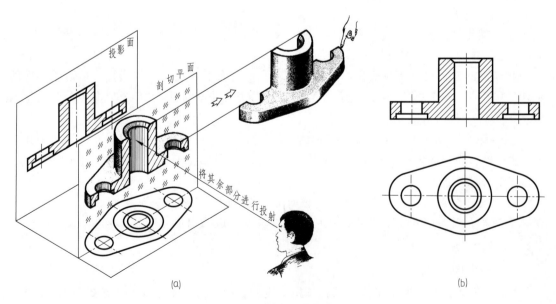

图 3-3　剖视图的形成

① 确定剖切面位置：剖切平面应平行于投影面，一般应通过内部孔、槽的对称平面或轴线。

② 画剖视图：画出剖切面的投影。应注意：剖切是假想的，当一个视图取剖视后，其余视图应按完整画出，如图 3-4 所示；剖切面后面的可见部分应全部画出；剖视图中，若不可见部分已表达清楚，虚线可省略不画。

③ 画剖面符号：在剖面区域内，画出与材料相应的剖面符号，见表 2-1。

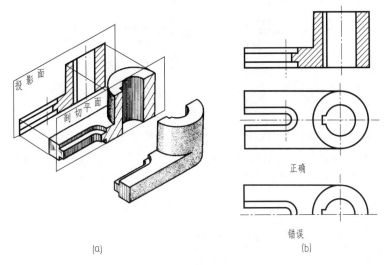

图 3-4　俯视图不可画一半

2. 剖视图的标注

为了便于看图，应根据剖视图的形成及其配置位置进行相应的标注。国家标准规定，剖视图一般应标注其名称，在相应的视图上用剖切符号表示剖切位置和投射方向。

（1）剖切符号　在剖切平面的起、迄和转折位置用长约 5mm，线宽为 $(1\sim1.5)d$ 的粗实线表示，它不能与图形轮廓线相交，并在剖切符号的起、迄和转折处注上字母，在剖切符号的两端外侧用箭头指明剖切后的投射方向，如图 3-5 所示。

（2）剖视图的名称　在相应的剖视图上方采用相同的大写字母，标注成"×—×"形式，以表示该剖视图的名称，如图 3-5 所示。

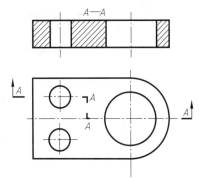

图 3-5　剖切符号的标注

在下列两种情况下，可省略或部分省略标注：当剖视图按投影关系配置，中间又没有其他图形隔开时，可以省略箭头，如图 3-6(a) 所示；当单一剖切平面通过机件的对称面（或基本对称面），同时满足上一个条件时，可省去全部标注，如图 3-3(b)、图 3-6(b) 所示。

3. 剖视图的种类

（1）全剖视图　用剖切平面完全地剖开机件所得的剖视图，称为全剖视图，如图 3-3～图 3-6 所示。

全剖视图一般用于外形比较简单（或外形已表达）、内部结构比较复杂且不对称机件，

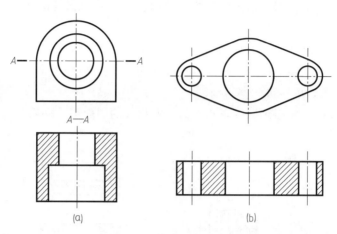

图 3-6 剖视图省略标注的示例

如图 3-4 所示。对于一些外形简单的对称机件，也可采用全剖视，如图 3-3 所示。

（2）半剖视图 当机件具有对称平面时，向垂直于对称平面的投影面上投射所得的图形，可以机件的对称中心线为界，一半画成剖视图，另一半画成视图，这种组合的图形称为半剖视图，如图 3-7 所示。

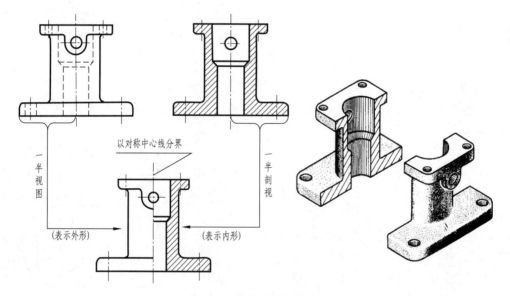

图 3-7 半剖视图的形成

半剖视图主要用于内、外形状都需要表达的对称机件。当机件的结构接近对称，且不对称部分已表达清楚时，也可以画成半剖视图，如图 3-8、图 3-9 所示。半剖视图的优点在于它能在一个图形中同时反映机件的内部结构和外形。

在半剖视图中，剖视部分与视图部分应以对称线（细点画线）为界，由于机件的内部结构在剖视部分已表达清楚，因此，视图部分应省略虚线。半剖视图的标注方法与全剖视图相同。

（3）局部剖视图 用剖切面局部地剖开机件所得的剖视图，称为局部剖视图，如图 3-8 顶板和底板两处小孔的剖视。

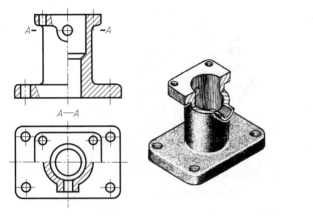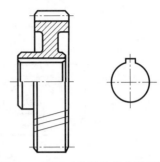

图 3-8　半剖视图　　　　　　　　图 3-9　接近对称机件的半剖视图

局部剖视图适用于下列情况。

① 仅需表达局部内部结构，而不宜采用全剖视图或半剖视图的机件（如轴、连杆、螺钉等实心零件上的孔或槽等），如图 3-10 所示。

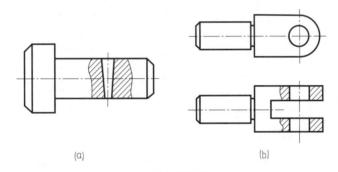

(a)　　　　　　　　　　(b)

图 3-10　局部剖视图（一）

② 轮廓线与中心线重合而内、外结构都需要表达的对称机件，若采用半剖视图易引起误解，宜采用局部剖视，如图 3-11 所示。

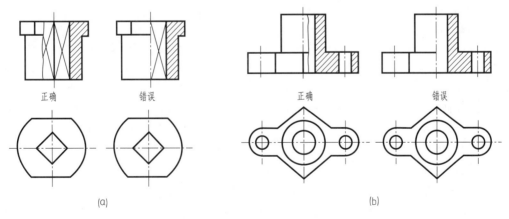

正确　　　错误　　　　　正确　　　　错误

(a)　　　　　　　　　　(b)

图 3-11　局部剖视图（二）

③ 内外结构都需要表达但机件不对称，应使用局部剖视图，如图 3-12 所示。

画局部剖视图时，应注意以下几点。

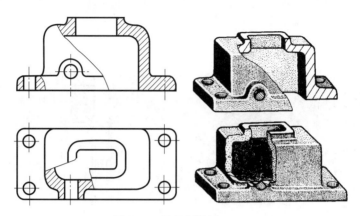

图 3-12　局部剖视图（三）

① 对于剖切位置明显的局部剖视图，一般不予标注，如图 3-10～图 3-12 中所示。必要时，可按全剖视图的标注方法标注。

② 局部剖视图中，剖视部分和未剖视部分以波浪线分界，如图 3-12 所示。波浪线是断裂面的投影线，因此要画在物体的实体部分，不能超出视图的轮廓线，也不应与轮廓线重合或画在轮廓线的延长线上，也不可穿孔而过，图 3-13 所示均为波浪线的错误画法。

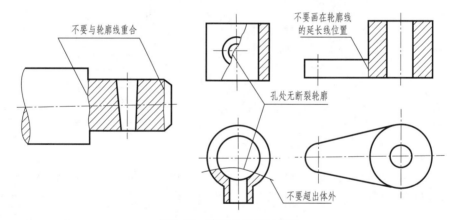

图 3-13　波浪线的错误画法

③ 当被剖结构为回转体时，允许将该结构的中心线作为局部剖视和视图的分界线，如图 3-14 所示。而图 3-15 所示的方孔不是回转体，因此不能以其中心线分界，只能以波浪线分界。

④ 局部视图是一种灵活、便捷的表达方法。它的剖切位置和剖切范围大小，可根据实际需要确定。但在一个视图中，不宜过多地选用局部剖视，以免使图形零乱，给读图造成困难。

4. 剖切面的种类

剖视图能否清晰地表达机件的结构形状，剖切面的选择很重要。根据剖切面的数量和组合形式的不同，剖切面共有三种。运用其中任何一种都可得到全剖视图、半剖视图和局部剖视图。

（1）单一剖切面　仅用一个剖切面剖开机件，这种是最为常见的剖切方式。一般情况下，用一个平行于基本投影面的平面剖开机件，如图 3-3 所示。

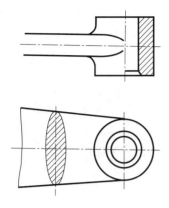

图 3-14　可用中心线代替波浪线

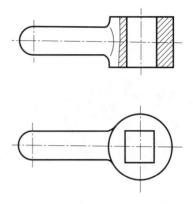

图 3-15　不可用中心线代替波浪线

当采用单一剖切面剖切机件倾斜部分的内部结构时，为反映实形，可采用倾斜的剖切面，再按照斜视图的方式投射和绘制，如图 3-16 所示。

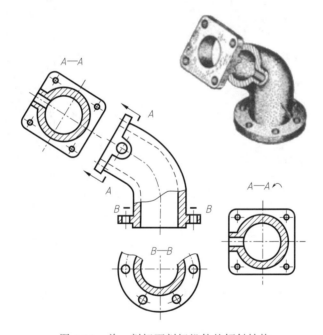

图 3-16　单一剖切面剖切机件的倾斜结构

（2）几个平行的剖切面剖切　如果机件的内部结构较多，又不处于同一平面内，并且被表达结构无明显的回转中心时，可用几个平行的剖切平面剖开机件，如图 3-5、图 3-17 所示。平行的剖切平面可以是两个或两个以上，各剖切平面的转折必须是直角。用几个平行的剖切平面剖切同样也可得到全剖视图、半剖视图和局部剖视图，如图 3-17～图 3-19 所示。

用几个平行的剖切平面剖切时，应注意以下几点。

① 在剖视图上不应出现剖切平面转折处的界线，如图 3-20（a）所示；剖切平面转折处的线不应与轮廓线重合，如图 3-20（b）所示；剖视图中也不应出现不完整的结构要素，如图 3-20（c）所示。

② 如物体中有两个结构要素具有公共的对称线或轴线时，可以对称线或轴线为界，各

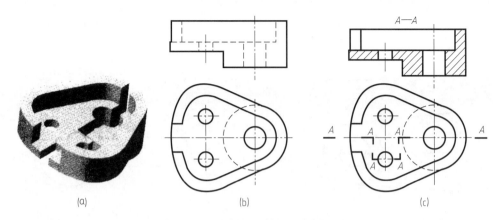

图 3-17   平行剖切面剖切的全剖视图

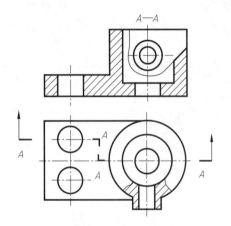

图 3-18   平行剖切面剖切的局部剖视图

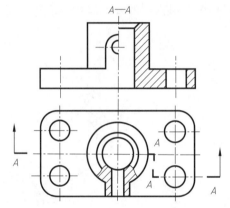

图 3-19   平行剖切面剖切的半剖视图

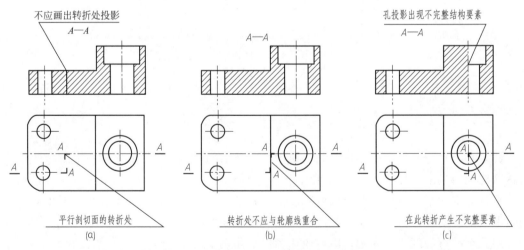

图 3-20   几个平行剖切面获得的剖视图画法注意点（一）

画一半，如图 3-21 所示。

③ 几个平行剖切平面的剖视图上方必须标注图名"×—×"，在剖切平面的起、迄、转折处画上剖切符号，注上相同字母，在转折处若因位置有限，在不致引起误解的情况下，可

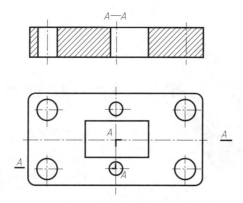

图 3-21　几个平行剖切面获得的剖视图画法注意点（二）

以省略字母。

（3）几个相交的剖切平面　当物体上的内部结构不在同一平面，且物体具有较明显的回转轴线时，可采用几个相交的剖切平面剖开机件，剖切平面的交线应与机件的回转轴线重合并垂直于某一基本投影面，如图 3-22 所示。

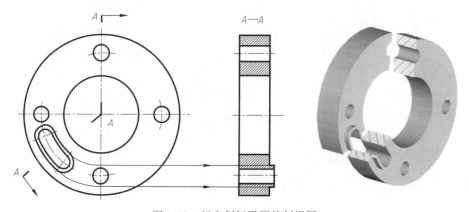

图 3-22　相交剖切平面的剖视图

采用这种方法画剖视图时，先假想按剖切位置剖开机件，然后将被剖切平面剖开的倾斜部分结构及其有关部分，绕回转中心（旋转轴）旋转到与选定的基本投影面平行后再投射。

用几个相交的剖切平面剖切时，应注意以下几点。

① 采用这种"先剖切、后旋转"的方法绘制的剖视（往往旋转的部分投射后会比原投影伸长），剖切平面后的其他结构，一般仍按原来的位置进行投射，如图 3-23 所示。

② 剖切平面的交线一般应与形体的回转轴线重合。

③ 相交剖切平面剖视的标注，其标注形式及内容与几个平行平面剖切的剖视相同。

三、简化画法

① 剖视图中，对于机件上的肋、轮辐及薄壁等，如按纵向剖切，这些结构都不画剖面符号，而用粗实线将它与邻接部分分开，如图 3-24 中的主、左视图。但当剖切平面垂直它们剖切时，仍要画出剖面符号，如图 3-24 中的俯视图。

② 当零件回转体上均匀分布的肋、轮辐、孔等结构不处于剖切平面上时，可将这些结构旋转到剖切平面上画出，如图 3-25 所示。

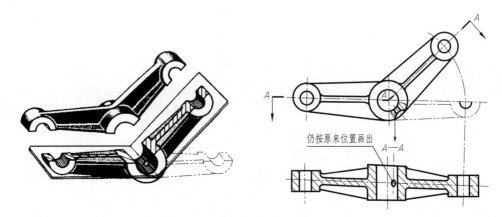

图 3-23 相交剖切平面剖切后其他结构画法

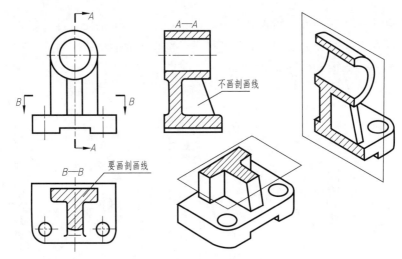

图 3-24 肋板剖切时的规定画法

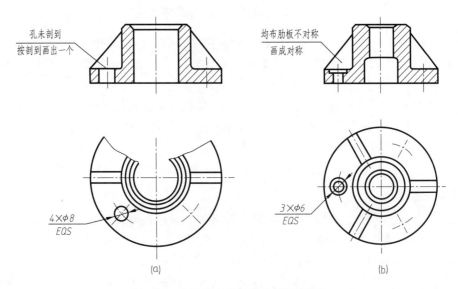

图 3-25 均匀分布的孔和肋的规定画法

③ 圆柱形法兰盘和类似机件上均匀分布的孔，可按图 3-26 的方法绘制。

④ 在不致引起误解时，对于对称机件的视图可只画一半或四分之一，并在对称中心线的两端画出两条与其垂直的平行细实线，如图 3-27 所示。

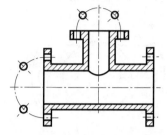

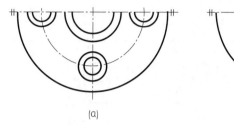

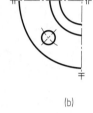

图 3-26　圆柱形法兰盘上圆孔的简化画法　　　　图 3-27　对称机件的简化画法

四、测绘齿轮油泵泵盖

根据齿轮油泵泵盖的实物，绘制其零件图。

1. 测绘要求

① 反复酝酿、比较，选择合理的表达方案。

② 正确使用测量工具和绘图工具。

③ 布局合理，选用 A3 图纸，按 1∶1 比例绘制图样。

④ 画图时符合投影规律。

⑤ 线型、尺寸和技术要求标注等，要符合制图国家标准要求。

2. 技术要求推荐

① 尺寸公差推荐：两轴孔为 H7；两销孔 $\phi5$ H7 配作。

② 表面结构推荐：两轴孔和两销孔为 $Ra1.6$；泵盖与泵体结合面为 $Ra3.2$；螺孔和其他加工面为 $Ra\,6.3$；其余不加工。

③ 几何公差推荐：两轴孔互为基准平行度公差为 $\phi0.03$mm；轴孔相对于结合面的垂直度公差为 $\phi0.02$mm。

④ 其他要求：铸件不得有砂眼、气孔等缺陷；未注明铸造圆角 $R3$；未注倒角 $C1$；不加工表面应涂防锈漆。

3. 材料

HT200。

【课后训练】

1. 补画题图 3-6-1 剖视图中缺漏的线。

2. 将题图 3-6-2 中的主视图改画成全剖视图，并正确标注。

3. 在题图 3-6-3 拨叉的主视图和左视图上分别作合适的剖视。

4. 将题图 3-6-4 中的主视图在右边画成全剖视图。

5. 将题图 3-6-5 中的主视图改画成全剖视图，并补画半剖视图的左视图。

6. 读题图 3-6-6 所示的管板零件图，并回答问题。

(1) 该零件图包括____基本视图；另外四个图形均是比例为____的____图。

(2) 主视图符合零件的____位置，它采用了____剖视。

(3) 俯视图采用了____画法来表示直径相同且成规律分布的孔；其直径为____管孔有____个。

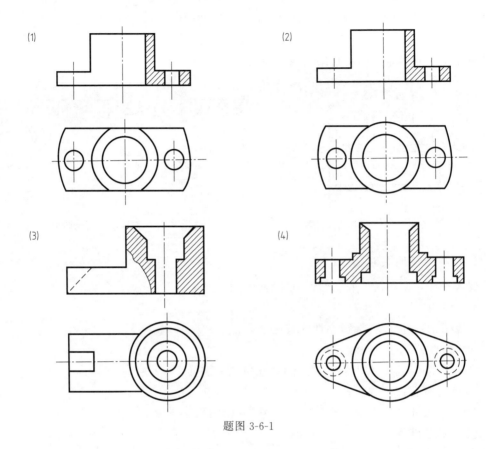

(1) (2) (3) (4)

题图 3-6-1

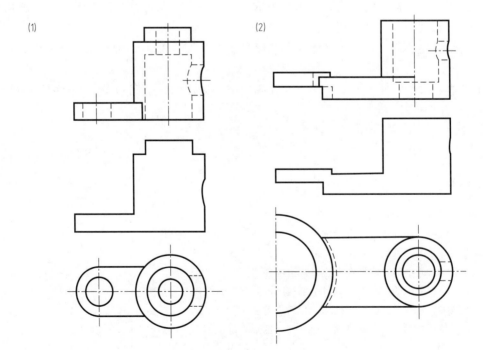

(1) (2)

(3)　　　　　　　　　　　　　　(4)

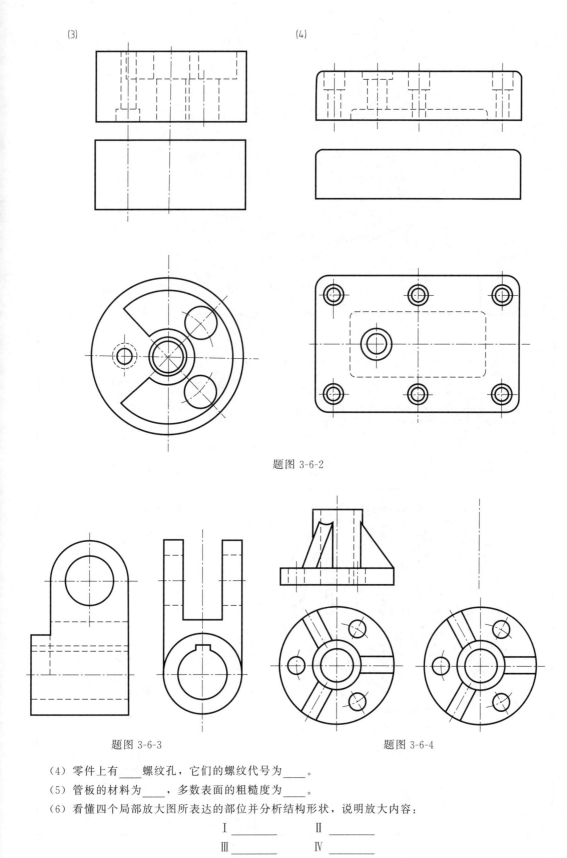

题图 3-6-2

题图 3-6-3　　　　　　　　　　　　题图 3-6-4

（4）零件上有____螺纹孔，它们的螺纹代号为____。

（5）管板的材料为____，多数表面的粗糙度为____。

（6）看懂四个局部放大图所表达的部位并分析结构形状，说明放大内容：

Ⅰ _____　　　　　　Ⅱ _____

Ⅲ _____　　　　　　Ⅳ _____

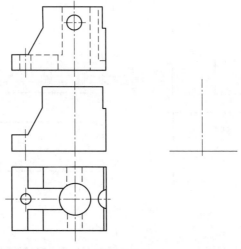

题图 3-6-5

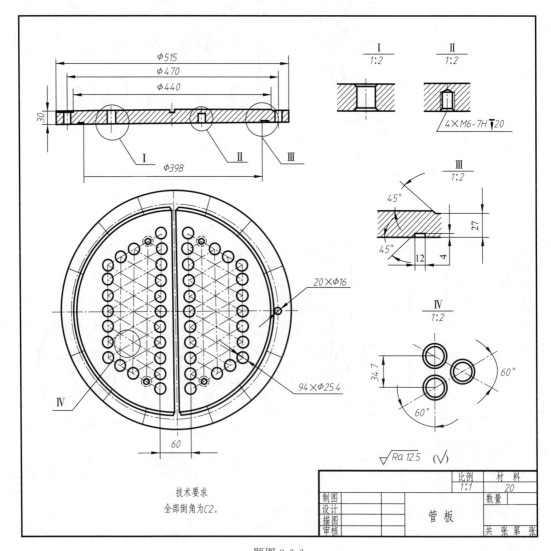

题图 3-6-6

学习任务七　圆柱齿轮及其啮合的构形

【学习任务单】

任务	圆柱齿轮及其啮合的构形	用　时	4 课时
知识 目标	1. 了解齿轮的基本知识如齿轮传动的功用、分类及齿轮的名称、主要参数。 2. 掌握直齿圆柱齿轮几何尺寸计算。 3. 掌握直齿圆柱齿轮及其啮合的规定画法。 4. 自学拓展圆锥齿轮及蜗杆蜗轮的画法。		
技能 目标	1. 能认识各种齿轮及传动,会计算直齿圆柱齿轮几何尺寸。 2. 会按规定画法画出直齿圆柱齿轮及其啮合。 3. 会测绘直齿圆柱齿轮。		

一、任务描述

在齿轮油泵中,齿轮是一个主要零件,并且也是典型的盘类零件。齿轮主要用来传递运动和动力,由于在机械中用途较广,国家标准对其部分结构、尺寸和参数作了规定,并且规定了其规定画法。本任务要求学生在掌握齿轮及其啮合的规定画法的前提下,针对齿轮油泵中的主、从动齿轮,确定其主要参数及基本尺寸,并测量出齿轮的各部分结构尺寸,绘出齿轮的零件图和啮合图。

二、任务实施要求

1. 通过齿轮知识的学习,掌握直齿圆柱齿轮主要参数、几何尺寸计算及规定画法。

2. 按国家标准有关制图规定和正确步骤画零件图。

3. 正确使用绘图工具和仪器。

4. 测绘时要注意排除齿轮结构上磨损造成的缺欠。

三、相关资源

1. 直齿圆柱齿轮实物。

2. 教材知识链接内容。

3.《技术制图》与《机械制图》国家标准。

4. 相关教学课件。

四、任务实施说明

1. 学生分组,每小组 3～4 人。

2. 小组进行任务分析。

3. 现场教学或资料学习。

4. 小组现场实践,拆卸齿轮油泵中的主、从动齿轮并测绘(注意模数的圆整),画出草图。

5. 小组互评互改,老师给出技术要求,画出齿轮零件图及啮合图。

6. 老师集中点评。

五、知识拓展

直齿圆锥齿轮及其规定画法。

六、考核评价

成果 50%;自我评价 10%;团队合作 20%;教师评价 20%。

【知识链接】

齿轮传动在机械中被广泛应用,常用它来传递动力、改变旋转速度与旋转方向。齿轮的种类很多,常见的齿轮传动形式有如下几种。

圆柱齿轮——用于两平行轴之间的传动,如图 3-28(a)、(b) 所示。

圆锥齿轮——用于两相交轴之间的传动,如图 3-28(c) 所示。

蜗轮蜗杆——用于两交叉轴之间的传动，如图 3-28(d) 所示。

(a) 直齿圆柱齿轮传动　　(b) 斜齿圆柱齿轮传动　　(c) 圆锥齿轮传动　　(d) 蜗杆蜗轮传动

图 3-28　常见齿轮传动形式

一、圆柱齿轮的基本知识

圆柱齿轮的轮齿有直齿、斜齿、人字齿等，如图 3-29 所示。

(a) 直齿轮　　　　　　(b) 斜齿轮　　　　　　(c) 人字齿轮

图 3-29　圆柱齿轮

圆柱齿轮的外形是圆柱体，由轮齿、轮辐、轮毂等组成，直齿圆柱齿轮是最常用的一种。

1. 圆柱齿轮各部分名称及代号

如图 3-30 所示。

① 齿数 z：轮齿的数量。

② 齿顶圆 d_a：圆柱齿轮上齿顶圆柱面与端平面的交线。

③ 齿根圆 d_f：圆柱齿轮上齿根圆柱面与端平面的交线。

④ 分度圆 d：圆柱齿轮上分度圆柱面与端平面的交线。

⑤ 齿顶高 h_a、齿根高 h_f 和全齿高 h：轮齿的齿顶圆和齿根圆之间的径向距离称为全齿高 h；齿顶圆与分度圆之间的径向距离称为齿顶高 h_a；分度圆与齿根圆之间的径向距离称为齿根高 h_f。

⑥ 齿距 p：在分度圆上，相邻两齿廓对应点之间的弧长为齿距 p。在标准齿轮中分度圆上齿厚 s 与齿槽宽 e 相等，且 $p=s+e$。

⑦ 压力角 α：在节点处，两齿廓曲线的公法线与两节圆的内公切线所夹的锐角称为压力角，标准齿轮压力角一般为 20°。

⑧ 模数 m：由于齿轮的分度圆周长 $=zp=\pi d$，则 $d=zp/\pi$，为计算方便，将 p/π 称为模数，用 m 表示，单位为 mm，则 $d=mz$。模数是设计、制造齿轮的重要参数，模数越大，轮齿就越大，因而齿轮的承载能力也越大。为了简化和统一齿轮的轮齿规格，提高齿轮

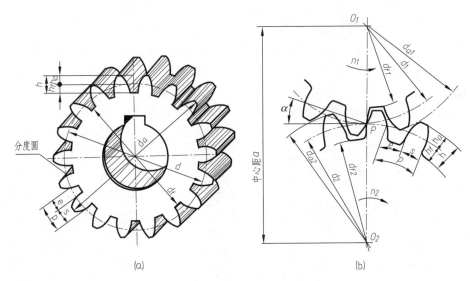

图 3-30　齿轮各部分名称及代号

的互换性，便于齿轮的加工、修配，减少齿轮刀具的规格品种，提高其系列化和标准化程度，国家标准对齿轮的模数作了统一规定，见表 3-1。

表 3-1　**标准模数**（圆柱齿轮摘自 GB/T 1357—1987；圆锥齿轮摘自 GB/T 12368—1990）　mm

圆柱齿轮	第一系列	1,1.25,1.5,2,2.5,3,4,5,6,8,10,12,16,20,25,32,40,50
	第二系列	1.75,2.25,2.75,(3.25),3.5,(3.75),4.5,5.5,(6.5),7,9,(11),14,18,22,28,36,45
圆锥齿轮		1,1.125,1.25,1.375,1.5,1.75,2,2.25,2.5,2.75,3,3.25,3.5,3.75,4,4.5,5,5.5,6,6.5,7,8,9,10, 11,12,14,16,18,20,22,25,28,30,32,36,40

注：1. 圆柱齿轮选取时，优先采用第一系列，括号内的模数尽可能不用。

　　2. 斜齿圆柱齿轮是指法面模数；圆锥齿轮是指大端端面模数。

⑨ 中心距 a：两啮合齿轮轴线之间的距离称为中心距。标准中心距 $a=d_1/2+d_2/2=m(z_1+z_2)/2$。

⑩ 传动比 i：主动齿轮转速与从动齿轮转速之比称为传动比。$i=n_1/n_2=z_2/z_1$。

2. 标准直齿圆柱齿轮各部分尺寸关系

标准直齿圆柱齿轮各部分尺寸计算见表 3-2。

表 3-2　**标准直齿圆柱齿轮各部分尺寸计算**

名　称	代号	计　算　公　式	名　称	代号	计　算　公　式
齿数	z	由测绘或设计要求确定	分度圆直径	d	$d=mz$
模数	m	$m=p/\pi=d/z$（按照标准选取）	齿顶圆直径	d_a	$d_a=d+2h_a=m(z+2)$
齿顶高	h_a	$h_a=m$	齿根圆直径	d_f	$d_f=d-2h_f=m(z-2.5)$
齿根高	h_f	$h_f=1.25m$	齿距	p	$p=m\pi$
齿高	h	$h=h_a+h_f=2.25m$	中心距	a	$a=(d_1+d_2)/2=m(z_1+z_2)/2$

二、圆柱齿轮的规定画法

1. 单个圆柱齿轮的画法

① 轮齿部分的规定画法。国家标准中规定了齿轮轮齿部分的画法：齿顶圆和齿顶线用

粗实线绘制；分度圆和分度线用细点画线绘制；齿根圆和齿根线用细实线绘制，或者省略不画。在剖视图上，齿根线用粗实线绘制，如图 3-31(a) 所示。

② 单个齿轮一般用两个视图来表示，齿轮的轴线放置成水平位置；也可用一个视图，再用一个局部视图表达孔和轮毂上键槽的形状。在剖视图中，当剖切平面通过齿轮轴线时，轮齿一律按不剖处理，分度线应超出轮廓线 3~5mm，如图 3-31 所示。

③ 轮齿为斜齿、人字齿时，按图 3-31(b)、(c) 的形式画出。

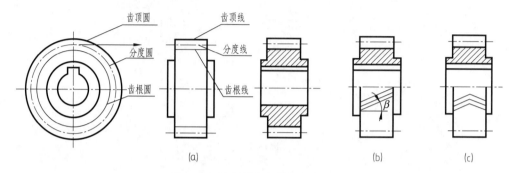

图 3-31　单个圆柱齿轮的规定画法

2. 两圆柱齿轮啮合的画法

如图 3-32(a) 所示，表达一对啮合的圆柱齿轮一般可采用两个视图，两齿轮的非啮合区部分仍按单个齿轮的规定画法绘制；在投影为圆的视图中，啮合区内的齿顶圆均用粗实线绘制，两分度圆用细点画线绘制并相切，两齿根圆省略不画；在剖视图中，啮合区内被遮挡的齿轮（一般为从动轮）齿顶线用虚线绘制，也可省略不画，齿顶与齿根之间有 $0.25m$ 的间隙，如图 3-33 所示。

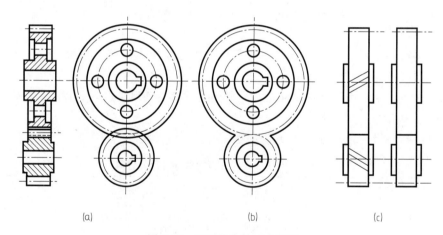

图 3-32　两圆柱齿轮啮合画法

在投影为圆的视图中，啮合区内的齿顶圆也可省略不画，如图 3-32(b) 所示；若不作剖视，则啮合区内的齿顶线不必画出，此时分度线用粗实线绘制，如图 3-32(c) 所示。

三、测绘直齿圆柱齿轮

根据齿轮实物，通过测量和计算，以确定主要参数和几何尺寸，画出齿轮工作图的过程，称为齿轮测绘。

① 分析结构，确定表达方案：通常齿轮投影为非圆视图作为主视方向，且采用全剖视，

左视图是投影为圆的视图，有时可省略不画，只用局部视图表达轮毂及键槽结构。

　　② 计算模数及几何尺寸：测量出齿顶圆直径，数出齿轮齿数，按公式 $m = d_a / (z + 2)$ 计算出模数，按表 3-1 圆整成标准模数，并计算齿轮的几何尺寸。

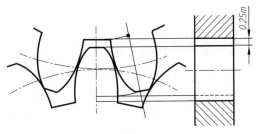

图 3-33　齿轮啮合区在剖视图上的画法

　　③ 用规定画法绘制齿轮图样。

　　④ 标注尺寸及技术要求推荐：一般标注齿顶圆直径，公差为 h9，粗糙度通常为 $Ra\,1.6 \sim 3.2$；分度圆直径，为未注尺寸公差，粗糙度通常为 $Ra\,0.8 \sim 1.6$；齿根圆直径不标注；内孔直径公差通常为 H7；键槽尺寸及公差查表；其他尺寸按实际标注。

　　⑤ 画齿轮有关参数表：通常在图纸右上方画出齿轮有关参数表，包括模数、齿数等有关参数及制造精度等级。

　　⑥ 填写标题栏。

　　齿轮零件图示例如图 3-34 所示。

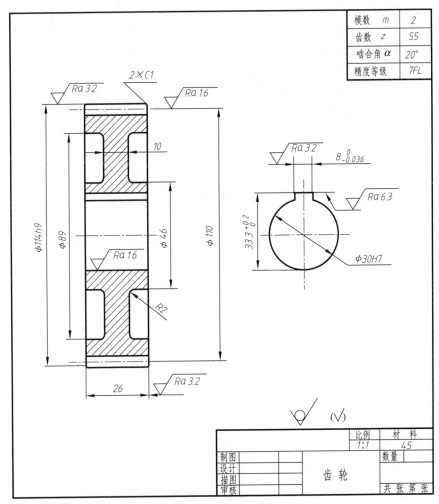

模数 m	2
齿数 z	55
啮合角 α	20°
精度等级	7FL

图 3-34　齿轮零件图

【知识拓展】

直齿圆锥齿轮基本知识

直齿圆锥齿轮用于相交两轴之间的传动，通常两轴相交成 $90°$，如图 3-28(c) 所示。由于圆锥齿轮的轮齿分布在圆锥面上，轮齿的厚度、高度等都沿齿宽方向从大端到小端逐渐变小，其模数也逐渐变小。为了计算和制造方便，规定圆锥齿轮的大端端面模数为标准模数，见表 3-1，并以此来计算圆锥齿轮的基本尺寸。

1. 直齿圆锥齿轮的基本尺寸计算

直齿圆锥齿轮各部分名称如图 3-35 所示，其各部分的尺寸关系见表 3-3。

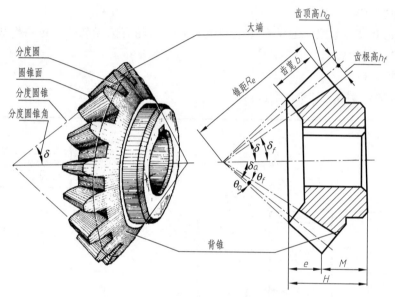

图 3-35 圆锥齿轮各部分名称及代号

表 3-3 直齿圆锥齿轮各部分尺寸计算

名　称	代号	计　算　公　式	名　称	代号	计　算　公　式
分度圆锥角	δ	$\tan\delta_1 = z_1/z_2$ $\delta_2 = 90° - \delta_1$ （当 $\delta_1 + \delta_2 = 90°$ 时）	齿根圆直径	d_f	$d_f = m(z - 2.4\cos\delta)$
模数	m_e	按照标准选取	锥距	R_e	$R_e = m_e z / 2\sin\delta$
齿顶高	h_a	$h_a = m_e$	齿宽	b	$b \leqslant R_e/3$
齿根高	h_f	$h_f = 1.2m_e$	齿顶角	θ_a	$\tan\theta_a = 2\sin\delta/z$
齿高	h	$h = h_a + h_f = 2.2m_e$	齿根角	θ_f	$\tan\theta_f = 2.4\sin\delta/z$
分度圆直径	d	$d = m_e z$	齿顶圆锥角	δ_a	$\delta_a = \delta + \theta_a$
齿顶圆直径	d_a	$d_a = m_e(z + 2\cos\delta)$	齿根圆锥角	δ_f	$\delta_f = \delta - \theta_f$

2. 直齿圆锥齿轮的画法

（1）单个圆锥齿轮的规定画法 如图 3-36 所示，投影为非圆视图取剖视，轮齿部分仍

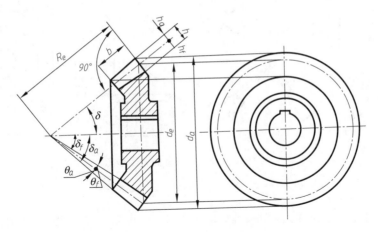

图 3-36　单个圆锥齿轮的规定画法

按不剖处理；投影为圆的视图，用粗实线画出大端和小端的齿顶圆，用细点画线画出大端的分度圆，大、小端的齿根圆及小端分度圆均不画出。除轮齿按上述规定画法外，齿轮其余各部分均按投影原理绘制。

单个圆锥齿轮的画图步骤如图 3-37 所示。

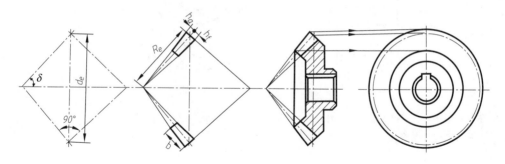

图 3-37　单个圆锥齿轮的画图步骤

（2）直齿圆锥齿轮的啮合画法　如图 3-38 所示，其画图步骤如图 3-39 所示。

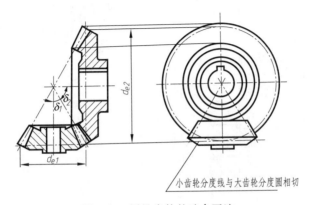

小齿轮分度线与大齿轮分度圆相切

图 3-38　圆锥齿轮的啮合画法

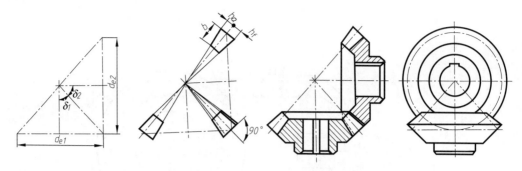

图 3-39   圆锥齿轮啮合的画图步骤

【课后训练】

1. 在题图 3-7-1 中，已知一标准直齿圆柱齿轮 $m = 3mm$、$z = 40$，计算齿轮的分度圆、齿顶圆和齿根圆各直径，并补画完成齿轮轮齿结构的视图和标注尺寸。

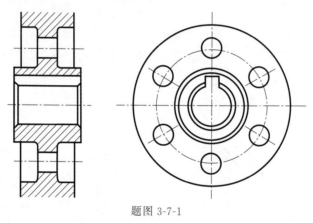

题图 3-7-1

2. 在题图 3-7-2 中，已知一对直齿圆柱齿轮的齿数为 $z_1 = 17$、$z_2 = 37$，中心距 $a = 54mm$，试计算齿轮的几何尺寸，完成其啮合图。

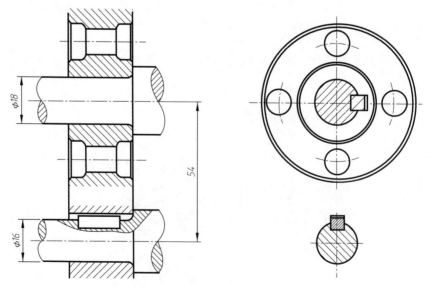

题图 3-7-2

情境四　箱壳类零件的构形

学习任务八　齿轮油泵泵体的构形

【学习任务单】

任　　务	齿轮油泵泵体的构形	用　　时	8 课时
知识 目标	1. 了解箱壳类零件的结构并加以分析。 2. 掌握基本视图、向视图、局部视图、斜视图等表达方法。 3. 掌握箱壳类零件的视图表达、尺寸标注及技术要求。 4. 了解铸造工艺结构。		
技能 目标	1. 会分析箱壳类零件的结构,从而确定箱壳类零件的视图表达。 2. 会测绘齿轮油泵泵体,并画出其零件草图。 3. 会画出齿轮油泵泵体零件图。 4. 会正确并熟练阅读箱壳类零件的零件图。		

一、任务描述

　　箱壳类零件是机械部件的基础零件,在机器或部件中用于容纳和支承其他零件。箱壳类零件的结构形状往往比较复杂,主要由底板、箱壁、孔、肋板等组成,毛坯多为铸造而成,需经多道工序加工,且形态多种多样,视图表达也相对复杂。

　　本任务以齿轮油泵泵体为例,学习箱壳类零件的有关视图表达方法,并在老师指导下,测绘齿轮油泵泵盖,画出零件草图和尺规图。通过箱壳类零件图的识读练习,能熟练阅读箱壳类零件的零件图。

二、任务实施要求

　　1. 通过资料学习,并在老师指导下正确选择泵体的视图表达方法。

　　2. 正确使用测量工具。

　　3. 正确使用绘图工具和仪器。

　　4. 按国家标准有关制图规定和正确步骤画零件图。

　　5. 测绘时要注意排除泵体结构上磨损造成的缺欠。

三、相关资源

　　1. 齿轮油泵泵体实物。

　　2. 教材知识链接内容。

　　3.《技术制图》与《机械制图》国家标准。

　　4. 相关教学课件。

四、任务实施说明

　　1. 学生分组,每小组 3～4 人。

　　2. 小组进行任务分析。

　　3. 现场教学或资料学习。

　　4. 小组讨论,确定表达方案。

　　5. 小组现场实践,按步骤和要求测绘齿轮油泵泵体,画出草图。

　　6. 在老师指导下,确定泵体技术要求。

　　7. 小组互评互改后,画泵体零件图。

　　8. 老师集中点评,总结箱体类零件视图表达方法及注意点。

　　9. 由小组推选一张优秀图样由老师批改后在教室内张贴。

五、考核评价

　　成果 50%;自我评价 10%;团队合作 20%;教师评价 20%。

【知识链接】

箱壳类零件主要有阀体、泵体、减速器箱体等零件，其作用是支持或包容其他零件。常见的箱体类零件如图 4-1 所示。

图 4-1 常见的箱体类零件

一、箱壳类零件视图表达及标注

1. 箱壳类零件结构分析

箱壳类零件是机械部件的基础零件，在机器或部件中用于容纳和支承其他零件，如减速器中的箱体、齿轮油泵泵体、截止阀的阀体等。箱壳类零件的结构形状往往比较复杂，且形态多种多样，主要由底板、箱壁、箱孔、肋板、凸台或沉孔等结构组成，毛坯多为铸造而成，需经多道工序加工，因此视图表达也相对复杂，如图 4-2 所示。

2. 箱壳类零件视图表达方法

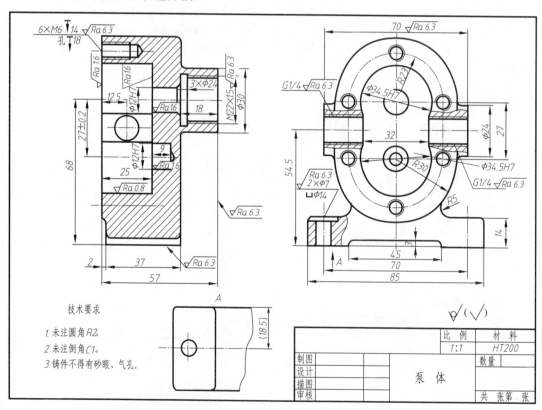

图 4-2 齿轮油泵泵体零件图

① 通常以最能反映其形状特征及结构间相对位置的一面作为主视图的投影方向，以自然安放位置或工作位置作为主视图的摆放位置。

② 一般需要两个或两个以上的基本视图才能将其主要结构形状表示清楚。

③ 常用局部视图、局部剖视图和局部放大图等来表达尚未表达清楚的局部结构。

3. 尺寸标注

① 箱壳类的长、宽、高方向的主要基准通常是大孔的轴线、中心线、对称平面、较大的加工面或底面，如图 4-2 中三方向的基准分别是左端面、前后对称面、下底面。

② 较复杂的零件定位尺寸较多，各孔轴线或中心线间的距离要直接注出。

③ 定形尺寸仍用形体分析法注出。

④ 内外结构形状尺寸应分开标注。

4. 技术要求

① 重要的孔和表面，其表面结构要求较高，如图 4-2 中泵体内腔 Ra 值为 $0.8\mu m$。

② 重要的孔和表面、重要的中心距，通常有尺寸公差和形位公差要求，如图 4-2 中泵体内腔、轴孔及两轴孔中心距均有尺寸精度要求。

二、视图

用正投影法将机件向投影面投射所得的图形称为视图。视图主要用来表达机件的外部形状，一般只画机件的可见部分，必要时才画其不可见部分。视图分为基本视图、向视图、局部视图和斜视图等。

1. 基本视图

基本视图是机件向基本投影面投射所得的图形。当机件的形状比较复杂时，为了清晰地表示其各面的形状，在原有三个投影面的基础上，增加了三个投影面，组成一个六面体。国家标准将这六面体的六个面称为基本投影面。将机件放置在六面投影体系中，分别向六个基本投影面投射并展开所得的图形称为基本视图，如图 4-3 所示。除了前面介绍的主视图、俯视图和左视图外，由右向左投射，得到右视图；由下向上投射，得到仰视图；由后向前投

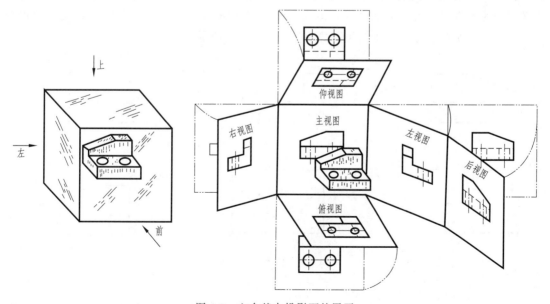

图 4-3　六个基本投影面的展开

射，得到后视图。各视图的配置关系如图 4-4 所示。

在同一张图样内按图 4-4 所示关系配置的基本视图，一律不标注视图名称。

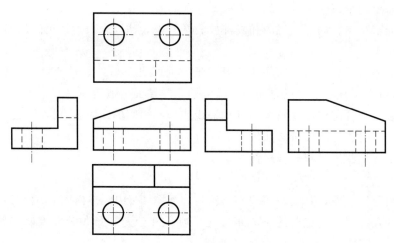

图 4-4 六个基本视图的配置

基本视图具有如下投影规律。

① 六个基本视图的度量对应关系，符合"长对正、高平齐、宽相等"。即主、俯、仰、后视图长对正；主、左、右、后视图高平齐；左、右、俯、仰视图宽相等。

② 六个基本视图的方位对应关系，仍然反映物体的上下、左右、前后的位置关系。其中左、右、俯、仰视图靠近主视图的一侧代表物体的后面，而远离主视图的外侧代表物体的前面，后视图的左侧对应物体右侧。

没有特殊情况，优先选用主、俯、左视图。

2. 向视图

在实际绘图中，为了使视图在图纸中布局合理，并方便读图，国家标准规定了自由配置（不按图 4-4 所示关系配置）的视图称为向视图。为了便于识读和查找自由配置后的向视图，应在视图的上方用大写拉丁字母标出该向视图的名称（如 A、B、C 等），并在相应的视图附近用箭头指明投射方向，注上相同的字母，如图 4-5 所示。

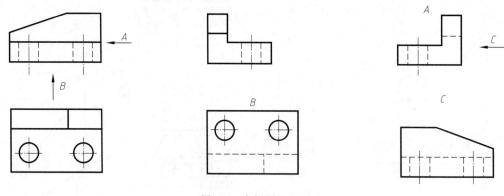

图 4-5 向视图的配置

实际应用时，要注意以下几点。

① 向视图是基本视图的另一种表达形式，它们的主要差别在于视图的配置位置发生变

化，而内在联系保持不变。所以，向视图中表示投射方向的箭头应尽可能配置在主视图上，以使所获得的视图与基本视图一致。而表示后视图的投射箭头应配置在左视图或右视图上。

② 向视图的字母名称和箭头旁的字母一律采用大写拉丁字母，且永远应与读图方向一致，以便于识别。

3. 局部视图

将机件的某一部分向基本投影面投射所得的视图称为局部视图。当采用一定数量的基本视图后，机件上仍有部分结构形状尚未表达清楚，而又没有必要再画出完整的其他视图时，可采用局部视图来表达。

局部视图同基本视图一样，都是向基本投影面投射，所不同的是局部视图是将机件的某一个局部向基本投影面投射。

如图 4-6 所示的四通管，如用三视图来表达，显然表达效果很差，虚线较多，结构重叠且重复，若用主视图表达整体结构，用局部视图表达局部结构，效果明显会好很多，如图 4-7 所示。

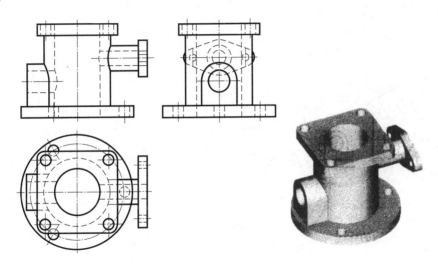

图 4-6　四通管的三视图

画局部视图时，应注意以下几点。

① 局部视图可按向视图的形式配置和标注，如图 4-7 中 A 向、C 向局部视图；当局部视图按基本视图的形式配置，且中间无其他图形隔开时，可省略标注，如图 4-7 中俯视图位置上的局部视图。

② 局部视图的断裂处边界线应以波浪线表示，如图 4-7 中 A 向局部视图。当所表示的局部结构完整，外轮廓线成封闭状态时，波浪线可省略，如图 4-7 中 C 向局部视图和右端凸台。

4. 斜视图

将机件向不平行于任何基本投影面的平面投射所得的视图，称为斜视图。

当机件上具有与主体部分倾斜的结构时［图 4-8(a)］，它在基本视图中不能反映实形。这时，可增设一个与机件上的倾斜部分平行（同时垂直于某一基本投影面）的辅助投影面，然后将机件上的倾斜部分向辅助投影面投射，如图 4-8(b) 所示。

画斜视图时，应注意以下几点。

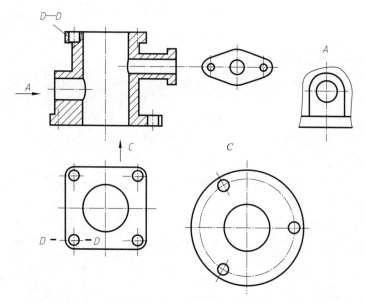

图 4-7　四通管的局部视图

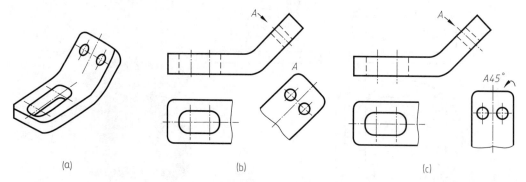

图 4-8　斜视图的配置

① 斜视图只反映机件上倾斜部分的形状，其余省略不画，并用波浪线断开。

② 斜视图通常按向视图的配置形式配置并标注。

③ 必要时，允许将斜视图旋转放正配置，但必须画出旋转符号，旋转符号箭头指向应与实际旋转方向一致。旋转符号的半圆半径等于字高 h，表示该视图名称的大写拉丁字母，应靠近旋转符号的箭头端，也可将旋转角度标注在字母之后，如图 4-8(c) 所示。

三、铸造工艺结构

1. 铸件壁厚

如图 4-9 所示，当铸件的壁厚不均匀时，冷却和凝固速度不一样，薄的地方先冷却、先凝固，厚的地方后冷却、后凝固。后凝固的部分受先凝固部分的拉动，容易形成缩孔或产生裂纹。所以铸件壁厚应尽量均匀或厚薄逐渐过渡。

2. 起模斜度

为了便于从砂型中取出木模，一般将木模沿起模方向做成一定的斜度（约 1∶20，也可用角度表示），称为起模斜度，如图 4-10(a) 所示。在零件图上一般不画出起模斜度。如有特殊要求，可在技术要求中说明。

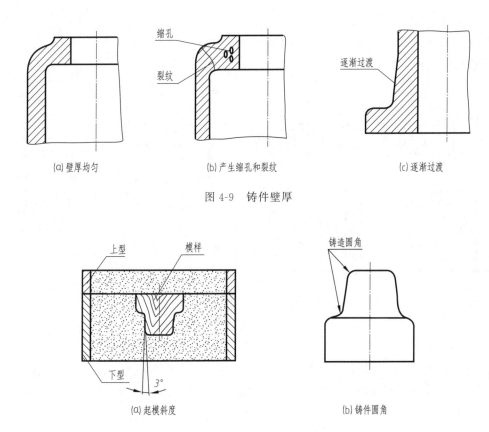

(a) 壁厚均匀   (b) 产生缩孔和裂纹   (c) 逐渐过渡

图 4-9 铸件壁厚

(a) 起模斜度   (b) 铸件圆角

图 4-10 起模斜度铸件圆角

3. 铸造圆角和过渡线

为了满足铸造工艺要求，防止产生浇不透、裂纹等缺陷，在铸件表面相交处应以圆角过渡，如图 4-10(b) 所示。铸造圆角尺寸通常较小，一般为 $R2 \sim R5$，在零件图上可省略不标而在技术要求中统一说明。由于铸造圆角的存在，使零件上两表面的交线不太明显了，为了区分不同表面，规定在相交处仍然画出理论上的交线，但两端不与轮廓线接触，此线称为过渡线（细实线画出）。图 4-11(a) 为两圆柱面正交的过渡线画法；图 4-11(b) 为两等径圆柱正交过渡线的画法；图 4-11(c) 为平面与曲面相交的过渡线画法。

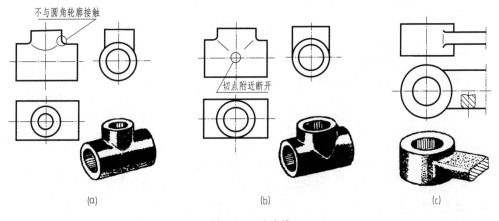

(a)   (b)   (c)

图 4-11 过渡线

4.凸台和凹坑

两零件的接触面一般都要加工，为了减小加工面积，保证两零件的表面接触良好，常常将两零件的接触面做成凸台、凹坑、凹槽等结构，如图 4-12 所示。

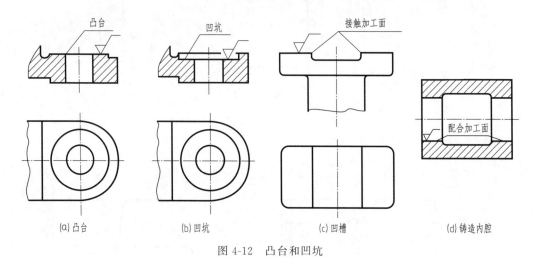

(a) 凸台　　　　　　(b) 凹坑　　　　　　(c) 凹槽　　　　　(d) 铸造内腔

图 4-12　凸台和凹坑

5.钻孔结构

零件在钻孔时，为了保证孔的精度且避免钻头弯曲而折断，通常要使钻头的轴线与被加工表面垂直。零件表面倾斜时，为防止钻头单边受力，可设置凸台和凹坑，如图 4-13 所示。

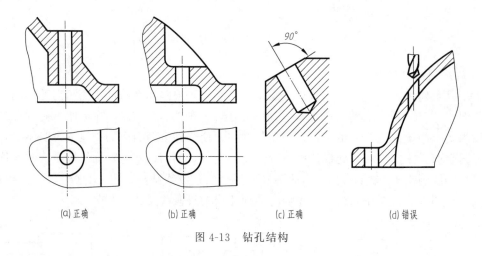

(a) 正确　　　　　(b) 正确　　　　　(c) 正确　　　　　(d) 错误

图 4-13　钻孔结构

四、测绘齿轮油泵泵体

根据齿轮油泵泵体的实物，绘制其零件图。

1.测绘要求

① 根据所学知识，酝酿、比较，选择合理的表达方案。

② 正确使用测量工具和绘图工具。

③ 布局合理，选用 A3 图纸，按 1∶1 比例绘制图样。

④ 画图时符合投影规律。

⑤ 线型、尺寸和技术要求等标注，要符合制图国家标准要求。

2.技术要求推荐

① 尺寸公差推荐：两轴孔为 H7；齿轮腔孔为 H8；两销孔 $\phi5$ H7 配作；两轴孔中心距为 ±0.031mm；中心高为 ±0.06mm。

② 表面结构推荐：两轴孔、齿轮腔孔和两销孔均为 $Ra1.6$；泵盖与泵体结合面为 $Ra3.2$；螺孔为 $Ra6.3$；安装孔及其他加工面为 $Ra12.5$；其余毛坯面不加工。

③ 几何公差推荐：两轴孔互为基准平行度公差为 $\phi0.03mm$；轴孔相对于结合面的垂直度公差为 $\phi0.02mm$。

④ 其他要求：铸件不得有砂眼、气孔、裂纹等缺陷；未注明铸造圆角 $R3$；未注倒角 $C1$；铸件必须人工时效处理；不加工表面应涂防锈漆。

3. 材料

HT200。

【课后训练】

1. 在题图 4-8-1 中选择正确左视图和右视图，并作出 F 向视图。

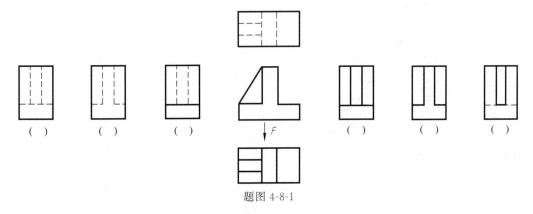

题图 4-8-1

2. 在题图 4-8-2 中选择正确的 A 向局部视图。

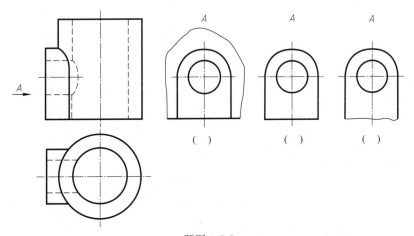

题图 4-8-2

3. 在题图 4-8-3 指定位置作出各个向视图。

4. 在题图 4-8-4 指定位置画出 A 向局部视图。

5. 在题图 4-8-5 指定位置作局部视图和斜视图。

6. 弄清题图 4-8-6 各视图的名称和投影关系，并作必要的标注。

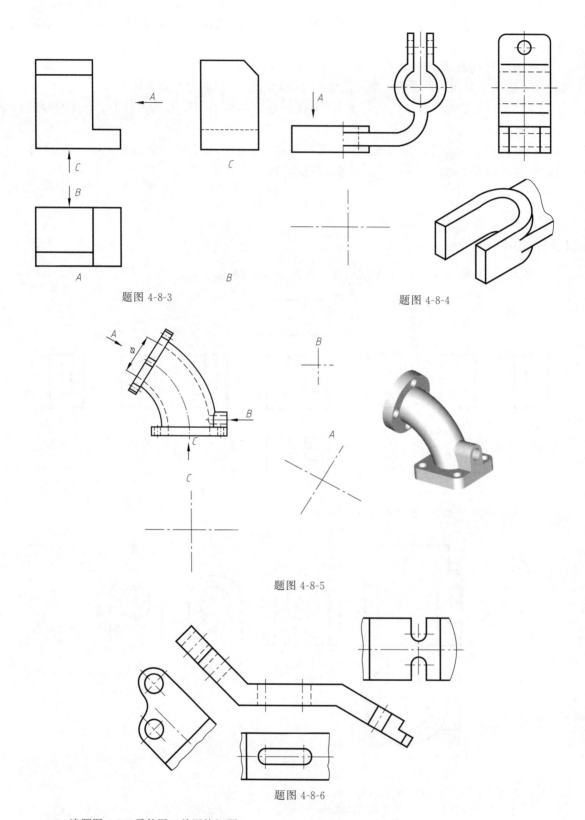

题图 4-8-3

题图 4-8-4

题图 4-8-5

题图 4-8-6

7. 读题图 4-8-7 零件图，并回答问题。

（1）该零件的名称为_____；比例是_____；材料是_____。

（2）表达此零件共用_____个图形，主视图用_____剖视，符合_____位置，左视图用_____剖视，表示_____结构。

（3）在图中指出此零件长、宽、高三个方向的尺寸基准，并分析定位尺寸。

（4）G1/2表示_____，ϕ36H8表示_____。

（5）该零件哪个表面要求最高？Ra值是多少？并解释其含义。

（6）画出泵体的右视图。

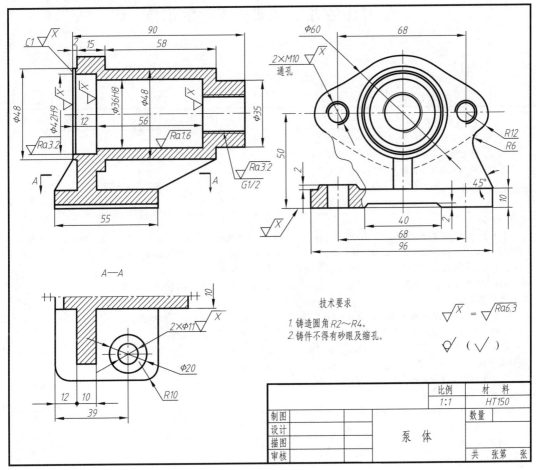

题图 4-8-7

情境五　叉架类零件的识读

学习任务九　叉架类零件的识读

【学习任务单】

任　务	叉架类零件的识读		用　时	4 课时
知识目标	1. 掌握叉架类零件常用的各种表达方法。 2. 熟悉叉架类零件常见结构的尺寸标注和技术要求。 3. 掌握叉架类零件图的读图方法和步骤。			
技能目标	1. 会分析叉架类零件的结构。 2. 会正确并熟练阅读叉架类零件的零件图。			
一、任务描述				

一、任务描述

在设计、生产、安装、维修机器设备以及进行技术交流时,经常要阅读叉架类零件图。从事相关工作的技术人员必须掌握识读叉架类零件图的方法。识读零件图看似简单,实则难度较大。要真正读懂叉架类零件图,理解其设计意图,必须熟悉叉架类零件常用的各种表达方法,掌握叉架类零件识读的基本方法和技能。

本任务由老师提供叉架类零件图,在老师指导下,按正确方法和步骤对该零件图进行识读。

二、任务实施要求

1. 全面掌握本课程此前所学基本知识,包括机件各种表达方法、尺寸标注和技术要求等。

2. 理论知识与实际运用相结合,读图时要弄清零件的用途、与其他零件的关系等。

3. 读图时要认真、细致,并要有正确的读图方法和步骤。

三、相关资源

1. 叉架类零件图和零件实物。

2. 教材知识链接内容。

3.《技术制图》与《机械制图》国家标准。

4. 相关教学课件。

四、任务实施说明

1. 学生分组,每小组 3～4 人。

2. 小组进行任务分析。

3. 现场教学或资料学习。

4. 小组现场练习,老师指导学生按正确方法和步骤阅读叉架类零件图,并提问、检查。

5. 小组现场竞赛学习,老师提问,学生以组为单位必答和抢答,并将回答情况计入考核。

6. 由老师指定一张叉架类零件图,学生分组讨论,老师提问检查。

7. 老师集中点评,总结零件图读图方法、技巧和步骤。

五、考核评价

成果 50%,自我评价 10%,团队合作 20%,教师评价 20%。

【知识链接】

一、叉架类零件视图表达及标注

1. 叉架类零件结构特征

叉架类零件往往是机械零件的基础零件,包括各种连杆、支架、拨叉、支座等,如图

5-1 所示。此类零件多数由铸造或模锻制成毛坯，经机械加工而成。叉架类零件在机器中主要用于操纵、连接、传动、支承等，其结构大都比较复杂，形状多样，且差别较大，但常都由支承部分、工作部分和连接部分组成，多数为不对称零件。零件上常具有凸台、凹坑、肋板、铸（锻）造圆角、拔模斜度、螺孔、销孔等结构，连接部分的断面形状常为"＋"、"丅"、"工"、"一"等。

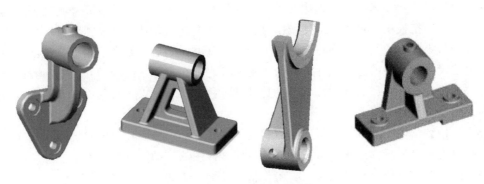

图 5-1　常见的叉架类零件

2. 叉架类零件的视图表达

① 由于叉架类零件的加工位置不固定，结构形状多变，因此，叉架类零件主视图常与零件的工作位置或自然安放的位置一致，并选择最能反映其形状特征的方向作为投射方向。

② 除主视图外，一般还需 1～2 个基本视图才能将零件的主要结构表达清楚。

③ 常用局部视图、局部剖视图表达零件上的凹坑、凸台等，用断面图表示肋板、杆体等断面形状，用斜视图表示零件上的倾斜结构。

3. 尺寸标注

① 长、宽、高方向的主要基准一般为大孔的轴线、中心线、对称平面或较大的加工底面。

② 定位尺寸较多，一般注出孔的轴线（中心）间的距离，或孔轴线到平面间的距离，或平面到平面间的距离。

③ 定形尺寸多按形体分析法标注，内外结构形状要保持一致。

4. 技术要求

叉架类零件一般对表面结构、尺寸精度和几何公差没有特别严格的要求，通常根据此类零件的具体的要求确定。

二、识读零件图

设计零件时，经常需要参考同类机器零件的图样，制造和检验零件时，也需要看懂零件图，因此，正确、熟练地识读零件图，是工程技术人员必须掌握的基本功。

识读零件图，就是要根据零件图，想象出零件的结构形状，了解零件各部分尺寸、技术要求以及零件在机器或部件中的作用等，以便解决有关技术问题和指导生产加工。

1. 识读零件图的一般方法和步骤

（1）概括了解　通过看标题栏，了解零件的名称、材料、比例和用途，并结合对全图的浏览，初步了解该零件的大致形状，弄清零件在机器或部件中的作用以及与其他零件的关系。

（2）分析表达方案　了解该零件选用了几个视图，弄清各视图间的关系及表达重点。对于剖视图则应确定剖切位置及投射方向。

（3）分析形体、想象零件的结构形状　这是看懂零件图的重要环节。在分析表达方案的基础上，围绕主视图，投影分析（形体分析和线面分析）与功用分析相结合，弄清零件各组成部分的形状及相对位置，进而想象出零件的整体形状。

（4）分析尺寸和技术要求　视图和尺寸是从形状和大小两个不同方面来共同表达同一零件的，读图时应把视图、尺寸、形体结构分析三者结合起来，不应分项孤立进行。分析尺寸时，首先分析零件在长、宽、高三个方向上的尺寸基准，然后从基准出发查找各部分的定形尺寸、定位尺寸和零件的总体尺寸，深入了解基准之间、尺寸之间的相互关系。分析所标注的尺寸公差、几何公差、表面结构要求、热处理等技术要求，以了解其设计意图和零件应达到的质量指标。

（5）归纳总结　通过以上分析，将零件的结构形状、尺寸和技术要求等综合起来，对所识读的零件有一个清楚的认识，从而达到了看懂零件图的目的。对于有些不熟悉的零件还应该参考有关资料，以便对零件的作用、工作情况及加工工艺有进一步的了解。

2. 叉架类零件识读实例

[**实例一**]　分析并读懂图 5-2 所示的支架零件图。

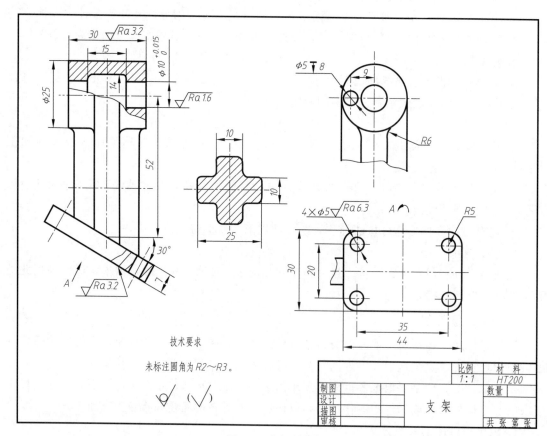

图 5-2　支架零件图

（1）概括了解　从图 5-2 所示零件图的标题栏可知该零件名称为支架，材料为 HT200 灰口铸铁，绘图比例为 1∶1。该支架属于叉架类零件，用以安装和支承轴类旋转零件。

（2）分析表达方案　支架的放置：该零件的形体不规则，无法自然安放，主视图考虑把上方圆筒的轴线水平放置，并且使宽度方向的对称面平行于正立投影面。视图方案：该零件采用一个主视图，清楚地表达了主体结构形状及相对位置，并采用局部剖视图表达圆筒和螺栓孔的内部结构；用局部左视图表达圆筒的结构特征以及连接板与圆筒的连接关系；A 向斜视图表达底板的形状特征；移出断面图表达连接板的截面结构。

（3）分析形体、想象零件的结构形状　分析视图后可知，该零件主体结构由上方的圆筒部分、中间的连接及加强部分和下方的安装底板三部分组成。圆筒内孔为了减少与轴类零件接触的加工面积，采用了铸造内腔，圆筒的左端面上还有一个 $\phi5$ 的小孔；连接及加强部分为十字柱结构，十字柱的一块板平行于侧立投影面，相切于圆柱，另一块板平行于正立投影面，比圆筒短；底板与十字柱呈一定的夹角，四个角上有安装螺栓孔。分析后该零件的结构形状如图 5-3 所示。

图 5-3　支架立体图

（4）分析尺寸和技术要求　该零件长度方向的尺寸基准为零件左右方向的对称平面，选圆筒的轴线为高度方向的尺寸基准，前后对称面为宽度方向的尺寸基准。定位尺寸 52、35、20、9 分别确定了底板及底板上的螺栓孔和圆筒左端面上小孔的位置，其余尺寸均为定形尺寸，确定了各部分结构的大小。

由图 5-2 可知，该支架表面结构要求最高的是圆筒内孔表面，Ra 值为 $1.6\mu m$，其次各加工表面的 Ra 值为 $3.2\mu m$、$6.3\mu m$，其他为毛坯面；尺寸精度方面，只有圆筒内孔尺寸有加工精度要求，其上偏差为 $+0.015$，下偏差为 0，查表得公差带代号为 H7，精度等级为IT7，其余为未注公差尺寸；该零件在形位精度方面无特殊要求，其他方面未注铸造圆角为 $R2\sim R3$。

（5）归纳总结　综合考虑该零件的结构形状、尺寸和技术要求，可以认识到该零件的结构并不复杂，加工要求并不很高。

值得注意的是在看图过程中，上述看图步骤不能截然分开，而应交错进行。

［实例二］　分析并读懂图 5-4 所示的拨叉零件图。

（1）概括了解　浏览全图，看标题栏，可以看出该零件属于叉架类零件中的叉类零件，零件的名称为拨叉，材料是 HT200 灰口铸铁，比例为 1:1。阅读标题栏还能知道零件的设计者、审核者等内容。

（2）分析表达方案　拨叉的放置：本例中叉口底面与右边圆柱筒底面正好平齐，所以可自然安放，这里就是取其自然安放位置，并且使宽度方向的对称面平行于正立投影面。视图方案：主视图为全剖视图，俯视图为基本视图，在主视图和俯视图上各有一处重合断面图。

（3）分析形体、想象零件的结构形状　由零件图可看出，主体结构可分成三部分，即工作部分——叉口（图中的左端部分）、支承（或安装）部分（右端部分）、连接及加强部分（中间连接板和肋板部分）。左端的工作部分是由近半个圆筒并在其前后两侧各切去一小部分所构成的形体。右端的工作部分为一圆筒，圆筒上有一 $\phi5$ 锥销通孔。中间连接部分有两块，一块是水平放置的板状结构，左端与工作部分相连，右端与圆筒相切；另一块是三角形的立板，下部与水平板相接，右端与圆柱筒相连。分析后该零件的结构形状如图 5-5 所示。

（4）分析尺寸和技术要求　该零件长度方向的尺寸基准为右端圆筒轴线，因为右边圆筒与轴装配而使拨叉在部件中定位，所以以此轴线作为基准；宽度方向的尺寸基准为前后对称

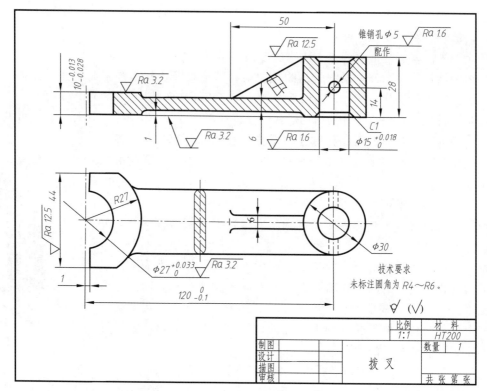

图 5-4　拨叉零件图

图 5-5　拨叉立体图

面；高度方向的尺寸基准为零件的底面。定位尺寸有 120、1、44、50、14 等。

由图 5-4 可知，该拨叉表面结构要求最高的是右端圆筒内孔与锥销孔表面，Ra 值为 $1.6\mu m$，其次各加工表面的 Ra 值为 $3.2\mu m$、$12.5\mu m$，其他为毛坯面；尺寸精度方面，圆筒内孔直径尺寸、左端叉口内径和厚度尺寸有加工精度要求，查表得公差带代号分别为 H7、H8、f7；该零件在几何精度方面无特殊要求，其他方面未注铸造圆角为 $R4\sim R6$。

（5）归纳总结　综合考虑该零件的结构形状、尺寸和技术要求，读者可以自行归纳论述。

【课后训练】

1. 读题图 5-9-1 所示托架零件图，并回答问题。

（1）此零件名称是＿＿＿＿＿＿＿＿，主视图符合＿＿＿＿＿＿＿＿位置。

（2）主视图采取＿＿＿＿＿＿＿剖视，有＿＿＿＿＿＿处。

（3）哪个表面的表面结构要求最高，用彩色笔画出。

（4）用彩色笔标出此零件的尺寸基准，并指明是哪个方向的基准。

（5）$\phi 35H8$ 表示＿＿＿＿＿＿＿＿＿＿＿＿＿＿＿＿＿＿＿。

（6）在指定的位置画 $C—C$，并注意与其他视图之间的关系。

2. 按照读图步骤，分析读懂题图 5-9-2 所示拨叉零件图。

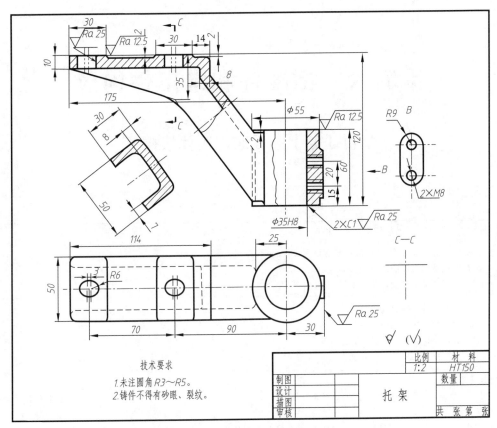

题图 5-9-1

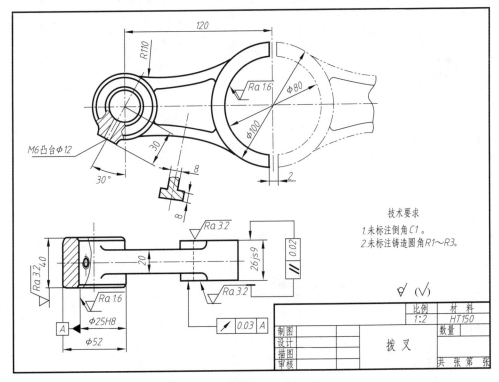

题图 5-9-2

情境六　标准件和常用件构形

学习任务十　标准连接件的构形

【学习任务单】

任务	标准连接件的构形		用　时	4 课时
知识 目标	1. 掌握螺纹连接的类型、选用及螺纹连接件的标记。 2. 掌握螺纹连接的规定画法。 3. 掌握键连接和销连接的功用、类型、标记及画法。			
技能 目标	1. 会看懂各种螺纹连接件。 2. 会画出螺纹连接的连接图。 3. 会画出键连接、销连接的连接图。 4. 具备熟练的查表和计算能力。			

一、任务描述

　　在机器和设备上，除了一般零件外，还经常使用到螺钉、螺栓、螺母、垫圈、键、销等零件。为了便于专业化批量生产，提高产品质量，降低生产成本，对这些常用零件的结构、尺寸实行了标准化，故称它们为标准件。绘制图样时，这些标准件的形状和结构不必按真实投影画出，只要按国家标准规定的画法、代号和标记，进行绘图和标注即可，其具体尺寸可从相应标准中查阅。现根据老师给出的一些标准连接件的标记、参数，按要求绘制出相应的螺纹连接图及键、销连接图。

二、任务实施要求

　　1. 熟悉各种标准连接件的功用、种类。

　　2. 查阅手册等资料，熟悉各种标准连接件的尺寸参数、结构特征、标记代号，并会选用。

　　3. 学习并掌握各种标准连接件的规定画法。

　　4. 根据老师的要求，查表确定各螺纹连接件及键、销连接件的尺寸参数，绘制出相应的螺纹连接图及键、销连接图。

三、相关资源

　　1. 各种标准连接件实物。

　　2. 教材知识链接内容。

　　3. 标准件设计手册。

　　4. 相关教学课件。

四、任务实施说明

　　1. 学生分组，每小组 3～4 人。

　　2. 小组进行任务分析与讨论。

　　3. 现场教学或资料学习。

　　4. 小组现场练习，查阅手册，并按老师要求完成螺纹连接图及键、销连接图。

　　5. 集中点评，总结重点及注意点。

五、考核评价

　　成果 50%，自我评价 10%，团队合作 20%，教师评价 20%。

【知识链接】

一、螺纹连接件的构形

1. 常用螺纹连接件

（1）常用螺纹连接件类型　螺纹连接件的种类很多，常见的螺纹连接件有螺栓、双头螺柱、螺母、垫圈和螺钉等，其结构形状如图 6-1 所示。

| 六角头螺栓 | B型双头螺柱 | 六角螺母 | 六角开槽螺母 |

| 内六角圆柱头螺钉 | 开槽圆柱头螺钉 | 开槽沉头螺钉 | 开槽圆柱端紧定螺钉 |

| 平垫圈 | 弹簧垫圈 | 圆螺母用止动垫圈 | 圆螺母 |

图 6-1　常见的螺纹连接件

（2）螺纹连接件规定标记　这类零件的结构和尺寸均已标准化，称为标准件，因此，只要知道规定标记，就可以从有关标准中查出它们的结构形式、尺寸和技术要求。螺纹连接件的标记由国家标准（GB/T 1237—2000）规定，一般采用简化标记。常见的螺纹连接件的规定标记格式及说明见表 6-1。

表 6-1　常见螺纹连接件的规定标记

名称及标准号	图　例	标记示例
六角头螺栓 （A 级和 B 级） GB/T 5782—2000		$d=12$mm、$l=80$mm，产品等级为 A 级的六角头螺栓： 螺栓 GB/T 5782 M12×80
六角头螺栓 （全螺纹） GB/T 5783—2000		$d=12$mm、$l=80$mm，产品等级为 A 级的全螺纹六角头螺栓： 螺栓 GB/T 5783 M12×80
双头螺柱 GB/T 897—1988		两端螺纹 $d=10$mm、$l=30$mm、B 型的双头螺柱： 螺柱 GB/T 897 M10×30

名称及标准号	图　例	标记示例
开槽圆柱头螺钉 GB/T 65—2000	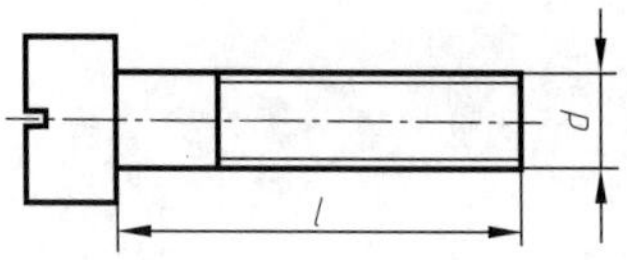	$d=10mm$、$l=45mm$ 的开槽圆柱头螺钉： 螺钉 GB/T 65 M10×45
开槽盘头螺钉 GB/T 67—2000	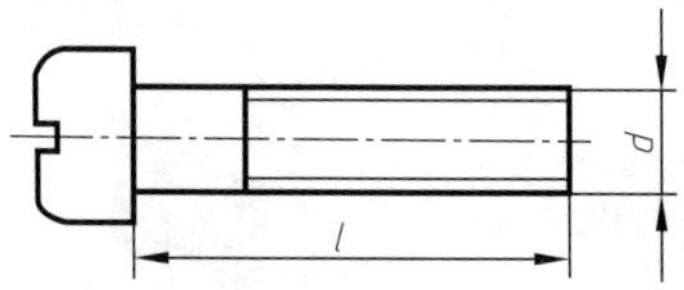	$d=5mm$、$l=45mm$ 的开槽盘头螺钉： 螺钉 GB/T 67 M5×45
开槽沉头螺钉 GB/T 68—2000	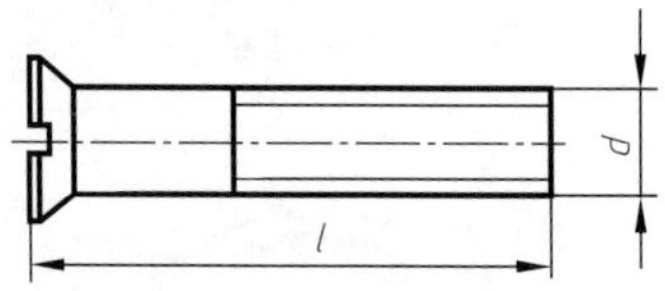	$d=5mm$、$l=20mm$ 的开槽沉头螺钉： 螺钉 GB/T 68 M5×20
开槽锥端紧定螺钉 GB/T 71—1985	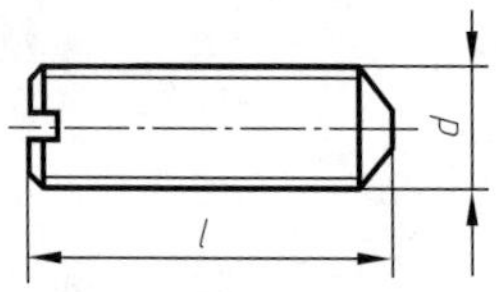	$d=6mm$、$l=20mm$ 的开槽锥端紧定螺钉： 螺钉 GB/T 71 M6×20
Ⅰ型六角螺母 GB/T 6170—2000	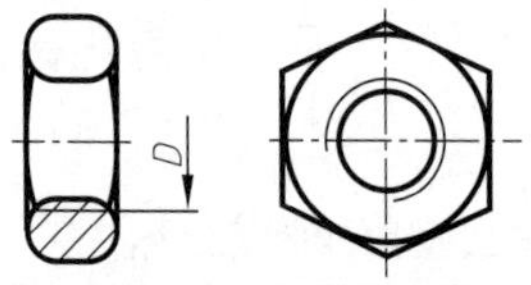	$D=8mm$，产品等级为 A 级的Ⅰ型六角螺母： 螺母 GB/T 6170 M8
平垫圈 GB/T 97.1—2002	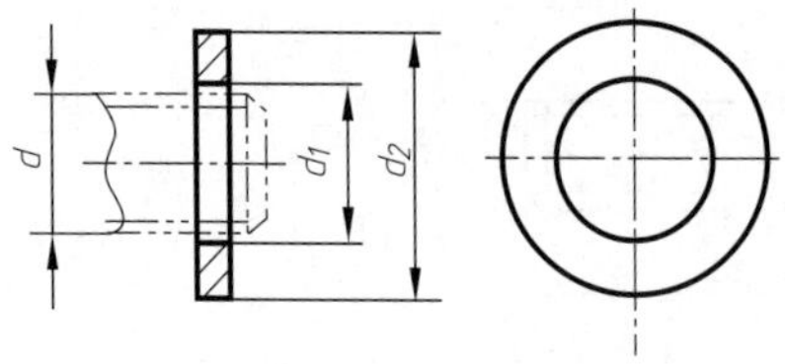	螺纹公称直径 $d=8mm$ 的平垫圈： 垫圈 GB/T 97.1 8
弹簧垫圈 GB/T 93—1987	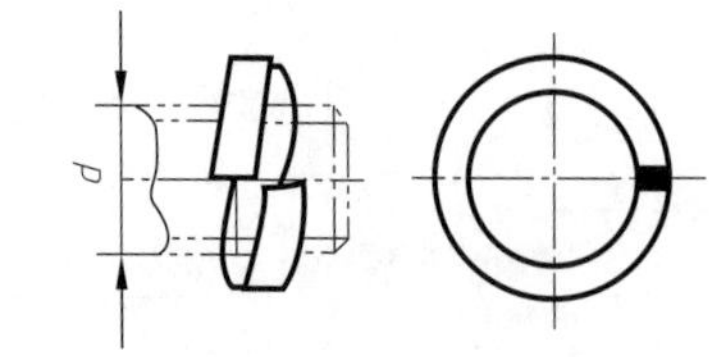	螺纹公称直径 $d=16mm$ 的弹簧垫圈： 垫圈 GB/T 93 16

　　(3) 螺纹连接件的比例画法　　为作图方便，装配图中螺栓、双头螺柱、螺钉、螺母、垫圈等连接件一般采用比例画法，各部分尺寸与相应公称直径 d 成一定的比例，如图 6-2 所示。

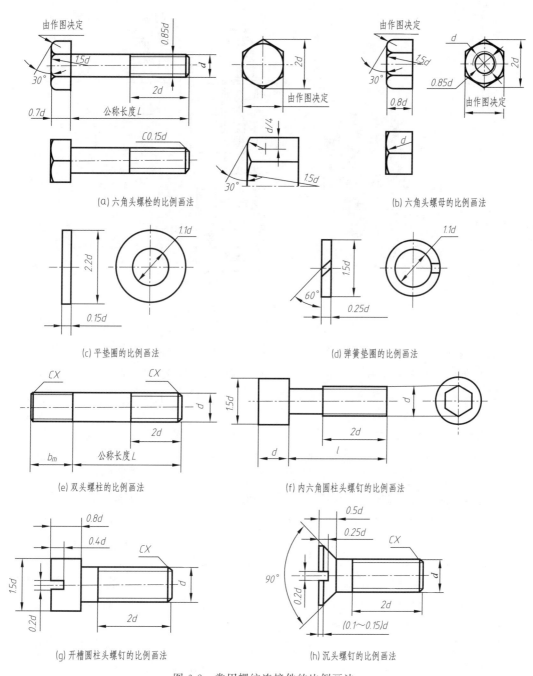

(a) 六角头螺栓的比例画法

(b) 六角头螺母的比例画法

(c) 平垫圈的比例画法

(d) 弹簧垫圈的比例画法

(e) 双头螺柱的比例画法

(f) 内六角圆柱头螺钉的比例画法

(g) 开槽圆柱头螺钉的比例画法

(h) 沉头螺钉的比例画法

图 6-2　常用螺纹连接件的比例画法

2. 螺纹连接类型及其画法

在机器上常见的螺纹连接方式有螺栓连接、双头螺柱连接、螺钉连接和紧定螺钉连接等。

（1）螺栓连接　是用螺栓、螺母和垫圈将两个或两个以上的被连接件连接在一起。装配时，先将螺栓自下而上穿过通孔，并在螺栓上端套上垫圈，再用螺母拧紧。螺栓连接适用于被连接件都不太厚，并能钻成通孔的场合，如图 6-3（a）所示。在装配图中，螺栓连接一般采用近似画法，如图 6-3（b）所示。

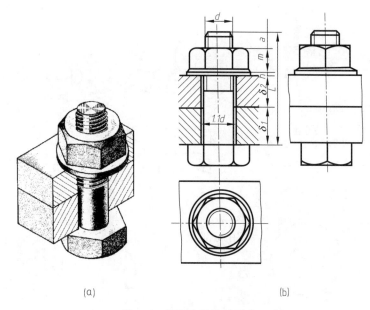

图 6-3　螺栓连接及其画法

螺栓的有效长度 L 可按下式计算：$L \approx \delta_1 + \delta_2 + h + m + a$。其中 δ_1、δ_2 分别表示两个被连接件的厚度；h 表示垫片的厚度；m 表示螺母的高度；a 为螺栓伸出螺母的长度，一般取 $(0.2 \sim 0.3)a$。计算出的数值需查表取标准值为螺栓的有效长度 L。例如算出 $L = 48\text{mm}$，可选 $L = 50\text{mm}$。

画图时，应遵守下列基本规定。

① 当剖切平面通过螺栓、螺母、垫圈等标准件的轴线时，应按未剖切绘制，即只画出其外形。

② 两零件的接触面应只画一条线，而不得画成两条线或特意加粗。凡不接触的表面，不论间隙多小，都必须画两条线，如螺栓杆与零件孔之间就应画两条线，以示出间隙。

③ 在剖视图中，相邻两零件的剖面线方向应相反（或方向一致间隔有明显的区别）。但同一零件在各个剖视图中，其剖面线的方向和间距都应相同。

（2）双头螺柱连接　是用双头螺柱、螺母和垫圈将两个被连接件连接在一起。当被连接的两个零件之一较厚且经常拆卸时，可采用双头螺柱连接。装配前，通常先将较薄的被连接件制成通孔，较厚的被连接件制成不通的螺纹孔，如图 6-4 所示；装配时，先将螺柱的旋入端全部旋入下部较厚的被连接件螺纹孔中，装上较薄的被连接件，套上垫圈，再用螺母拧紧。双头螺柱连接和螺栓连接一样，常采用近似画法。双头螺柱连接画法如图 6-5 所示。

应注意，双头螺柱的旋入端应画成全部旋入螺孔内。螺孔的螺纹深度应大于旋入端的螺纹长度 b_m，一般螺孔的深度可取为 $b_m + 0.5d$，而钻孔深度则可取为 $b_m + d$。

双头螺柱旋入端长度（b_m）的确定，主要是依据被旋入零件材料的不同来选择的：钢、青铜 $b_m = d$；铸铁 $b_m = 1.25d$ 或 $b_m = 1.5d$；铝、有色金属及其他软质材料 $b_m = 2d$。

从图 6-5 中可知，双头螺柱的有效长度为 $L = \delta + h + m + a$。其中 δ 为上部零件的厚度，h 为垫圈厚度，m 为螺母厚度，a 为螺柱伸出螺母的长度，一般取 $(0.2 \sim 0.3)d$。计算出 L 后，还需从相应标准中选取与 L 相近的标准值。

（3）螺钉连接　用来连接一个较薄、一个较厚的两个被连接件，它不需与螺母配用，常用在受力不大和不需经常拆卸的场合。装配时，先将螺钉穿过较薄连接件的通孔而旋入另一较厚连接件的螺纹孔中，再用螺丝刀拧紧。螺钉按其头部形状可分为开槽圆柱头螺钉、十字槽圆柱头螺钉、开槽盘头螺钉、十字槽沉头螺钉、内六角圆柱头螺钉等，如图 6-6 所示。螺钉连接的画法如图 6-7 所示。

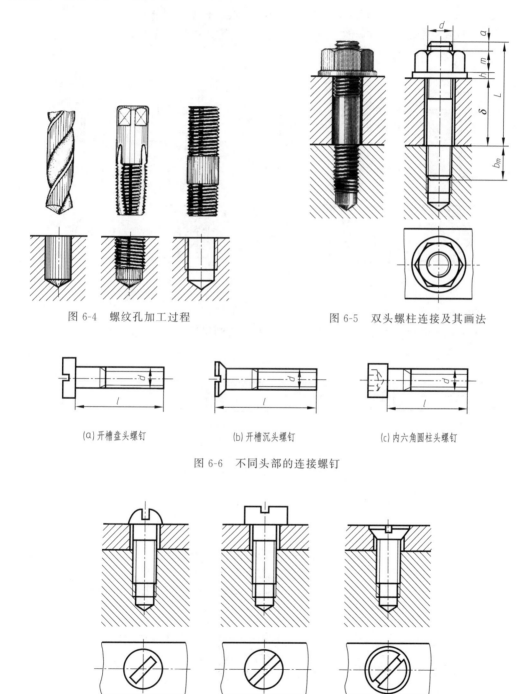

图 6-4　螺纹孔加工过程

图 6-5　双头螺柱连接及其画法

(a) 开槽盘头螺钉　　　　(b) 开槽沉头螺钉　　　　(c) 内六角圆柱头螺钉

图 6-6　不同头部的连接螺钉

图 6-7　螺钉连接的画法

　　螺钉头部的开槽在俯视图上要画成由左下向右上方与水平线成 45°。螺纹的旋入深度，也是由被连接件的材料决定的，具体尺寸可参照双头螺柱旋入端的螺纹长度 b_m 确定。螺钉头部的各部分尺寸，可采用比例画法近似画出。主视图上的钻孔深度可省略不画。一般仅按螺纹深度画出螺孔。

　　螺钉长度 L 可按下式计算：$L = \delta + b_m$。其中 δ 为上部零件的厚度；b_m 为螺钉旋入螺孔的长度。L 算出后，需从相应标准中选取与 L 相近的标准值。

　　在装配图中，通常螺纹连接件的倒角、螺纹终止线、螺钉头部槽的结构、不通的内螺纹孔底结构等均可采用简化画法，如图 6-8 所示。

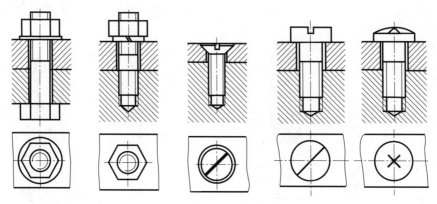

图 6-8　螺纹连接的简化画法

　　（4）紧定螺钉连接　紧定螺钉也是在机器上经常使用的一种螺钉，常用来防止两个相配零件产生相对运动。紧定螺钉的头部有开槽和内六角两种形式，端部有锥端、平端、圆柱端等，如图 6-9 所示。

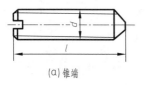
(a) 锥端

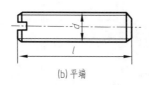
(b) 平端

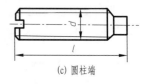
(c) 圆柱端

图 6-9　不同端部的紧定螺钉

　　图 6-10 所示为用开槽锥端紧定螺钉固定轮和轴的相对位置，使它们不能产生轴向相对

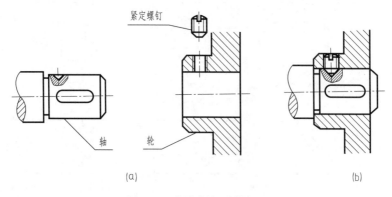

(a)　　　　　　　　　　(b)

图 6-10　紧定螺钉连接画法

移动的图例，图（a）表示零件图上螺孔和锥坑的画法，图（b）为装配图上的画法。

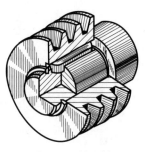

图 6-11　键连接

二、键、销连接件的构形

1. 键连接

为了使齿轮、带轮等零件和轴一起转动，通常在轮孔和轴上分别切制出键槽，用键将轴、轮连接起来进行传动，如图 6-11 所示。

键的种类很多，常用的有普通平键、半圆键和钩头楔键等，如图 6-12 所示。平键应用最广，按轴槽结构可分圆头普通平键（A 型）、方头普通平键（B 型）和单圆头普通平键（C 型）三种型式。

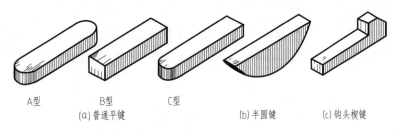

A型　B型　C型
(a)普通平键　　(b)半圆键　(c)钩头楔键

图 6-12　常用的几种键

（1）键的型式和标记　键已标准化，其结构型式尺寸都有相应的规定。表 6-2 列举了常用键的图例和规定标记。

表 6-2　常用键的图例和标记示例

名称及标准号	图　例	标 记 示 例
普通型平键（A 型）GB/T 1096—2003		$b=18mm$、$h=11mm$、$L=100mm$ 的 A 型普通型平键： GB/T 1096 键 18×11×100
普通型平键（B 型）GB/T 1096—2003		$b=18mm$、$h=11mm$、$L=100mm$ 的 B 型普通型平键： GB/T 1096 键 B18×11×100
普通型平键（C 型）GB/T 1096—2003		$b=18mm$、$h=11mm$、$L=100mm$ 的 C 型普通型平键： GB/T 1096 键 C18×11×100

续表

名称及标准号	图　例	标记示例
普通型半圆键 GB/T 1099.1—2003		$b=6mm$、$h=10mm$、$D=25mm$ 的普通型半圆键： GB/T 1099.1 键 $6×10×25$
钩头楔键 GB/T 1565—2003		$b=18mm$、$h=11mm$、$L=100mm$ 的钩头楔键： GB/T 1565 键 $18×100$

（2）键连接的画法　平键在装配图上的画法如图 6-13（a）所示。画图时，键连接的有关绘图尺寸是根据连接轴的直径、键的型式和键的长度，按轴径 d 标准，选取键和键槽的剖面尺寸。

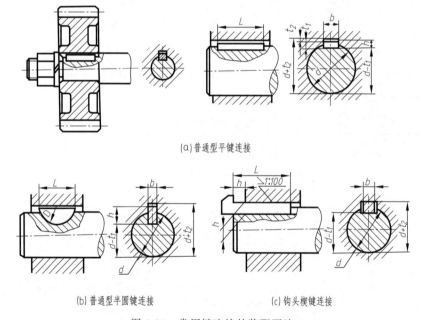

(a)普通型平键连接

(b)普通型半圆键连接　　　　(c)钩头楔键连接

图 6-13　常用键连接的装配画法

图 6-13（a）、（b）所示的平键与半圆键连接图中，键的两侧面是工作面（即键的两侧面与被连接零件接触），接触面的投影处只画一条轮廓线；键的顶面与轮毂上键槽顶面间留有间隙，必须画两条轮廓线。在反映键长度方向的剖视图中，轴采用局部剖视，键按不剖处理。在连接图中，键的倒角或小圆角一般省略不画。

在图 6-13（c）所示的钩头楔键的连接图中，钩头楔键的顶面有 1：100 的斜度，键的顶面与轮毂接触、底面与轴接触，故钩头楔键的顶面和底面为工作面；钩头楔键用敲击法装配，装配后接触表面间产生很大的预紧力，工作时依靠接触表面间的摩擦力传递转矩；但在绘制钩头楔键的连接图时，侧面不留间隙，这是钩头楔键连接与平键连接和半圆键连接画法的不同处。

2. 销连接

销在机器中主要用于零件之间的连接、定位或防松，常见的有圆柱销、圆锥销和开口销等，如图 6-14 所示。

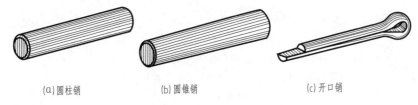

(a)圆柱销　　　　(b)圆锥销　　　　(c)开口销

图 6-14　常用的几种销

（1）销的型式和标记　表 6-3 列出了销的图例和规定标记。开口销常与槽形螺母配合使用，它穿过螺母上的槽和螺杆上的孔起到防止螺母松动的作用。

表 6-3　常用销的图例和标记示例

名称	标准号	图　例	标记示例
圆锥销	GB/T 117—2000	$R_1 \approx d$　$R_2 \approx \frac{a}{2} + d + \frac{(0.021)^2}{8a}$	直径 $d=10$mm，长度 $l=100$mm，材料 35 钢，热处理硬度 28～38HRC，表面氧化处理的 A 型圆锥销： 销　GB/T 117 A10×100 圆锥销的公称尺寸是指小端直径
圆柱销	GB/T 119.1—2000		直径 $d=10$mm，公差为 m6，长度 $l=80$mm，材料为钢，不经表面处理的圆柱销： 销　GB/T 119.1 10 m6×80 直径 $d=12$mm，公差为 m6，长度 $l=60$mm，材料为 A1 组奥氏体不锈钢，表面简单处理的圆柱销： 销　GB/T 119.1 12 m6×60-A1
开口销	GB/T 91—2000		公称直径 $d=4$mm（指销孔直径），$L=20$mm，材料为低碳钢，不经表面处理的开口销： 销　GB/T 91 4×20

（2）销连接的画法　在销连接中，两零件上的孔是在零件装配时一起配钻的。因此，在零件图上标注销孔的尺寸时，应注明"配作"。

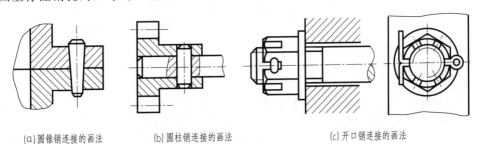

(a)圆锥销连接的画法　　(b)圆柱销连接的画法　　(c)开口销连接的画法

图 6-15　销连接的画法

销连接的画法：销为标准件，绘图时销的有关尺寸查阅标准选用。在剖视图中，当剖切平面通过销的轴线时，销按不剖处理，如图 6-15 所示。

【课后训练】

1. 解释标准件标记"螺钉 GB/T67 M6×20"的含义，查表后确定该标准件各部分的尺寸参数。

2. 根据题图 6-10-1 所示的一组连接件（其中螺栓的公称直径 $d=8\text{mm}$，两个被连接件厚度分别为 $\delta_1=12\text{mm}$，$\delta_2=10\text{mm}$），在右侧用比例画法画出螺栓连接装配图。

3. 在题图 6-10-2 中，用键将轴和齿轮连接，并完成其各个视图。

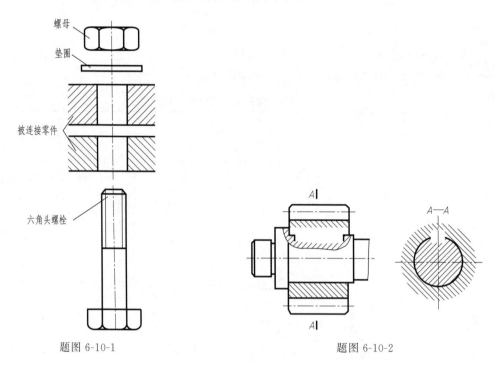

题图 6-10-1　　　　　　　　　　　　　题图 6-10-2

学习任务十一　滚动轴承及弹簧的构形

【学习任务单】

任务	滚动轴承及弹簧的构形	用　时	2 课时
知识 目标	1. 掌握滚动轴承的功用、类型、标记及画法。 2. 了解弹簧的功用、类型，掌握圆柱螺旋压缩弹簧的规定画法。		
技能 目标	1. 会选用、绘制滚动轴承。 2. 会绘制圆柱螺旋压缩弹簧； 3. 具备熟练的查表和计算能力。		
一、任务描述 　　在机器和设备上，经常会使用滚动轴承、弹簧等零件，其中滚动轴承是用来支承旋转轴的组件，属于标准件，需要时可根据设计要求选型。而弹簧是一种在机械中广泛地用来减振、夹紧、储存能量和测力的零件，属于常用件，国家标准只对其部分结构、尺寸和参数作了规定。绘制这些标准件和常用件的图样时，其形状和结构不必按真实投影画出，只要按国家标准规定的画法、代号和标记，进行绘图和标注即可，其具体尺寸可从相应标准中查阅。现根据给出的一些滚动轴承标记和弹簧参数，按要求查阅相关手册，确定参数并画图。			

续表

任务	滚动轴承及弹簧的构形	用 时	2 课时

二、任务实施要求

1. 熟悉滚动轴承及弹簧的功用、种类。

2. 查阅手册等资料,熟悉滚动轴承及弹簧的尺寸参数、结构特征、标记代号,并会选用。

3. 学习并掌握各种滚动轴承及弹簧的规定画法。

4. 根据老师的要求,查表确定滚动轴承及弹簧的相关尺寸参数,并绘图。

三、相关资源

1. 各种滚动轴承及弹簧实物。

2. 教材知识链接内容。

3. 标准件设计手册。

4. 相关教学课件。

四、任务实施说明

1. 学生分组,每小组 3~4 人。

2. 小组进行任务分析与讨论。

3. 现场教学或资料学习。

4. 小组现场练习,查阅手册,并按老师要求完成滚动轴承及弹簧的构形。

5. 集中点评,总结重点及注意点。

五、考核评价

成果 50%,自我评价 10%,团队合作 20%,教师评价 20%。

【知识链接】

一、滚动轴承的构形

1. 滚动轴承的功用、结构和分类

滚动轴承是用来支承旋转轴的组件,由于它具有摩擦阻力小、动能损耗小、结构紧凑等优点,已为现代工业广泛使用,其结构型式、尺寸也已标准化。滚动轴承的型式、规格很多,由专门的工厂生产,需用时可根据设计要求选型。

滚动轴承的种类虽多,但它们的结构大致相似,一般由外圈、内圈、滚动体和保持架组成,如图 6-16 所示。

滚动轴承按承受载荷的方向可分为三类。

① 向心轴承主要承受径向载荷,如深沟球轴承［图 6-16(a)］。

② 推力轴承仅能承受轴向载荷,如推力球轴承［图 6-16(c)］。

③ 向心推力轴承能同时承受径向载荷和轴向载荷,如圆锥滚子轴承［图 6-16(b)］。

2. 滚动轴承的标记

滚动轴承的类型和规格较多,为了便于生产和选用,国家标准《滚动轴承代号方法》(GB/T 272—93)规定了滚动轴承代号,它用字母加数字来表示滚动轴承的结构、尺寸、公差等级、技术性能等特征。滚动轴承代号由基本代号、前置代号和后置代号构成,排列如下:

前置代号　　基本代号　　后置代号

(1) 基本代号　表示轴承的基本类型、结构和尺寸,是轴承代号的基础。一般常用的轴承代号仅用基本代号表示。基本代号由轴承类型代号、尺寸系列代号、内径代号构成,排列如下:

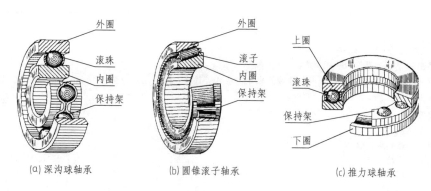

(a) 深沟球轴承　　　　　　(b) 圆锥滚子轴承　　　　　　(c) 推力球轴承

图 6-16　常用的滚动轴承及各部分名称

类型代号　　　　尺寸系列代号　　　　内径代号

① 轴承类型代号用数字或字母表示，见表 6-4。

表 6-4　轴承类型代号（摘自 GB/T 272—93）

代　　号	轴承类型	代　　号	轴承类型
0	双列角接触球轴承	N	圆柱滚子轴承 双列或多列用字母 NN 表示
1	调心球轴承		
2	调心滚子轴承和推力调心滚子轴承	U	外球面球轴承
3	圆锥滚子轴承	QJ	四点接触球轴承
4	双列深沟球轴承		
5	推力球轴承		
6	深沟球轴承		
7	角接触球轴承		
8	推力圆柱滚子轴承		

② 尺寸系列代号。由轴承宽（高）度系列代号和直径系列代号组合而成，一般用两位数字表示（有时省略其中一位）。宽（高）度系列是指内径（d）相同的轴承，对向心轴承，配有不同宽度（B）的尺寸系列，代号有 8、0、1、2、3、4、5、6，尺寸依次递增；对推力轴承，配有不同高度（T）的尺寸系列，代号有 7、9、1、2，尺寸依次递增。直径系列是指内径（d）相同的轴承，配有不同外径（D）的尺寸系列，其代号有 7、8、9、0、1、2、3、4、5，尺寸依次递增。宽（高）度系列代号和直径系列代号的具体含义请查阅有关轴承标准。

③ 内径代号用两位数字表示。常见的轴承内径代号见表 6-5；表内未列入的轴承公称内径 d 为 0.6～10 或 $d=22$、28、32 或 $d \geqslant 500$ 时，内径代号用公称内径毫米数直接表示，这时内径与尺寸系列代号之间用"/"分开。

表 6-5　常见的轴承内径代号

内径代号	00	01	02	03	04～96
轴承内径/mm	10	12	15	17	代号数字×5

轴承的基本代号举例：

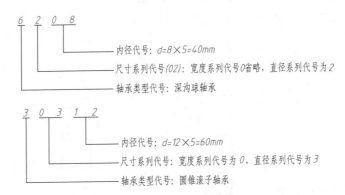

（2）前置、后置代号 是轴承在结构形状、尺寸、公差、技术要求等有改变时，在轴承基本代号左、右添加的补充代号。前置代号用字母表示；后置代号用字母（或加数字）表示。

3. 滚动轴承的画法

滚动轴承是标准组件，使用时必须按要求选用。当需要表示滚动轴承时，可按照不同要求，在装配图中选择采用以下方法。

（1）通用画法 在剖视中，当不需要确切地表示滚动轴承的外形轮廓、载荷特征和结构特征时，可用矩形线框及位于线框中央正立的十字形符号表示滚动轴承。

（2）特征画法 在剖视中，如需较形象地表示滚动轴承的结构特征时，可采用在矩形线框内画出其结构要素符号的方法表示滚动轴承。

通用画法和特征画法应绘制在轴的两侧。矩形线框、符号和轮廓线均用粗实线绘制。

（3）规定画法 必要时，在滚动轴承的产品图样、产品样本和产品标准中，采用规定画法表示滚动轴承。

各种画法及尺寸比例见表6-6。其各部分尺寸可根据轴承代号由标准中查得。

采用规定画法绘制滚动轴承的剖视时，轴承的滚动体不画剖面线，其内、外座圈可画成方向和间隔相同的剖面线，倒角省略不画。规定画法一般绘制在轴的一侧，另一侧按通用画法绘制，如图6-17（a）所示；在不致引起误解时，内、外座圈的剖面线也允许省略不画，如图6-17（b）所示；在垂直于滚动轴承轴线的投影面的视图中，其画法如图6-17（c）所示。

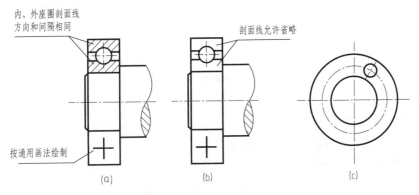

图6-17 滚动轴承的规定画法

表 6-6　滚动轴承的画法

名称和标准号	查表主要数据	画法			装配示意图
		简化画法		规定画法	
		通用画法	特征画法		
深沟球轴承 (GB/T 276—1994)	D d B	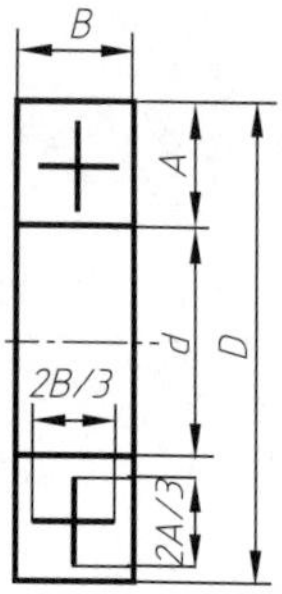	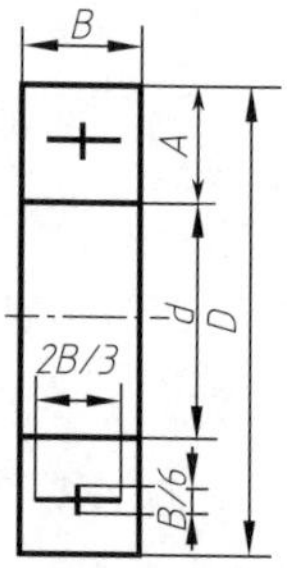	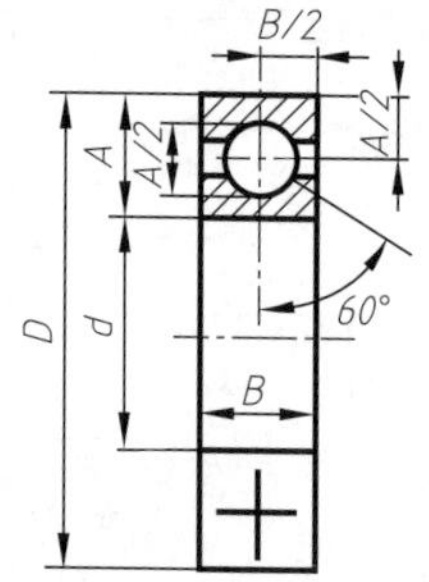	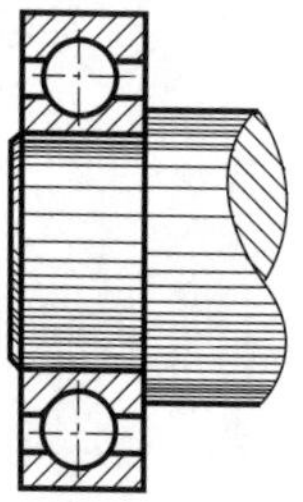
圆锥滚子轴承 (GB/T 297—1994)	D d B T C		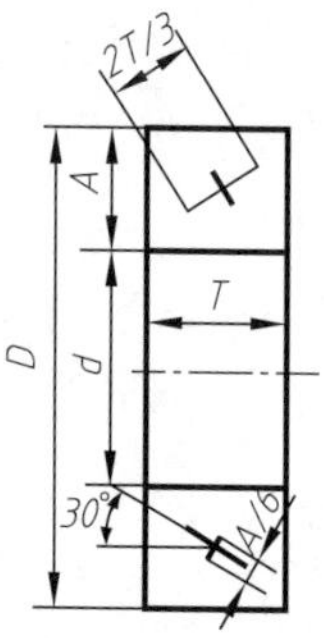	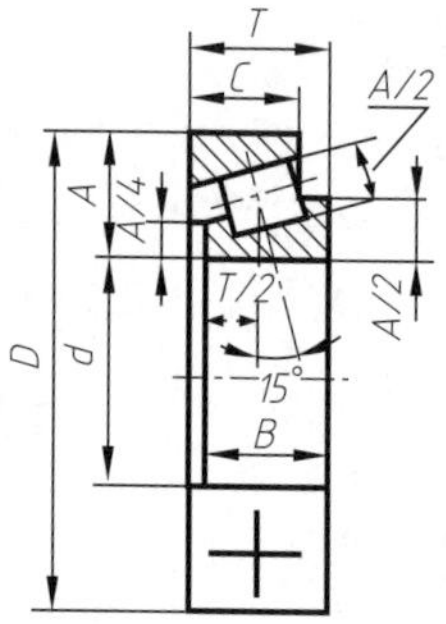	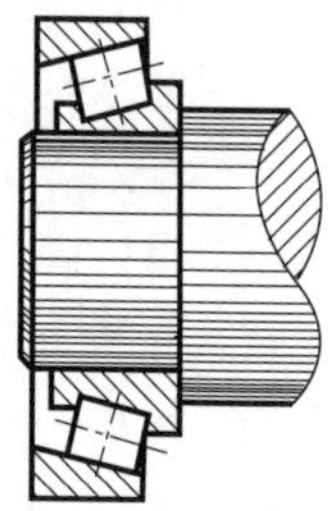
推力球轴承 (GB/T 301—1995)	D d T		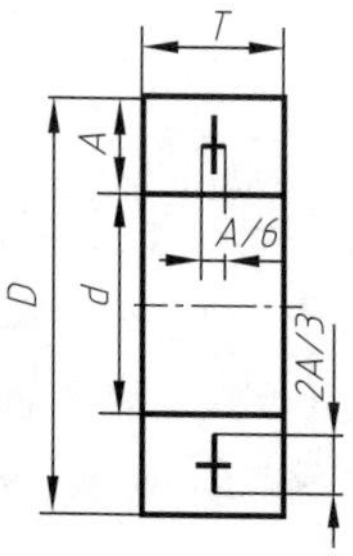	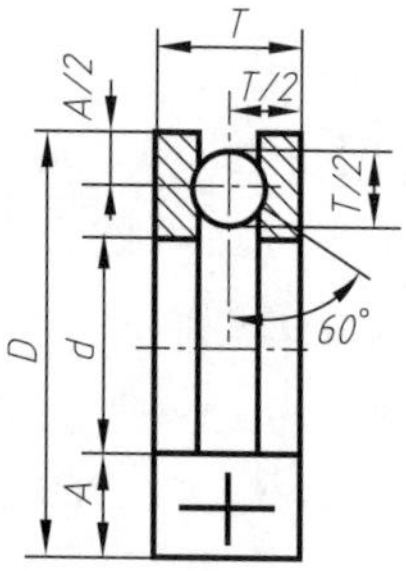	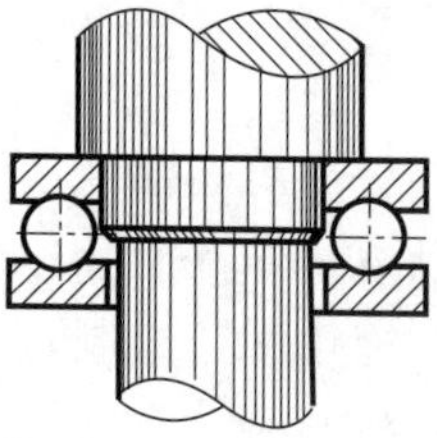

二、弹簧的构形

1. 圆柱螺旋压缩弹簧的种类

弹簧是一种在机械中广泛地用来减振、夹紧、储存能量和测力的零件，它的种类很多，常见的有螺旋弹簧、涡卷弹簧、板弹簧和片弹簧等。其中圆柱螺旋弹簧又有压缩弹簧、拉伸弹簧和扭转弹簧等，如图 6-18 所示。

2. 圆柱螺旋压缩弹簧的规定画法

(1) 圆柱螺旋压缩弹簧各部分名称及尺寸关系　如图 6-19 所示。

① 弹簧材料直径（弹簧钢丝直径）d。

② 弹簧直径。

(a) 压缩弹簧

(b) 拉伸弹簧

(c) 扭转弹簧

图 6-18　圆柱螺旋弹簧

a. 弹簧内径 D_1：弹簧的最小直径。

b. 弹簧外径 D：弹簧的最大直径。

c. 弹簧中径 D_2：弹簧外径与内径的平均值，即 $D_2 = (D_1 + D)/2 = D - d = D_1 + d$。

③ 节距 t：螺旋弹簧两相邻有效圈截面中心线的轴向距离。

④ 弹簧圈数。

a. 弹簧支承圈数 n_2：为了使弹簧工作时受力均匀，保证中心线垂直于支承面，制造时必须将两端并紧且磨平。弹簧两端并紧磨平的各圈起支承作用，称支承圈。多数情况下，支承圈数为 2.5 圈，两端各并紧 0.5 圈，磨平 0.75 圈。

b. 弹簧有效圈数 n：参与变形并具有相同节距的圈数。

c. 弹簧总圈数 n_1：支承圈数与有效圈数之和（$n_1 = n_2 + n$）。

⑤ 弹簧的自由高度 H_0：弹簧不受外力时的高度，$H_0 = nt + (n_2 - 0.5)d$。

⑥ 弹簧的材料展开长度 L：制造弹簧时钢丝的落料长度，$L \approx \pi D n_1$。

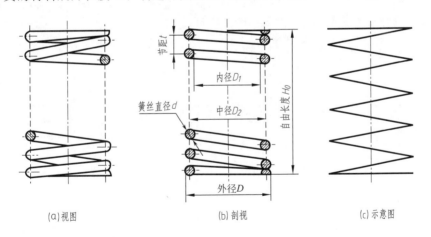
(a) 视图　　　　　　　(b) 剖视　　　　　　　(c) 示意图

图 6-19　弹簧各部分名称的尺寸

（2）圆柱螺旋压缩弹簧可画成视图、剖视图或示意图　如图 6-19 所示。画图时，应注意以下几点。

① 圆柱螺旋压缩弹簧在平行于轴线的投影面上的图形，其各圈的外形轮廓应画成直线。

② 有效圈数在四圈以上的螺旋弹簧，允许每端只画两圈（不包括支承圈），中间各圈可省略不画，只画通过簧丝剖面中心的两条点画线。当中间部分省略后，也可适当地缩短图形

的长度。

③ 在装配图中，弹簧中间各圈采取省略画法后，弹簧后面被挡住的零件轮廓不必画出，如图 6-20(a) 所示。

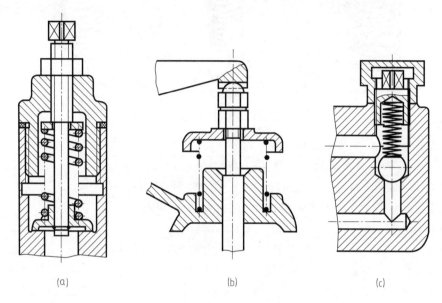

(a)   (b)   (c)

图 6-20 弹簧在装配图中的画法

④ 当簧丝直径在图上小于或等于 2mm 时可采用示意画法，如图 6-20(c) 所示，如是断面，可以涂黑表示，如图 6-20(b) 所示。

⑤ 右旋弹簧或旋向不作规定的螺旋弹簧，在图上画成右旋，左旋弹簧允许画成右旋，但左旋弹簧不论画成左旋或右旋一律要加注"LH"。

已知圆柱螺旋压缩弹簧的各参数 H_0、d、D_2、n_1、n_2，其作图步骤如图 6-21 所示。

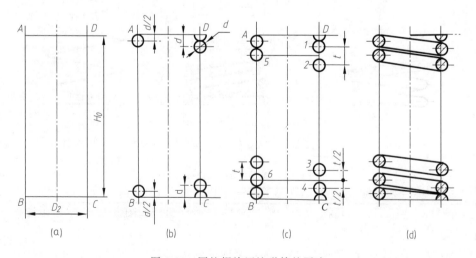

(a)   (b)   (c)   (d)

图 6-21 圆柱螺旋压缩弹簧的画法

【课后训练】

在题图 6-11-1 中，已知弹簧的支承圈数为 2.5，右旋，其余尺寸如图，用 1∶1 的比例在右边空白处画出弹簧的全剖视图。

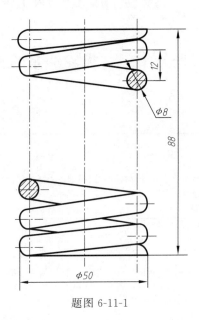

题图 6-11-1

情境七　装配体的构形与识图

学习任务十二　齿轮油泵的构形

【学习任务单】

任务	齿轮油泵的构形	用时	8课时
知识目标	1. 了解装配图的内容和作用。 2. 熟悉装配图中的尺寸标注、技术要求,零(部)件序号、明细栏和标题栏的绘制。 3. 掌握装配图的一般画法、规定画法、特殊画法。 4. 掌握测绘装配体的方法和步骤。		
技能目标	1. 会选择装配体构形的表达方法。 2. 会测绘装配体,并画出其装配图,并正确标注尺寸。		

一、任务描述

装配图是表达机器或部件的图样。在设计新产品或改进原有产品时,一般都要画出它的装配图,根据装配图画出零件图,零件制成后,再按照装配图装配成机器或部件。因此装配图是表达设计意图,表达部件或机器的工作原理、零件间的装配关系以及检验、安装和维修时的重要技术文件。

本任务通过测绘齿轮油泵并画其装配图,了解装配图的内容和作用,掌握装配体视图表达方法,熟悉装配图中的尺寸标注、技术要求及零(部)件序号、明细栏和标题栏的绘制,掌握测绘装配体并画其装配图的方法和步骤。

二、任务实施要求

1. 按正确顺序拆卸齿轮油泵,并绘制装配示意图。
2. 拟定装配图表达方案。
3. 确定绘制装配图的步骤。
4. 在老师指导下,掌握绘图方法和技能及注意事项。

三、相关资源

1. 齿轮油泵实物及其装配图和零件图。
2. 教材知识链接内容。
3. 《技术制图》与《机械制图》国家标准。
4. 相关教学课件。

四、任务实施说明

1. 学生分组,每小组 3～4 人。
2. 小组进行任务分析。
3. 现场教学或资料学习。
4. 小组现场实践,拆装齿轮油泵并绘制装配草图。
5. 小组互评互改后,绘制装配图。
6. 集中点评,总结测绘装配体的注意点。
7. 由小组推选一张优秀图样由老师批改后在教室内张贴。

五、考核评价

成果 50%,自我评价 10%,团队合作 20%,教师评价 20%。

【知识链接】

一、装配图基本知识

1. 装配图的作用与内容

(1) 装配图的作用　装配图是表示产品及其组成部分的连接、装配关系的图样。装配图与零件图一样都是生产中的重要技术文件，贯穿于设计、制造、使用产品的全过程。装配图用来表达装配体的工作原理、零件间的装配关系、主要零件的结构形状及装配、调试、安装、使用等过程中所必需的尺寸、技术要求等。

（2）装配图的内容　图7-1所示为球阀的装配图，从图中可以看出，一张完整的装配图应包括下列内容。

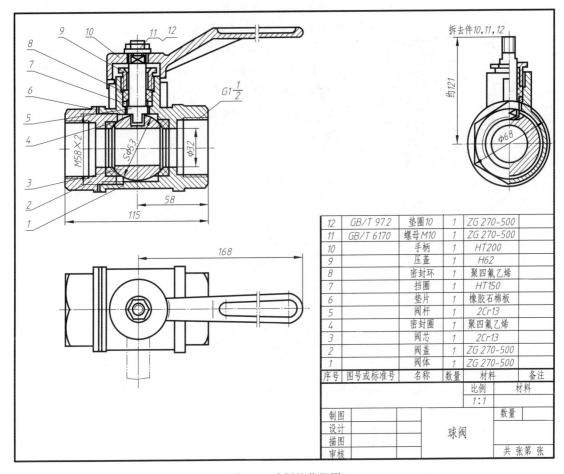

图 7-1　球阀的装配图

① 一组视图：表达机器或部件的工作原理、各零件装配关系、传动路线、连接方式及主要零件的结构形状。

② 必要的尺寸：注明装配体在装配、安装、检验、使用时所必需的尺寸。

③ 技术要求：用文字或符号说明装配体在装配、调试、安装、检验、使用等方面的要求和指标。

④ 零部件的序号及明细栏：根据生产组织和管理工作的需要，在装配图上对每个零件标注序号并编制明细栏，在明细栏中填写机器或部件上各个零件的名称、数量、材料等。

⑤ 标题栏：说明机器或部件的名称、图号、图样比例、单位名称及责任人签名和日期等。

2. 装配图的规定画法和特殊画法

装配图和零件图一样，也是按正投影的原理、方法和《机械制图》国家标准的有关规定绘制的。零件图上的各种表达方法，如视图、剖视、断面等，以及视图选用原则，一般都适用于装配图。但由于装配图与零件图各自表达对象的重点及在生产中所使用的范围有所不同，因而国家标准对装配图在表达方法上还有一些规定画法和特殊画法。

（1）规定画法

① 两零件的接触面和配合面只画一条线，如图 7-2 中 1 所示。两基本尺寸不同的非接触表面和非配合表面，即使其间隙很小，也必须画两条线，如图 7-2 中 2 所示。

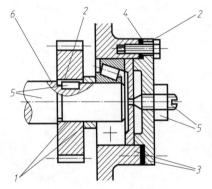

② 在剖视图或断面图中，相邻两个零件的剖面线倾斜方向应相反，或方向一致而间隔不等，如图 7-2 中 3 所示。在同一张图样上同一个零件在各个视图中的剖面线方向、间隔必须一致。厚度小于或等于 2mm 的狭小剖面，可用涂黑代替剖面符号，如图 7-2 中 4 所示。

③ 在装配图中，对于螺栓、螺母、垫圈等紧固件以及轴、连杆、球、键、销等实心零件，若按纵向剖切，且剖切平面通过其对称平面或轴线时，则这些零件均按不剖绘制，如图 7-2 中 5 所示。当需要特别表明轴等实心零件上的凹坑、凹槽、键槽、销孔等结构时，可采用局部剖视来表达，如图 7-2 中 6 所示。

图 7-2 装配图的规定画法

（2）特殊画法

① 拆卸画法：装配体上零件间往往有重叠现象，当某些零件遮住了需要表达的结构与装配关系，或者为避免重复，简化作图，可假想将某些零件拆去后绘制，这种表达方法称为拆卸画法。采用拆卸画法后，为避免误解，在该视图上方加注"拆去件××"，如图 7-1 左视图上方所示。

② 沿结合面剖切画法：在装配图中，可假想沿某些零件结合面剖切，结合面上不画剖面线（其他被剖断的零件则要画剖面线，如轴、螺栓等）。如图 7-3(a) 中 A—A 剖视即是沿泵盖结合面剖切画出的。假想沿零件的结合面剖切，相当于把剖切面一侧的零件拆去，再画出剩下部分的视图。

③ 单件画法：当个别零件在装配图中未表达清楚，而又需要表达时，可单独画出该零

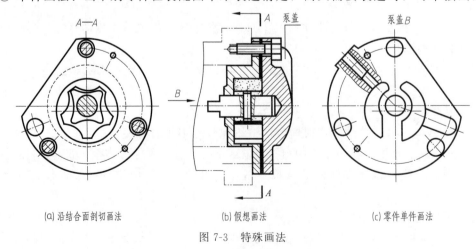

(a) 沿结合面剖切画法　　　　(b) 假想画法　　　　(c) 零件单件画法

图 7-3 特殊画法

件的视图，并在单独画出的零件视图上方注出该零件的名称或序号及视图名称，其标注方法与局部视图类似，如图 7-3(c) 所示。

④ 假想画法：当需要表达所画装配体与相邻零件或部件的关系时，可用双点画线假想画出相邻零件或部件的轮廓，如图 7-3(b) 所示。当需要表达某些运动零件或部件的运动范围及极限位置时，可用双点画线画出其极限位置的外形轮廓。如图 7-1 所示俯视图下方手柄的另一个极限位置。

⑤ 夸大画法：在装配图中，对一些厚度很小的薄片零件、细丝弹簧、微小间隙、直径很小的孔以及很小的锥度、斜度等，若按其实际尺寸在装配图上很难画出或难以明显表示时，可不按比例而适当夸大画出。如图 7-1 和图 7-2 中垫片的厚度、阀杆和压盖的间隙，即采用了夸大画法。

⑥ 展开画法：为了表达传动机构的传动路线和装配关系，可假想按传动顺序沿轴线剖切，然后依次将各剖切平面展开在一个平面上，画出其剖视图。此时应在展开图的上方注明"×—×展开"字样，如图 7-4 所示。

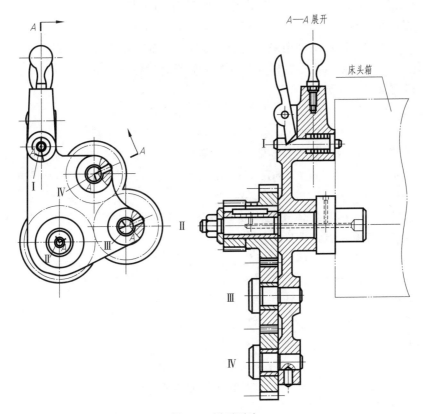

图 7-4　展开画法

（3）简化画法

① 装配图中，零件的工艺结构，如小圆角、倒角、退刀槽等可不画出，如图 7-5(a) 中 1 所示部位的退刀槽、圆角及轴端倒角都未画出。

② 在装配图中，螺栓、螺母等可按简化画法画出，即螺栓上螺纹一端的倒角可不画出，螺栓头部及螺母的倒角也不画出，如图 7-5(b) 中 2 所示部分。装配图中的滚动轴承，可只画出一半，另一半按规定示意画法画出，如图 7-5(b) 中 3 所示。

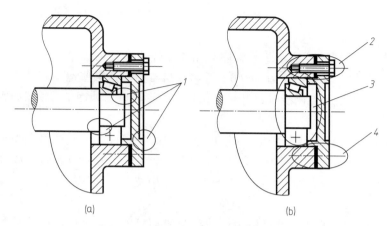

图 7-5　简化画法

③ 对于装配图中若干相同的零件组，如螺栓、螺母、垫圈等，可只详细地画出一组或几组，其余只用点画线表示出装配位置即可，如图 7-5(b) 中 4 所示。

3. 装配图的尺寸标注

装配图与零件图不同，不是用来直接指导零件生产的，不需要注出每一个零件的全部尺寸。装配图中的尺寸是用以表达机器或部件的工作原理、性能规格以及指导装配与安装工作的。通常仅标注出下列几类尺寸。

（1）特性、规格尺寸　表示装配体的性能、规格或特征的尺寸。它常常是设计或选择使用装配体的依据，如图 7-1 中球阀的公称直径 $\phi 32$。

（2）装配尺寸　表示装配体各零件之间装配关系的尺寸，它包括：配合尺寸，表示零件配合性质的尺寸，如图 7-6 中 $\phi 12H7/h6$；相对位置尺寸，表示零件间主要的相对位置尺寸，如图 7-6 中 27。

（3）安装尺寸　表示装配体安装到其他设备上或地基上所需要的尺寸，如图 7-1 中的 $G1\frac{1}{2}$ 和图 7-6 中安装孔的孔间距 70。

（4）外形尺寸　表示装配体的外形轮廓总体尺寸，如总长、总宽、总高等，这是装配体在包装、运输、安装时所需的尺寸，如图 7-6 中 112、85、98 等尺寸。

（5）其他重要尺寸　经计算或选定的不能包括在上述几类尺寸中的重要尺寸，如运动零件的极限位置尺寸、两齿轮中心距、主要零件的重要尺寸等。

上述几类尺寸，并非在每一张装配图上都必须注全，应根据装配体的具体情况而定。在有些装配图上，同一个尺寸，可能兼有几种含义。如图 7-6 中的 27 既是油泵的性能尺寸，又是装配尺寸。因此，装配图中的尺寸需根据装配体的具体情况和需求标注。

4. 装配图的技术要求

装配图上的技术要求一般用文字注写在图纸下方空白处，也可以另编技术文件。不同性能的机器或部件技术要求也不同，一般规定该机器或部件在装配、调试、检验、运输、安装、使用和维护过程中应达到的要求和指标。它一般包括以下几方面的内容。

① 装配体装配后应达到的性能要求。

② 装配体在装配过程中应注意的事项及特殊加工要求。例如，有的表面需装配后加工，有的孔需要将有关零件装好后配作等。

③ 检验、试验方面的要求。

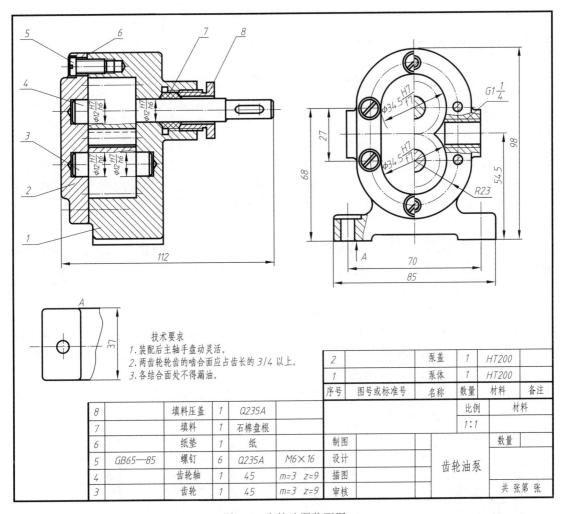

技术要求
1.装配后主轴手盘动灵活。
2.两齿轮轮齿的啮合面应占齿长的 3/4 以上。
3.各结合面处不得漏油。

序号	图号或标准号	名称	数量	材料	备注
2		泵盖	1	HT200	
1		泵体	1	HT200	

8		填料压盖	1	Q235A	
7		填料	1	石棉盘根	
6		纸垫	1	纸	
5	GB65—85	螺钉	6	Q235A	M6×16
4		齿轮轴	1	45	m=3 z=9
3		齿轮	1	45	m=3 z=9

比例 1:1　材料　数量

制图　设计　描图　审核

齿轮油泵

共 张第 张

图 7-6　齿轮油泵装配图

④ 使用要求，如对装配体的维护、保养方面的要求及操作使用时应注意的事项等。

5. 装配图中的零、部件序号和明细栏

为了便于图样的管理，进行生产准备，以及帮助看懂装配图，需对机器或部件中的每个不同的零件（或组件）进行编号（序号或代号），并在标题栏的上方编制零件的明细栏。

（1）零、部件序号

① 一般规定：装配图中所有零、部件都必须编写序号；一个部件可只编写一个序号；同一装配图中，尺寸规格完全相同的零、部件，应编写相同的序号；装配图中的零、部件的序号应与明细栏中的序号一致。

② 序号的标注形式：标注一个完整的序号，一般应有三个部分：指引线、水平线（或圆圈）及序号数字，如图 7-7 中（a）、（b）、（c）所示。也可以不画水平线或圆圈，如图 7-7 中（d）所示。

指引线用细实线绘制，应自所指部分的可见轮廓内引出，并在可见轮廓内的起始端画一圆点，如图 7-7 所示。

水平线或圆圈用细实线绘制，用以注写序号数字。

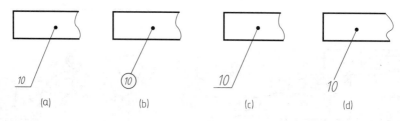

图 7-7　序号标注形式

在指引线的水平线上或圆圈内注写序号时,其字高比该装配图中所注尺寸数字高度大一号,如图 7-7(a)、(b) 所示。也允许大两号,如图 7-7(c) 所示。当不画水平线或圆圈,在指引线附近注写序号时,序号字高必须比该装配图中所标注尺寸数字高度大两号,如图 7-7(d) 所示。

③ 序号的编排方法:序号在装配图周围按水平或垂直方向排列整齐,序号数字可按顺时针或逆时针方向依次增大,以便查找。在一个视图上无法连续编完全部所需序号时,可在其他视图上按上述原则继续编写。

④ 其他规定:同一张装配图中,编注序号的形式应一致。

当序号指引线所指部分内不便画圆点时(如很薄的零件或涂黑的剖面),可用箭头代替圆点,箭头需指向该部分轮廓,如图 7-8 所示序号 5。

指引线可以画成折线,但只可曲折一次,如图 7-9(a) 所示序号 2。指引线不能相交,如图 7-9(b) 所示序号 3 和序号 4。当指引线通过有剖面线的区域时,指引线不应与剖面线平行,如图 7-9(c) 所示序号 4。

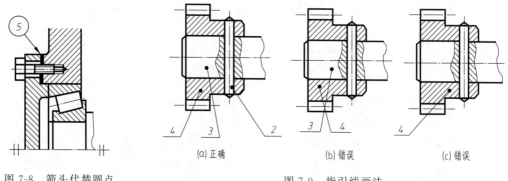

图 7-8　箭头代替圆点　　　　　　　图 7-9　指引线画法

一组紧固件或装配关系清楚的零件组,可采用公共指引线,注法如图 7-10 所示。但应注意水平线或圆圈要排列整齐。

标准化组件(如油杯、滚动轴承、电动机等)可作为一个整体,只编写一个序号。

(2) 明细栏

① 明细栏的画法:明细栏一般应紧接在标题栏上方绘制。若标题栏上方位置不够时,其余部分可画在标题栏的左方,如图 7-6 所示。

明细栏最上方(最末)的边线一般用细实线绘制。

当装配图中的零、部件较多位置不够时,可作为装配图的续页按 A4 幅面单独绘制出明细栏。若一页不够,可连续加页。

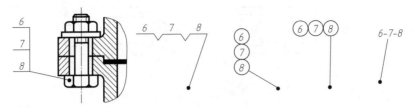

图 7-10　公共指引线

② 明细栏的填写：当明细栏直接画在装配图中时，明细栏中的序号应按自下而上的顺序填写。如果是单独附页的明细栏，序号应按自上而下的顺序填写。

明细栏中的序号应与装配图上编号一一对应。

代号栏用来注写图样中相应组成部分的图样代号或标准号。

备注栏中，一般填写该项的附加说明或其他有关内容。如分区代号、常用件的主要参数，如齿轮的模数、齿数、弹簧的内径或外径、簧丝直径、有效圈数、自由长度等。

螺栓、螺母、垫圈、键、销等标准件，其标记通常分两部分填入明细栏中。将标准代号填入代号栏内，其余规格尺寸等填在名称栏内。

二、装配结构的合理性

为了保证装配体的质量，在设计装配体时，必须考虑装配体上装配结构的合理性。在装配图上，除允许简化画出的情况外，都应尽量把装配工艺结构正确地反映出来。下面介绍几种常见的工艺结构。

1. 零件间的接触面

① 肩端面与孔的端面相贴合时，孔端要倒角或轴根切槽，如图 7-11 所示。

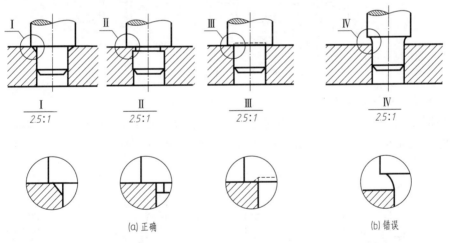

图 7-11　轴肩与孔口接触画的画法

② 锥轴与锥孔配合时，接触面应有一定的长度，同时端面不能再接触，以保证锥面配合的可靠性，如图 7-12 所示。

③ 两个零件接触时，在同一方向上接触面只能有一对，如图 7-13 所示，其中图（a）~图（c）为平面接触，图（d）为圆柱面接触。

④ 在螺栓紧固件的连接中，被连接件的接触面应制成凸台或凹孔。这样可使机械加工的面积减少，降低加工成本，并能保证接触的可靠性，如图 7-14 所示。

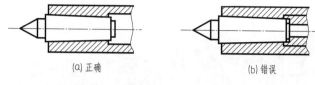

(a) 正确   (b) 错误

图 7-12 锥轴与锥孔配合时的画法

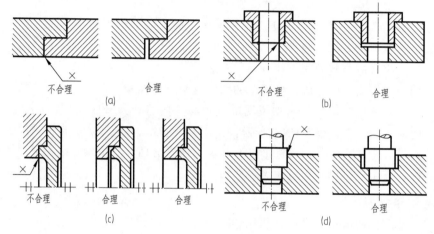

图 7-13 两零件接触面的画法

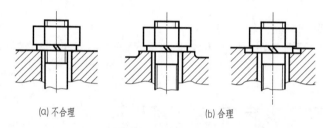

(a) 不合理   (b) 合理

图 7-14 紧固件与被连接件接触面的结构

2. 考虑装、拆卸零件方便

① 如图 7-15 所示,安装轴承的地方一般有轴肩或孔肩,便于轴承的轴向定位。轴肩或孔肩的径向尺寸应小于轴承内圈或外圈的径向厚度,便于用拆卸工具将滚动轴承拆下。

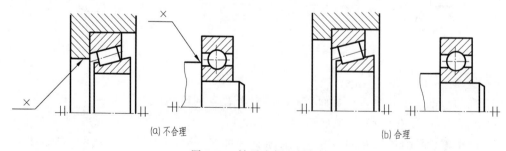

(a) 不合理   (b) 合理

图 7-15 轴承应便于拆卸

② 如图 7-16 所示,为了能使盲孔中的衬套方便拆下,在允许的情况下,箱体上应加工几个工艺螺孔,以便用螺钉将衬套顶出。否则应设计出其他便于拆卸的结构。

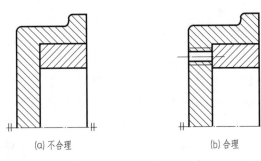

图 7-16　衬套应便于拆卸

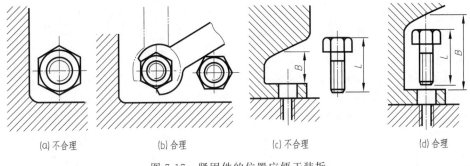

图 7-17　紧固件的位置应便于装拆

③ 如图 7-17 所示，安排螺钉、螺栓的位置，应保证装拆的可能性，必须留出足够的扳手活动空间和螺栓的装拆空间。

3. 密封结构

为了防止部件内的气体或液体向外渗漏或防止外界的灰尘等介质进入其内部，需采用防漏的密封结构。常见的密封结构有如下几种。

① 垫片密封：为了防止气体或液体沿零件的结合面渗漏，可在两零件结合面加垫片，从而起到密封作用，如图 7-18(a)。

② 密封圈密封：将密封圈（胶圈或毡圈）放在槽内，密封圈受压后的弹性使其紧贴在机体表面起到密封作用，如图 7-18(a)。

③ 填料函密封：图 7-18(b) 所示为一种典型的填料函密封，主要是防止流体沿轴的轴向泄漏。当拧紧压紧螺母时，填料压盖压紧填料，使得填料轴向被压缩径向膨胀而紧贴在函壁和轴表面起到密封作用。

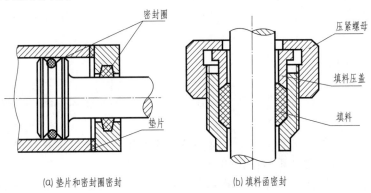

图 7-18　密封装置

三、装配体的构形

1. 装配图表达方案的确定

画装配图时，必须把装配体的工作原理、装配关系、传动路线、连接方式及其零件的主要结构等了解清楚，作深入细致地分析和研究，才能确定出较为合理的表达方案。

（1）装配图视图选择的原则　装配图的视图选择与零件图一样，应使所选的每一个视图都有其表达的重点内容，具有独立存在的意义。一般来讲，选择表达方案时应遵循这样的思路：以装配体的工作原理为线索，从装配干线入手，用主视图及其他基本视图来表达对部件功能起决定作用的主要装配干线，兼顾次要装配干线，再辅以其他视图表达基本视图中没有表达清楚的部分，最后把装配体的工作原理、装配关系等完整清晰地表达出来。

（2）主视图的选择

① 确定装配体的安放位置：一般可将装配体按其在机器中的工作位置安放，以便了解装配体的情况及与其他机器的装配关系。如果装配体的工作位置倾斜，为画图方便，通常将装配体按放正后的位置画图。

② 确定主视图的投影方向：装配体的位置确定以后，应该选择能较全面、明显地反映该装配体的主要工作原理、装配关系及主要结构的方向作为主视图的投影方向。

③ 主视图的表达方法：由于多数装配体都有内部结构需要表达，因此，主视图多采用剖视图画出。所取剖视的类型及范围，要根据装配体内部结构的具体情况决定。

（3）其他视图的选择　主视图确定之后，若还有带全局性的装配关系、工作原理及主要零件的主要结构还未表达清楚，应选择其他基本视图来表达。

基本视图确定后，若装配体上还有一些局部的外部或内部结构需要表达时，可灵活地选用局部视图、局部剖视或断面等来补充表达。

（4）注意事项　在决定装配体的表达方案时，还应注意以下问题。

① 应从装配体的全局出发，综合进行考虑。特别是一些复杂的装配体，可能有多种表达方案，应通过比较择优选用。

② 设计过程中绘制的装配图应详细一些，以便为零件设计提供结构方面的依据。指导装配工作的装配图，则可简略一些，重点在于表达每种零件在装配体中的位置。

③ 装配图中，装配体的内外结构应以基本视图来表达，而不应以过多的局部视图来表达，以免图形支离破碎，看图时不易形成整体概念。

④ 若视图需要剖开绘制时，一般应从各条装配干线的对称面或轴线处剖开。同一视图中不宜采用过多的局部剖视。以免使装配体的内外结构的表达不完整。

⑤ 装配体上对于其工作原理、装配结构、定位安装等方面没有影响的次要结构，可不必在装配图中一一表达清楚，可留待零件设计时由设计人员自定。

2. 装配图绘制步骤

① 确定表达方案。

② 根据部件大小、视图数量，确定图样比例，选择标准图幅，画出图框并定出明细栏和标题栏的位置。

③ 合理布图，画各视图的主要基线（通常指中心线、轴线、重要端面、大的平面或底面），并注意留出标注尺寸、编号的位置等。

④ 画主要装配干线上的零件。如果从里向外画，一般画运动中的核心零件，其装配轴承的端面常常是定位面。从外向里画，往往画箱壳、支架类的零件，由外轮廓中的端面或装

有轴承的孔槽作为基准，由外向内装配，逐个画出零件。

　　⑤ 画次要装配干线上的零件。在机器中，润滑系统、冷却系统虽是次要装配干线，但只是在画图的步骤上有前后区别，作为机器的一部分，次要装配干线仍需在某些视图上重点表达清楚。就机械连接方式而言，用螺纹连接是很普遍的，每种螺纹连接及其所在的装配体中的部位一定要表达清楚。对不同种类的螺纹连接以及键销连接、齿轮啮合、铆接等应用局部剖表达，清楚表达装配体上各种连接形式。这些表达有助于看图装配、拆卸和维修。

　　⑥ 标注尺寸，编件号，填写明细栏、标题栏、技术要求等。

　　⑦ 检查、描深、画剖面线。

四、装配体测绘

　　对现有的装配体进行测量、计算，并绘制出零件图及装配图的过程称为装配体测绘。它对推广先进技术、交流生产经验、改造或维修设备等有重要的意义。因此，装配体测绘也是工程技术人员应该掌握的基本技能之一。现以图 7-19 所示齿轮油泵为例阐述装配体测绘的方法和步骤。

　　(1) 测绘准备工作　　测绘装配体之前，一般应根据其复杂程度编制测绘计划，准备必要的拆卸工具、量具如扳手、榔头、螺丝刀、铜棒、钢皮尺、卡尺、细铅丝等，还应准备好标签及绘图用品等。

　　(2) 了解装配体的结构和工作原理　　测绘前，还要对被测绘的装配体进行必要的研究。一般可通过观察、分析该装配体的结构和工作情况，查阅有关该装配体的说明书及资料，搞清该装配体的用途、性能、工作原理、结构及零件间的装配关系等。

图 7-19　齿轮油泵立体图

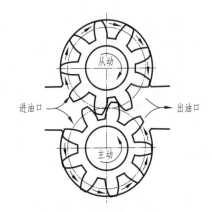

图 7-20　齿轮油泵的工作原理

　　齿轮油泵是液压传动和润滑系统中常用的部件。动力从传动齿轮输入，当它按逆时针方向转动时，通过键带动齿轮轴，再经过齿轮啮合带动从动齿轮轴，从而使后者作顺时针方向转动。传动关系分析清楚了，就可以分析出工作原理了，其工作原理如图 7-20 所示。当主动齿轮按逆时针方向旋转时，带动从动齿轮按顺时针方向旋转。这时，齿轮啮合区的左边压力降低，产生局部真空，油池中的润滑油在大气压力的作用下，由进油口进入齿轮泵的低压区，随着齿轮的旋转，齿槽中的油不断地沿着箭头方向送至右边，把油经出油口压出去，送至机器的各润滑部位。

　　凡属泵、阀类部件都要考虑防漏问题，因此，该泵在泵体与端盖结合处还有垫片，并在从动齿轮轴的伸出端用密封圈、轴套、压盖、螺母加以密封。

（3）拆卸装配体和画装配示意图　为了便于装配体被拆开后仍能顺利装配复原，对于较复杂的装配体，拆卸过程中应做好记录。最常用的方法是绘制出装配示意图，用以记录各种零件的名称、数量及其在装配体中的相对位置及装配连接关系，同时也为绘制正式的装配图做好资料准备。条件允许，还可以用照相或录像等手段做记录。装配示意图是将装配体看作透明体来画的，在画出外形轮廓的同时，又画出其内部结构。装配示意图可参照国家标准《机械制图　机构运动简图符号》（GB 4460—84）绘制。对于国家标准中没有规定符号的零件，可用简单线条勾出大致轮廓。在示意图上应编注零件的序号，并注明零件的数量，如图7-21所示。在拆下的每个（组）零件上，应扎上标签，标签上注明与示意图相对应的序号及名称，并妥为保管。

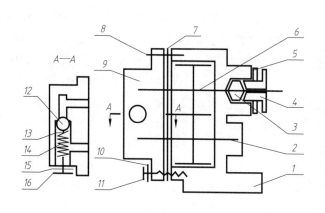

16	螺塞	1
15	小垫片	1
14	弹簧	1
13	钢珠定位圈	1
12	钢珠	1
11	螺栓 M6×20	6
10	垫圈	6
9	泵盖	1
8	圆柱销 ϕ5×16	2
7	垫片	1
6	主动轴齿轮	1
5	锁紧螺母	1
4	填料压盖	1
3	填料	1
2	从动轴齿轮	1
1	泵体	1
序号	零件名称	数量

图 7-21　齿轮油泵的装配示意图

另外，在拆卸零件时，要把拆卸顺序搞清楚，并选用适当的工具。拆卸时注意不要破坏零件间原有的配合精度。还要注意不要将小零件如销、键、垫片、小弹簧等丢失。对于高精度的零件，要特别注意，不要碰伤或使其变形、损坏。

（4）绘制装配体的零件草图及工作图　组成装配体的零件，除去标准件，其余非标准件均应画出零件草图及工作图。在画零件草图时，要注意以下几点。

① 零件间有连接关系或配合关系的部分，它们的基本尺寸应相同。测绘时，只需测出其中一个零件的有关基本尺寸，即可分别标注在两个零件的对应部分上，以确保尺寸的协调。

② 标准件虽不画零件草图，但要测出其规格尺寸，并根据其结构和外形，从有关标准中查出它的标准代号，把名称、代号、规格尺寸等填入装配图的明细栏中。

③ 零件的各项技术要求（包括尺寸公差、形状和位置公差、表面粗糙度、材料、热处理及硬度要求等）应根据零件在装配体中的位置、作用等因素来确定。也可参考同类产品的图纸，用类比的方法来确定。

（5）绘制装配草图与装配图　画装配图的过程，是一次检验、校对零件形状、尺寸的过程。零件图（或零件草图）中的形状和尺寸如有错误或不妥之处，应及时协调改正，以保证零件之间的装配关系能在装配图上正确地反映出来。

① 选择表达方案。齿轮油泵共选用两个基本视图。主视图采用全剖视图，将齿轮油泵的结构特点和零件间的装配、连接关系大部分表达清楚；齿轮啮合处采用局部剖视。左视图采用了局部剖视，反映油泵的外部形状和齿轮的啮合情况，以及泵体与泵盖的连接和油泵与

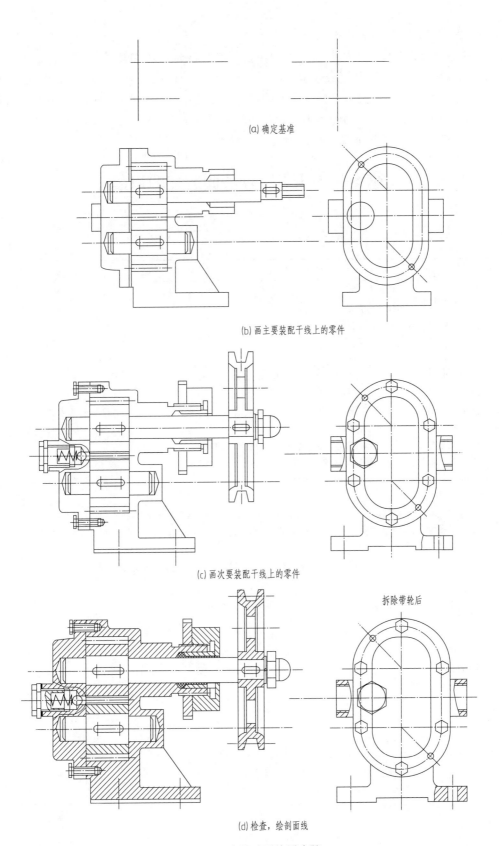

(a) 确定基准

(b) 画主要装配干线上的零件

(c) 画次要装配干线上的零件

拆除带轮后

(d) 检查, 绘剖面线

图 7-22　齿轮油泵绘图步骤

机体的装配方式；剖中剖表达进油口。

　　② 确定比例和图幅。根据装配体的大小及复杂程度选定绘制装配图的合适比例。一般情况下，只要可以选用 1∶1 的比例就应尽量选用 1∶1 的比例画图，以便于看图。比例确定后，再根据选好的视图，并考虑标注必要的尺寸、零件序号、标题栏、明细栏和技术要求等所需的图面位置，确定出图幅的大小。齿轮油泵装配图选用 A2 图纸，采用 1∶1 比例。

　　③ 绘图装配图。齿轮油泵装配图绘图步骤如图 7-22 所示。

学习任务十三　球心阀装配图识读

【学习任务单】

任务	球心阀装配图识读	用时	4 课时
知识目标	1. 了解识读装配图的要求。 2. 掌握识读装配图的方法和步骤。 3. 掌握由装配图拆画零件图的方法和步骤。		
技能目标	1. 会识读中等复杂程度装配体的装配图。 2. 会由装配图拆画零件图，并能正确表达和尺寸、技术要求的标注。		

一、任务描述

　　在设计、制造、装配、检验、使用和维修以及技术交流等生产活动中，都要用到装配图。读装配图的目的是要从装配图了解机器或部件工作原理、各零件的相互位置和装配关系以及主要零件的结构。由装配图拆画零件图，是将装配图中的非标准零件从装配图中分离出来画成零件图的过程，这是设计工作中的一个重要环节。

　　本任务通过识读球心阀装配图，了解球心阀的装配关系、工作原理，理解装配图的表达方案，弄懂组成球心阀的主要零件的结构形状，同时能正确拆画所有非标准零件。

二、任务实施要求

　　1. 通过小组讨论和在老师的指导下学习识读装配图的方法和步骤，看懂给出的装配图。

　　2. 拆图零件图前，必须认真阅读装配图，全面深入了解设计意图，分析清楚装配关系、技术要求和各个零件的主要结构。

　　3. 画图时，要从设计方面考虑零件的制造和装配，使所画的零件图既符合设计要求又符合生产要求。

三、相关资源

　　1. 球心阀实物及装配图。

　　2. 教材知识链接内容。

　　3.《技术制图》与《机械制图》国家标准。

　　4. 相关教学课件。

四、任务实施说明

　　1. 学生分组，每小组 3～4 人。

　　2. 小组进行任务分析。

　　3. 现场教学或资料学习。

　　4. 小组现场实践，识读装配图。

　　5. 小组现场实践，拆画零件图。

　　6. 画图之前，小组讨论确定拆画零件的表达方案、尺寸标注、技术要求等内容。

　　7. 小组互评，将绘制的零件图相互找出不足之处。

　　8. 老师集中点评，总结装配图读图方法、技巧和步骤。

五、考核评价

　　成果 50%，自我评价 10%，团队合作 20%，教师评价 20%。

【知识链接】

在设计、制造、装配、检验、使用和维修以及技术交流等生产活动中，都要用到装配图。读装配图的目的是要从装配图了解机器或部件工作原理、各零件的相互位置和装配关系以及主要零件的结构。读装配图的要求如下。

① 了解机器或部件的用途、结构和工作原理。

② 了解零件间的相对位置、装配关系以及装拆顺序。

③ 了解各零件的主要结构形状和作用以及名称、数量和材料。

一、读装配图方法和步骤

1. 读装配图方法和步骤

（1）概括了解　首先从标题栏入手，可了解装配体的名称和绘图比例。从装配体的名称联系生产实践知识，往往可以知道装配体的大致用途。例如，阀一般是用来控制流量起开关作用的；虎钳一般是用来夹持工件的；减速器则是在传动系统中起减速作用的；各种泵则是在气压、液压或润滑系统中产生一定压力和流量的装置。通过比例，即可大致确定装配体的大小。再从明细栏了解零件的名称和数量，并在视图中找出相应零件所在的位置。

（2）分析视图　了解各视图、剖视图、断面图数量，各自的表达意图和它们相互间的关系，明确视图名称、剖切位置、投射方向，为下一步深入看图做准备。

（3）分析传动路线和工作原理　一般可从图样上直接分析，当部件比较复杂时，还需参考说明书。一般从动力输入件（手轮、把手、带轮、齿轮和主动轴等）开始，沿着各个传动系统按次序了解每个零件的作用、零件间的连接关系。

（4）分析装配关系　分析清楚零件之间的配合关系、连接关系和接触情况，能够进一步了解保证实现部件的功能所采取的相应措施，以更加深入地了解部件。

（5）分析零件主要结构形状和用途　前面的分析是综合性的，为了深入了解部件，还应进一步分析零件的主要结构形状和用途。

分析时，应先看简单件，后看复杂件。即将标准件、常用件及一看即明的简单零件看懂后，再将其从图中"剥离"出去，然后集中精力分析剩下为数不多的复杂零件。

分析时，应依据剖面线划定各零件的投影范围。根据同一零件的剖面线在各个视图上方向相同、间隔相等的规定，首先将复杂零件在各个视图上的投影范围及其轮廓搞清楚，进而运用形体分析法并辅以线面分析法进行仔细推敲，还可借助丁字尺、三角板、分规等帮助找投影关系等。此外，分析零件主要结构形状时，还应考虑零件为什么要采用这种结构形状，以进一步分析零件的作用。

当某些零件的结构形状在装配图上表达不够完整时，还可分析相邻零件的结构形状，根据它和周围零件的关系及其作用，再来确定该零件的结构形状就比较容易了。有时还需参考零件图来加以分析，以弄清零件的细小结构及作用。

（6）归纳总结　在以上分析的基础上，还要对技术要求和全部尺寸进行分析，并把部件的性能、结构、装配、操作、维修等几方面联系起来研究，进行总结归纳，才能对部件有一个全面的了解。

2. 读装配图举例

以球心阀为例，来具体说明读装配图的方法和步骤。图 7-23 所示为球心阀的装配图。

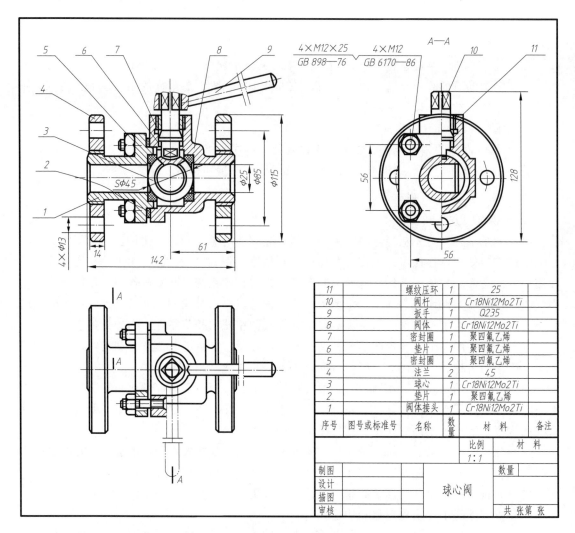

图 7-23　球心阀装配图

11		螺纹压环	1	25	
10		阀杆	1	Cr18Ni12Mo2Ti	
9		扳手	1	Q235	
8		阀体	1	Cr18Ni12Mo2Ti	
7		密封圈	1	聚四氟乙烯	
6		垫片	1	聚四氟乙烯	
5		密封圈	2	聚四氟乙烯	
4		法兰	2	45	
3		球心	1	Cr18Ni12Mo2Ti	
2		垫片	1	聚四氟乙烯	
1		阀体接头	1	Cr18Ni12Mo2Ti	
序号	图号或标准号	名称	数量	材　料	备注

（1）概括了解　由标题栏与明细栏可知，球心阀由 11 种零件组成，其中标准件为两种，其余为非标准件。球心阀是化工管路系统中的常用阀门之一，用于控制液体流量的大小，起开、关控制作用。

球心阀装配图共用了三个视图表达，是中等复杂程度的零件。

主视图——通过阀的两条装配干线作了全剖视，这样绝大多数零件的位置及装配关系就基本上表达清楚了。

左视图——采用了 A—A 阶梯剖视，左视图的左半部分表示了阀体接头中部断面形状及阀体接头与阀体的连接方式（四个双头螺柱连接）和连接部分的方形外形；左视图的右半部分表示了阀体 8 的断面形状及阀体与球心、阀杆的装配情况；左视图中还可见阀体 8 右端法兰的圆形外形及法兰上安装孔的位置。

俯视图——表示出了整个球心阀俯视情况、A—A 阶梯剖的具体剖切位置、阀体与阀体接头的连接方式及阀的开启与关闭时扳手的两个极限位置（图中扳手画粗实线的为关闭状态，画双点画线的为开启状态）。

（2）详细分析

① 分析装配干线：φ25 孔轴线方向为主要装配干线。该装配干线由阀体 8、球心 3 和阀体接头 1、法兰 4 及密封圈 5、垫片 2、螺柱、螺母等零件构成。

阀杆轴线方向为另一重要装配干线。该装配干线由扳手 9、阀杆 10、螺纹压环 11、密封圈 7、垫片 6 等零件组成。

② 分析主要零件：该装配体的主要零件为法兰 4、阀体接头 1、密封圈 5、球心 3、阀体 8、阀杆 10。其余零件，或为标准件，或为形状结构比较简单的零件，只要将三个视图稍加观察，即可将其形状结构和作用分析出来。因此，下面只将几个主要零件进行一些分析。

法兰 4——结合主、左视图可看出为一圆盘形，法兰内孔螺纹与阀体接头相连，周围有四个与其他管道相连接的螺栓通孔，其形体如图 7-24(a) 所示。

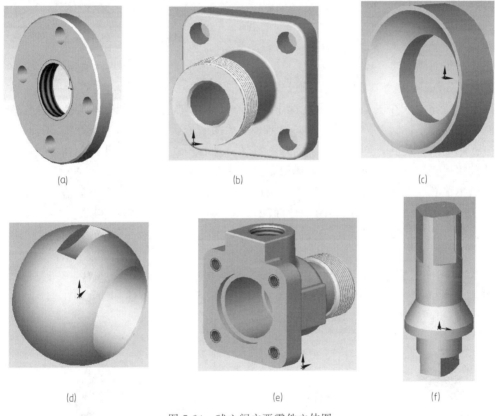

图 7-24　球心阀主要零件立体图

阀体接头 1——结合主、左视图即可分析出该零件的结构形状及其作用为：左端外部为台阶圆柱结构，外部有与法兰 4 相连接用的螺纹；右端为方板结构，其上有四个螺柱过孔，最右端有一小圆柱凸台，与阀体 8 左端台阶孔配合，起径向定位作用；右端的内台阶孔起密封圈 5 的径向定位作用；零件中心为 φ25 的通孔，是流体的通路，其形体如图 7-24(b) 所示。

密封圈 5——根据装配体的结构，不难分析出其为一截面如主视图中所示的环形零件，其形体如图 7-24(c) 所示。从明细栏中可知材料为聚四氟乙烯，该材料耐磨耐腐蚀，是良好的密封材料。

球心 3——从其名称和主视图中的标注即可知该零件为 Sφ45 的球体，从主、左视图可分析出球心 3 上加工有一 $\phi25$ 的通孔，球心上方有一弧状方槽，与阀杆 10 的下端相结合，其形体如图 7-24(d) 所示。工作时球心的位置受阀杆位置控制，从而控制流体的流量。

阀体 8——其形体如图 7-24(e) 所示。其作用除了具有阀体接头 1 的作用外，还具有容纳球心、密封圈、阀杆、垫、螺纹压环等零件的重要作用。

阀杆 10——三个视图联系分析，即可得出该零件为台阶轴类零件，上端为四棱柱状结构，用来安装扳手的，最下端为平行扁状结构，插入球心上方槽内，转动阀杆即可控制球心的位置，其形体如图 7-24(f) 所示。

③ 分析尺寸：由图 7-23 可知，球心阀的装配图标注了如下几类尺寸：

规格尺寸——$\phi25$；

装配尺寸——61、56；

安装尺寸——$\phi85$、$4\times\phi13$；

其他重要尺寸——$S\phi45$；

外形尺寸——142、$\phi115$、128。

（3）归纳总结

① 球心阀的安装及工作原理：通过球心阀左右两端法兰上的孔，用螺栓即可将球心阀安装固定在管路上。在图 7-23 所示情况下，球心内孔的轴线与阀体及阀体接头内孔的轴线呈垂直相交状态。此时液体通路被球心阻塞，呈关闭断流状态。若转动扳手 9，通过扳手左端的方孔带动阀杆旋转，同时阀杆带动球心旋转，球心内孔与阀体内孔、阀体接头内孔逐渐接通。其接通程度处在变化之中，液体流量随之发生变化。当扳手旋转至 90°时，球心内孔轴线与阀体内孔、阀体接头内孔轴线重合。此时液体的阻力最小，流过阀的流量为最大。

② 球心阀的装配结构：球心阀零件间的连接方式均为可拆连接。因该部件工作时不需要高速运转，故不需要润滑。由于液体容易泄漏，因此需要密封，球心处和阀杆处都进行了密封。

③ 球心阀的拆装顺序：拆卸时，可先拆下扳手 9、螺纹压环 11、阀杆 10 及 6 和 7，然后拆下四个螺母 M12，即可将球心阀解体。装配时和上述顺序相反。

④ 球心阀的整体结构和内部结构：如图 7-25、图 7-26 所示。

图 7-25　整体结构

图 7-26　球心阀内部结构

二、拆画零件图

由装配图拆画零件图，是将装配图中的非标准零件从装配图中分离出来画成零件图的过程，这是设计工作中的一个重要环节。拆画零件图一般有两种情况，一种情况是装配图及零件图从头到尾均由一人完成。在这种情况下拆画零件图一般比较容易，因为在设计装配图时，对零件的结构形状已有所考虑。另一种情况是，装配图已绘制完毕，由他人来拆画零件图，这种情况下拆画零件图，难度要大一些，这就必须要在读懂装配图的基础上即理解别人设计意图的基础上才能进行。拆画零件图的过程也是继续设计零件的过程。这里主要讨论第二种情况下的拆画零件图工作。

1. 拆画零件图的要求

① 拆图前，必须认真阅读装配图，全面深入了解设计意图，分析清楚装配关系、技术要求和各个零件的主要结构。

② 画图时，要从设计方面考虑零件的制造和装配，使所画的零件图既符合设计要求又符合生产要求。

2. 拆画零件图的步骤

① 确定零件的结构形状。

② 选择表达方案。

③ 尺寸标注。

④ 确定技术要求。

3. 拆画零件图注意事项

(1) 对零件表达方案的处理

① 装配图上的表达方案主要是从表达装配关系、工作原理和装配体的总体情况来考虑的。因此，在拆画零件图时，应根据所拆画零件的内外形状及复杂程度来选择表达方案，而不能简单地照抄装配图中该零件的表达方案。

② 对于装配图中没有表达完全的零件结构，在拆画零件图时，应根据零件的功用及零件结构知识加以补充和完善，并在零件图上完整清晰地表达出来。

③ 对于装配图中省略的工艺结构，如倒角、退刀槽等，也应根据工艺需要在零件图上表示清楚。

(2) 对零件图上尺寸的处理　零件图上的尺寸，与装配图有关，其处理方法如下。

① 抄注：装配图中已标注出的尺寸，往往是较重要的尺寸，是装配体设计的依据，自然也是零件设计的依据。在拆画零件图时，这些尺寸不能随意改动，要完全照抄。对于配合尺寸，应根据其配合代号，查出偏差数值，标注在零件图上。

② 查找：螺栓、螺母、螺钉、键、销等的规格尺寸和标准代号，一般在明细栏中已列出，详细尺寸可从相关标准中查得；螺孔直径、螺孔深度、键槽、销孔等尺寸，应根据与其相结合的标准件尺寸来确定；按标准规定的倒角、圆角、退刀槽等结构的尺寸，应查阅相应的标准来确定。

③ 计算：某些尺寸数值，应根据装配图所给定的尺寸，通过计算确定，如齿轮轮齿部分的分度圆尺寸、齿顶圆尺寸等，应根据所给的模数、齿数及有关公式来计算。

④ 量取：在装配图上没有标注出的其他尺寸，可从装配图中用比例尺量得。量取时，一般取整数。

⑤ 其他：标注尺寸时应注意，有装配关系的尺寸应相互协调，如配合部分的轴、孔，其基本尺寸应相同。其他尺寸也应相互适应，避免在零件装配时或运动时产生矛盾或产生干涉、咬卡现象。在进行尺寸的具体标注时，还要注意尺寸基准的选择。

(3) 对技术要求的处理　对零件的形位公差、表面粗糙度及其他技术要求，可根据装配体的实际情况及零件在装配体中的使用要求，用类比法参照同类产品的有关资料以及已有的生产经验进行综合确定。

4. 拆画零件图举例

拆画图 7-23 球心阀装配图中零件 8 阀体零件图。

（1）确定零件的结构形状　从装配图中根据剖面线划定零件在各个视图上的投影范围及其轮廓。从主视图看，阀体外形轮廓及内部孔的结构（为左、右、上三通）比较清楚，上端为螺纹孔，右端有外螺纹；从左视图看，阀体左端面形状以及螺孔分布情况很清楚；从俯视图看，阀体上方的孔的结构外形也是比较清楚的。根据形体分析法得出阀体的结构，如图 7-24(e) 所示。

（2）选择表达方案　经过分析比较确定，主视图的投射方向与装配图一致。它既符合该零件的安装位置、工作位置，又突出了零件的结构形状特征。主视图也采用全剖视图，既可以将各个组成部分的外部结构及其相对位置反映出来，也将其内部结构如三通孔表达得很清楚。左视图也采用半剖视图，既可以反映阀体左端面形状和螺孔分布情况，又可以反映阀体内部结构。俯视图采用基本视图，表达阀体外形。

（3）尺寸标注　除了标注装配图上给定的尺寸和可直接从装配图上量取的一般尺寸外，又确定了几个特殊尺寸。

查表确定了上端螺纹孔为细牙普通螺纹 M27×1.5，退刀槽尺寸为 ϕ27.3。

（4）确定技术要求　表面粗糙度的确定：有相对运动的孔的表面结构要求较高，给出

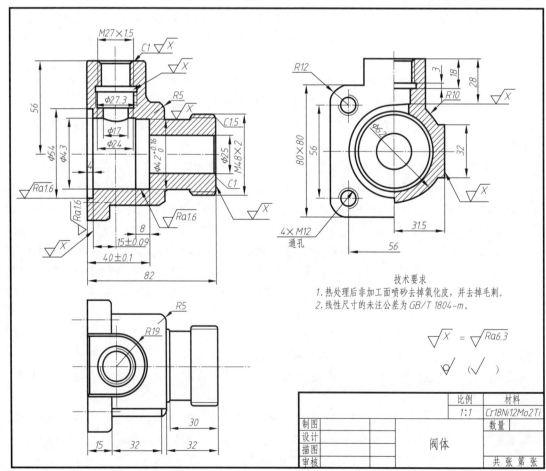

图 7-27　阀体零件图

Ra 值为 $1.6\mu m$，其他表面的表面粗糙度则按常规给出。

参考有关同类产品的资料，注写了技术要求，并根据装配图上给出的公差代号查出了相应的公差值。

如图 7-27 所示，画出了阀体的零件图。

【课后训练】

1. 阅读题图 7-13-1 蝶阀的装配图，回答下列问题。

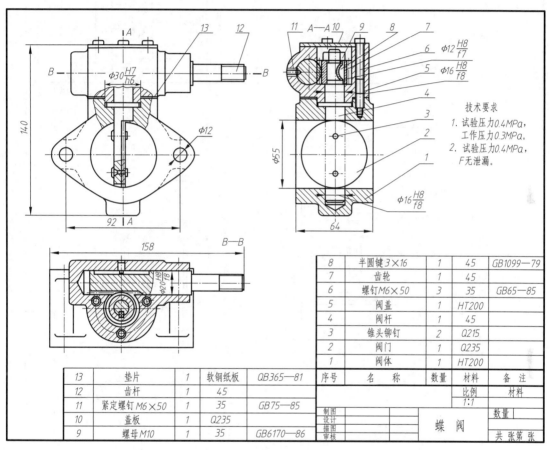

题图 7-13-1

（1）由标题栏知，该部件是_____；由明细栏知它有_____种零件，是较为简单的部件。它是连接在管路上，用来_____的装置。

（2）蝶阀采用_____个视图。主视图表示_____外形结构。俯视图采用_____，表明了_____并表达了_____的内外形结构。左视图采用_____，表达了_____关系。

（3）齿杆 12 与阀盖 5 的配合为_____；阀杆 4 与阀体 1 和阀盖 5 的配合为_____；阀盖与阀体由基孔制的间隙配合_____定位。

（4）连接传动关系是什么？

（5）工作原理是什么？

（6）拆画零件 1 和 5。

2. 阅读题图 7-13-2 油压阀的装配图，回答下列问题。

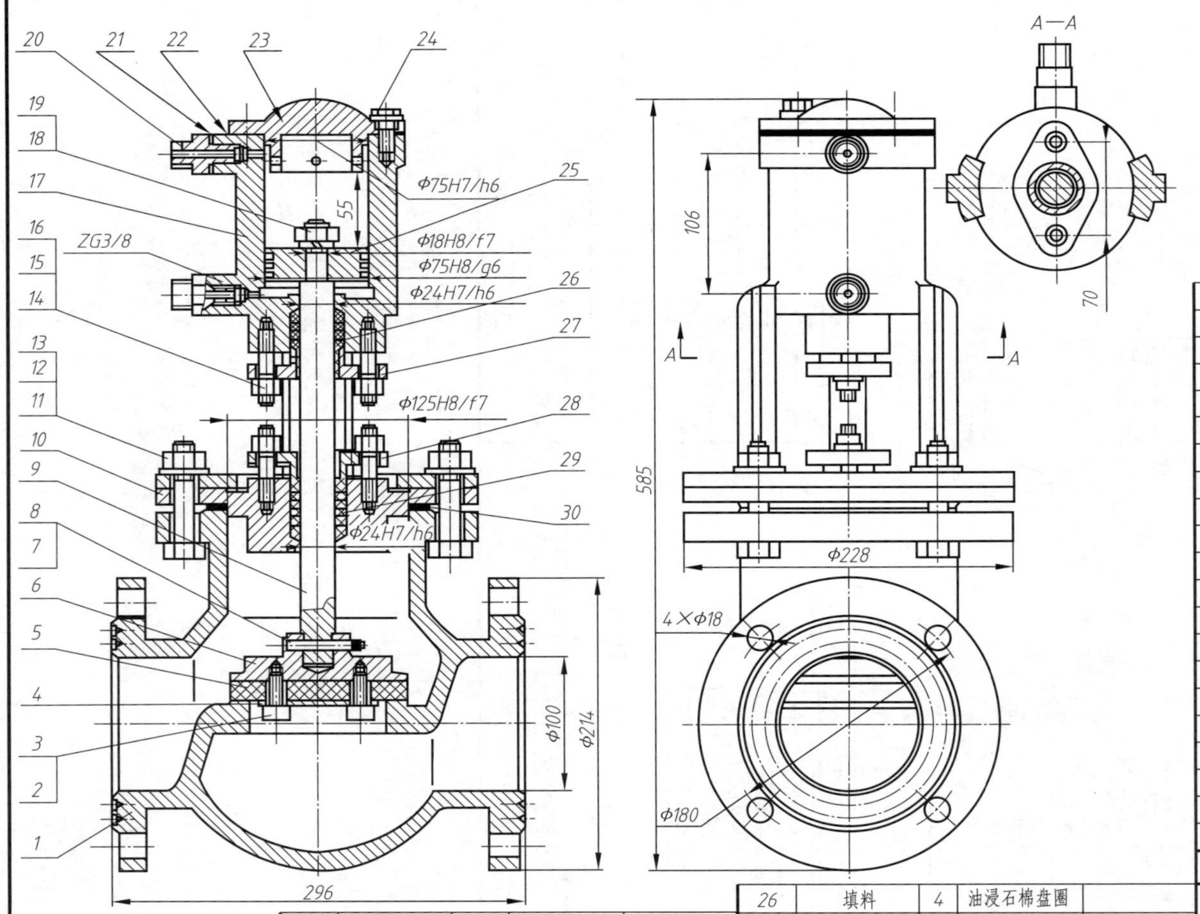

题图 7-13-2

技术要求

1. 活塞在油缸内的最大行程为55，活塞上下移动时必须成直线，无卡阻现象。
2. 装配后必须进行材料的强度和紧密性试验：
   (1) 阀体部分试水压；
   (2) 油缸部分试油压。

当试验压力为 $200N/cm^2$ 时，油缸内渗油量不得超过 $15cm^3$，用操作压力为 $160N/cm^2$ 试验时，渗油量不得超过 $10cm^3$（以5min计算）。

序号	零件名称	数量	材料	备注
21	垫片	2	T1	
20	管接头	2	H62	
19	垫圈 16	2	65Mn	GB 93-76
18	螺母 M16	1	Q235	GB 6170-86
17	油压缸	1	HT200	
16	螺母 M10	4	Q235	GB 6170-86
15	垫圈 10	4	Q235	GB 97.1-86
14	螺柱 M10×35	4	Q235	GB 898-76
13	螺母 M16	4	Q235	GB 6170-86
12	垫圈 16	4	Q235	GB 97.1-86
11	螺栓 M16×75	4	Q235	GB 5782-86
10	定心座	1	1Cr18Ni9Ti	
9	阀杆	1	1Cr18Ni9Ti	
8	开口销 25×16	1	1Cr18Ni9Ti	
7	销轴 A8×50	1	1Cr18Ni9Ti	
6	阀盖	1	1Cr18Ni9Ti	
5	密封垫圈	1	聚四氟乙烯	
4	压板	1	1Cr18Ni9Ti	
3	螺栓 M10×25	1	1Cr18Ni9Ti	GB 5782-86
2	垫片	1	1Cr18Ni9Ti	
1	阀体	1	1Cr18Ni9Ti	

制图				油压阀	比例	共 张 第 张
设计					1:1	数量 材料
描图						
审核						

26	填料	4	油浸石棉盘根	
25	活塞	1	Q235F	
24	螺栓 M10×30	4	Q235	GB 5782-86
23	油压顶盖	1	HT200	
22	垫片	1	红纸板	

30	垫片	1	红纸板	
29	填料	5	氯丁橡胶	
28	填料压盖	1	KT-33-8	
27	填料压盖	1	KT-33-8	

A—A

70

Φ228

106

585

Φ180

4×Φ18

Φ274

Φ100

296

55

ZG3/8

Φ75H7/h6

Φ18H8/f7

Φ75H8/g6

Φ24H7/h6

Φ125H8/f7

Φ24H7/h6

（1）试述油压阀的工作原理。

（2）该装配体哪几处采用了密封？

（3）$\phi 18H8/f7$ 属于什么配合？

（4）解释明细栏中"螺栓 $M16 \times 75$"的含义。

（5）拆画 6 号零件阀盖的零件图。

情境八　化工设备图识读

学习任务十四　立式贮罐装配图识读

【学习任务单】

任务	立式贮罐装配图识读		用时	6 课时
知识目标	1. 了解容器设备中常用的标准化零部件及其标记。 2. 熟悉容器设备图内容。 3. 掌握容器设备视图表达方法、尺寸标注及技术要求。			
技能目标	1. 能对容器的结构进行综合分析。 2. 会识读容器类设备图。			

一、任务描述

　　容器通常又称为储槽或贮罐,有立式与卧式之分,其结构通常以圆柱形为主,也有球形和矩形,用来贮存物料、中间产品和成品。

　　化工设备图样是化工生产中化工设备设计、制造、安装、使用、维修的重要技术文件,也是进行技术交流、设备改造的工具。因此,作为从事化工生产的专业技术人员,都必须具备熟练识读化工设备图的能力。

二、任务实施要求

　　1. 容器设备图的识读方法和步骤与机械装配图的识读基本相同。

　　2. 在读图过程中应重点关注容器设备所独有的内容和图示特点。

　　3. 识读应从概括了解开始,逐步分析视图、分析零部件及设备的结构。

　　4. 识读总装配图对一些部件进行分析时,应结合其部件装配图共同识读。

　　5. 对设备在制造、检验和安装等方面的标准和技术要求也应认真了解。

三、相关资源

　　1. 立式贮罐装配图。

　　2. 教材知识链接内容。

　　3.《技术制图》与《机械制图》国家标准。

　　4. 相关教学课件。

四、任务实施说明

　　1. 资料学习。

　　2. 学生分组讨论,进行任务分析,每小组 2～3 人。

　　3. 小组讨论,概括了解,分析视图、分析设备及零部件的结构。

　　4. 学生独立完成相关设备的识读内容。

五、课后评价

　　成果 50%,自我评价 10%,团队合作 20%,教师评价 20%。

【知识链接】

一、化工设备图的内容

　　在化学工业生产中、典型的化工设备有容器、热交换器、反应器和塔器,如图 8-1 所示。用来表达化工设备结构、技术要求等的图样称为化工设备图,化工设备图是设计、制造、安装、维修及使用的依据。

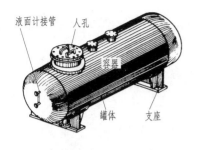

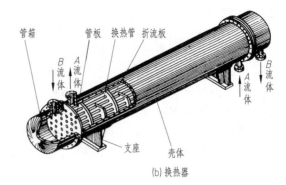

图 8-1 常见的化工设备

1. 化工设备的种类

化工设备的种类很多，常见的典型设备有以下几类。

① 容器：用来贮存物料，以圆柱形容器应用最广。

② 换热器：用来使两种不同温度的物料进行热量交换，以达到加热或冷却的目的。

③ 反应器：用于物料进行化学反应，生成新的物质或使物料进行搅拌、沉降等操作，也称反应罐或反应釜，常带有搅拌装置。

④ 塔器：用于吸收、蒸馏等化工单元操作，其高度和直径一般相差很大。

2. 化工设备图包含的内容

一套完整的化工设备图通常包括以下几个方面的图样：

① 零件图：表达标准零部件之外的每一零件的结构形状、尺寸大小以及技术要求等。

② 部件装配图：表达由若干零件组成的非标准部件的结构形状、装配关系、必要的尺寸、加工要求、检验要求等，如设备的密封装置等。

③ 设备装配图：表达一台设备的结构形状、技术特性、各部件之间的相互关系以及必

要的尺寸、制造要求及检验要求等。

④ 总装配图：表示一台复杂设备或表示相关联的一组设备的主要结构特征、装配连接关系、尺寸、技术特性等内容的图样。

零件图及部件装配图的内容、表达、画法等与一般机械图样类似，另外在不影响装配图的清晰程度、且装配图能体现总图的内容时，通常也可不画总图。故在此着重讨论设备装配图的表达特点及绘制识读方法。

为了方便起见，将化工设备装配图简称为化工设备图。通常包括以下几个基本内容。

① 一组视图：用一组视图表示该设备的结构形状、各零部件之间的装配连接关系，视图是图样中的主要内容。

② 几类尺寸：图中注写表示设备的总体大小、规格、装配和安装尺寸等数据，为制造、装配、安装、检验等提供依据。

③ 零部件编号及明细表：组成该设备的所有零部件必须按顺时针或逆时针方向依次编号，并在明细栏内填写每一编号零部件的名称、规格、材料、数量、重量以及有关图号内容。

④ 管口符号及管口表：设备上所有管口均需注出符号，并在管口表中列出各管口的有关数据和用途等内容。

⑤ 技术特性表：表中列出设备的主要工艺特性，如操作压力、操作温度、设计压力、设计温度、物料名称、容器类别、腐蚀裕量、焊缝系数等。

⑥ 技术要求：用文字说明设备在制造、检验、安装、运输等方面的特殊要求。

⑦ 标题栏：用以填写该设备的名称、主要规格、作图比例、图样编号等项内容。

⑧ 其他：如图纸目录、修改表、选用表、设备总量、特殊材料重量、压力容器设计许可证等。

二、化工设备的主要结构特点

常见的几种典型化工设备有容器、换热器、反应釜和塔器，这些设备虽然结构形状、尺寸大小以及安装方式各不相同，但构成设备的基本形体，以及所采用的许多通用零部件却有共同的特点。

① 基本形体以回转体为主。化工设备多为壳体容器，其主体结构（筒体、封头）以及一些零部件（人孔、手孔、接管）多由圆柱、圆锥、圆球或椭球等回转体构成。

② 尺寸相差悬殊。设备的总体尺寸与壳体厚度或其他细部结构尺寸大小相差悬殊。大尺寸大至几十米，小尺寸只有几毫米。

③ 很多设备的高（长）径比大。一些设备根据化工工艺要求，其总高（长）与直径的比值较大。

④ 有较多的开孔和接管。根据化工工艺的需要，在设备壳体（筒体和封头）上，有较多的开孔和接管，如进（出）料口、放空口、清理口、观察孔、人（手）孔，以及液位、温度、压力、取样等检测口。

⑤ 很多设备对材料有特殊要求。化工设备的材料除考虑强度、刚度外，还应当考虑耐腐蚀、耐高温、耐深冷、耐高压和高真空。因此，不仅使用碳钢、合金钢、有色金属、稀有金属（钛、钽、锆等）和一些非金属材料（陶瓷、玻璃、石墨、塑料）作为结构材料，还经常使用金属或非金属材料作为喷镀、喷涂或衬里材料，以满足各种设备的特殊要求。

⑥ 大量采用焊接结构。化工设备中不仅许多零部件采用焊接成形，而且零部件间的连接也广泛使用焊接方法，如筒体、封头、支座等的成形，筒体与封头、壳体与支座、壳体与接管等的连接。

⑦ 广泛采用标准化零部件。化工设备中许多零部件都已经标准化、系列化，如筒体、封头、支座、管法兰、设备法兰、人（手）孔、视镜、液位计、补强圈等。一些典型设备中部分常用零部件也有相应的标准，如填料箱、搅拌器、波形膨胀节、浮阀及泡罩等。

三、化工设备图的表达

由于化工设备大多是回转体，一般采用两个基本视图即可表达设备的主体结构。立式设备通常为主、俯视图，卧式设备通常为主、左视图，而且主视图为表达设备的内部结构常采用全剖视和局部剖视。但是，当设备的总高（长）较高（长）时，由于图幅有限，俯、左视图难以安排在基本视图位置，可以按向视图的方式进行配置，也允许将俯、左视图画在另一张图纸上，并分别在两张图纸上注明视图关系。

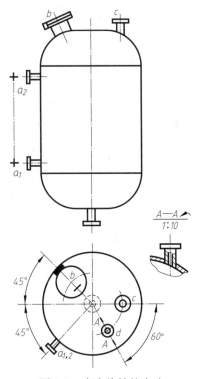

某些结构形状简单，在装配图上易于表达清楚的零件，其零件图可直接画在装配图中适当位置，注明件号××的零件图。

在某些装配图中，还可放置其他一些视图，如支座的底板尺寸图、气柜的配重图、标尺图和某零件的展开图等。

图 8-2　多次旋转的表达

有的化工设备比较简单，仅用一个基本视图和一些辅助视图，就可将基本结构表达清楚，此时省略俯（左）视图，只用管口方位图来表达设备的管口及其他附件分布的情况。

1. 多次旋转的表达

化工设备壳体上分布有众多的管口及其他附件，为了在主视图上能清楚地表达它们的结构形状和位置高度，避免各个位置的接管在投影图上产生重叠，允许采用多次旋转的表达方法。即假想将设备周向分布的接管及其他附件，分别旋转到与主视图所在的投影面平行的位置，然后再进行投影，得到反映它们实形的视图或剖视图。如图 8-2 所示，人孔 b 是按逆时针方向假想旋转 45°，液面计（a_1、a_2）按顺时针方向假想旋转 45°，在主视图上画出的。

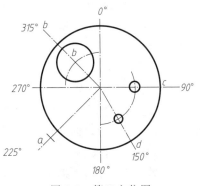

图 8-3　管口方位图

2. 管口方位的表达方法

设备管口的轴向位置可用多次旋转的表达方法在主视图上画出，而设备管口的周向方位，则必须用俯视图或管口方位图予以正确表达。

如图 8-3 所示，管口方位图用粗实线示意画出设备管口，用点画线画出管口中心线，并标注管口符号及注出设备中心线及管口的方位角度。

　　3. 细部结构的表达

　　由于化工设备的各部分结构尺寸相差悬殊，按总体尺寸选定的绘图比例，往往无法将细部结构同时表达清楚。因此，化工设备图中较多地采用了局部放大图（也称节点图）和夸大画法来表达细部结构并标注尺寸。

　　（1）局部放大图　　在化工设备中，由于设备总体尺寸与一些设备中的零部件尺寸相差悬殊，按总体尺寸确定的绘图比例，经常无法清晰地表达某些局部形状。因此，化工设备图中较多地采用了局部放大图的表达方法，表达一些局部结构的形状，常称为节点图。

　　局部放大图可以用视图、剖视、断面等多种形式表达出来，也可以用几个视图来表达，它与被放大部分的表达方式无关。如图 8-4 所示，圈出的部位是塔设备底座支承圈的一个部分，原图为单线的简化画法，而放大图则画成三个局部剖视图。

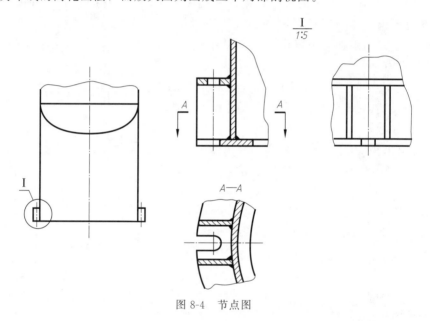

图 8-4　节点图

　　（2）夸大画法　　对于化工设备中的壳体厚度、接管厚度和垫片、挡板、折流板等的厚度，在绘图比例缩小较多时，其厚度经常难以画出，对此可采用夸大画法。即不按比例，适当夸大地画出它们的厚度。其余细小结构或较小的零部件，也可采用夸大画法，图 8-5 中尺寸 $\phi1200$mm 与 6mm 的比例关系明显不是 200 倍，这就是夸大的表达方法。

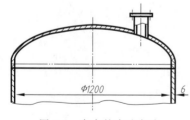

图 8-5　夸大的表达方法

　　4. 断开和分层的表达

　　对于高（长）径比大的化工设备，如塔器、换热器等，当沿其轴线方向有相当部分的形状和结构相同，或按一定规律变化时，可采用断开画法。即用双点画线将设备中重复出现的结构或相同结构断开，使图形缩短，简化作图，便于选用较大的作图比例，合理使用图纸幅面。图 8-6 所示为塔体的断开画法。

　　对于较高的塔设备，在不适于采用断开画法时，可采用分段的表达方法，即把整个塔体分成若干段，以利于绘图时的图面布置和比例选择。如图 8-7 所示，左图为塔体的分段

（层）画法，右图为分段中第Ⅳ塔节的放大画法。

5. 设备技术特性的表达

（1）尺寸标注　化工设备图上需要标注的尺寸如图8-8所示，一般包括以下几类。

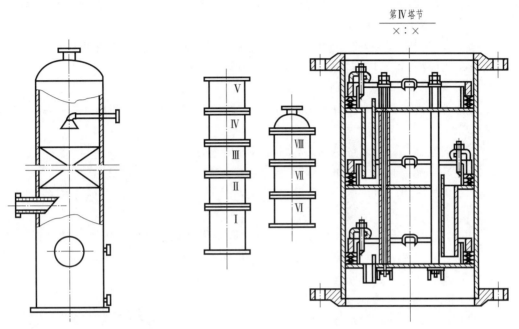

图 8-6　塔体的断开画法

图 8-7　塔体的分段（层）画法

① 规格性能尺寸：该尺寸是反映化工设备的规格、性能、特征及生产能力的尺寸，这些尺寸是设备设计时确定的，是了解设备工作能力的重要依据，如图8-8中化工容器的容积尺寸——内径 $\phi2600mm$、筒体长度 4800mm。

② 装配尺寸：该尺寸是反映零部件间的相对位置尺寸，它们是制造化工设备的重

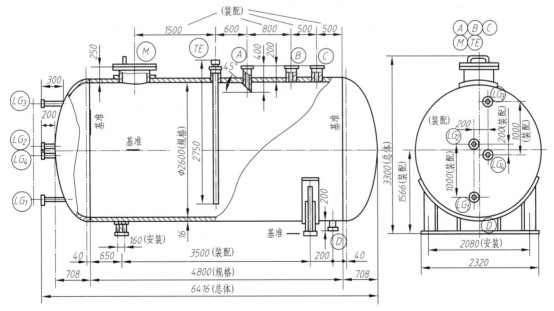

图 8-8　化工设备图的尺寸标注

要依据，如图 8-8 中接管的定位尺寸、接管的伸出长度尺寸、罐体与支座的定位尺寸等。

③ 外形（总体）尺寸：该尺寸是表示设备总长、总高、总宽（或外径）的尺寸，这类尺寸对于设备的包装、运输、安装及厂房设计等是十分必要的，如图 8-8 中容器的总长 6416mm 和总高 3300mm 都是设备的总体尺寸。

④ 安装尺寸：该尺寸是化工设备安装在基础上或与其他设备及部件相连接时所需的尺寸，如图 8-8 中裙座的地脚螺栓的孔径及孔间距等。

⑤ 其他尺寸：

a. 零部件的规格尺寸，如接管尺寸应注写"外径×壁厚"，瓷环尺寸应注写"外径×高×壁厚"。

b. 不另行绘制图样的零部件的结构尺寸或某些重要尺寸。

c. 设计计算确定的尺寸，如主体厚度、搅拌轴直径等。

d. 焊缝的结构型式尺寸，一些重要焊缝在其局部放大图中，应标注横截面的形状尺寸。

（2）尺寸基准　化工设备图中的尺寸标注，既要保证设备在制造安装时达到设计要求，又要便于测量和检验，因此应正确选择尺寸基准。如图8-9所示，化工设备图的尺寸基准一般为：

① 设备筒体和封头的轴线；

② 设备筒体与封头的环焊缝；

③ 设备法兰的连接面；

④ 设备支座、裙座的底面；

⑤ 接管轴线与设备表面交点。

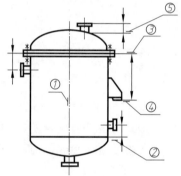

图 8-9　化工设备的尺寸基准

（3）技术要求　是用文字来说明在图中不能（或没有）表达出来的内容，包括设备在制造、试验和验收时需遵循的标准、规范或规定，对于材料、表面处理及涂饰、润滑、包装、运输等方面的特殊要求，以便作为设备制造、装配、验收等方面的技术依据。技术要求通常包括以下几方面的内容。

① 通用技术条件规范：通用技术条件是同类化工设备在加工、制造、焊接、装配、检验、包装、防腐、运输等方面较详尽的技术规范，已形成标准，在技术要求中直接引用。在技术要求中书写时，只需注写"本设备按××××（具体写标准名称及代号）制造、试验和验收"即可，如图 8-10 中技术要求第 1 条。

② 焊接要求：焊接工艺在化工设备制造中应用广泛。在技术要求中，一般要对焊接接头型式、焊接方法、焊条（焊丝）、焊剂等提出要求，如图 8-10 中技术要求第 2、3 条。

③ 设备的检验：一般对主体设备要进行水压和气密性试验，对焊缝要进行射线探伤、超声波探伤、磁粉探伤的检验等，这些项目都有相应的试验规范和技术指标，如图 8-10 中技术要求第 4、5、6 条。

④ 其他要求：设备在机械加工、装配、油漆、防腐、保温（冷）、运输和安装等方面的规定和要求，如图 8-10 中技术要求第 7 条。

（4）技术特性表　是表明设备的重要技术特性和设计依据的一览表，一般安排在管口表

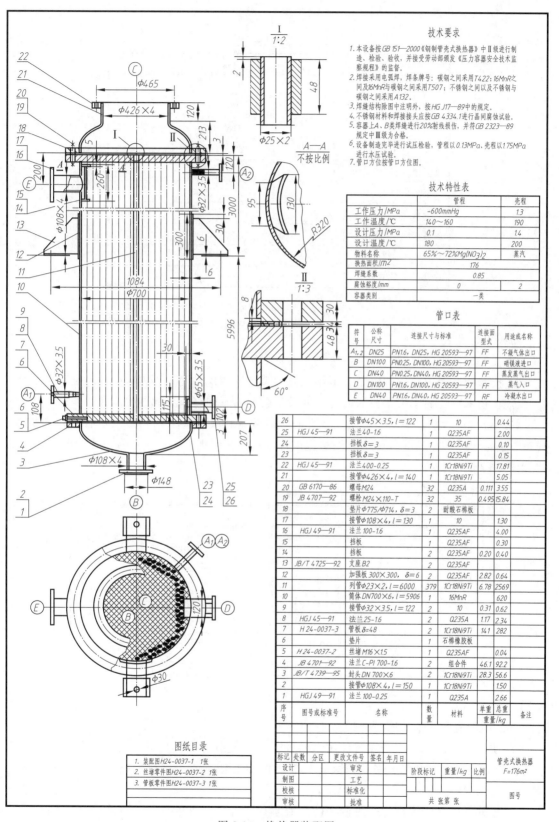

技术要求

1. 本设备按GB 151—2000《钢制管壳式换热器》中Ⅱ级进行制造、检验、验收，并接受劳动部颁发《压力容器安全技术监察规程》的监督。
2. 焊接采用电弧焊，焊条牌号：碳钢之间采用T422；16MnR之间及16MnR与碳钢之间采用T507；不锈钢之间以及不锈钢与碳钢之间采用A132。
3. 焊缝结构除图中注明外，按HG J17—89中的规定。
4. 不锈钢材料和焊接接头应按GB 4334.1进行晶间腐蚀试验。
5. 容器上A、B类焊缝进行20%射线探伤，并按GB 2323—89规定中Ⅲ级为合格。
6. 设备制造完毕进行试压检验，管程以0.13MPa、壳程以1.75MPa进行水压试验。
7. 管口方位按管口方位图。

技术特性表

	管程	壳程
工作压力/MPa	−600mmHg	1.3
工作温度/℃	140～160	190
设计压力/MPa	0.1	1.4
设计温度/℃	180	200
物料名称	65%～72%Mg(NO₃)₂	蒸汽
换热面积/m²	176	
焊缝系数	0.85	
腐蚀裕度/mm	0	2
容器类别	一类	

管口表

符号	公称尺寸	连接尺寸与标准	连接面型式	用途或名称
A₁,₂	DN25	PN16, DN25, HG 20593—97	FF	不凝气体出口
B	DN100	PN0.25, DN100, HG 20593—97	FF	硝镁液进口
C	DN40	PN0.25, DN40, HG 20593—97	FF	蒸发蒸气出口
D	DN100	PN16, DN100, HG 20593—97	FF	蒸气入口
E	DN40	PN16, DN40, HG 20593—97	RF	冷凝水出口

序号	图号或标准号	名称	数量	材料	单重	总重重量/kg	备注
26		接管φ45×3.5, l=122	1	10		0.44	
25	HGJ 45—91	法兰40-1.6	1	Q235AF		2.00	
24		挡板δ=3	1	Q235AF		0.10	
23		挡板δ=3	1	Q235AF		0.15	
22	HGJ 45—91	法兰400-0.25	1	1Cr18Ni9Ti		17.81	
21		接管φ426×4, l=140	1	1Cr18Ni9Ti		5.05	
20	GB 6170—86	螺母M24	32	Q235A	0.111	3.55	
19	JB 4707—92	螺栓M24×110-T	32	35	0.495	15.84	
18		垫片φ775/φ714, δ=3	1	耐酸石棉板			
17		接管φ108×4, l=130	1	10		1.30	
16	HGJ 49—91	法兰100-1.6	1	Q235AF		4.00	
15		挡板	1	Q235AF		0.30	
14		挡板	2	Q235AF	0.20	0.40	
13	JB/T 4725—92	支座B2	2	Q235AF			
12		加强板300×300, δ=6	2	Q235AF	2.82	0.64	
11		列管φ23×2, l=6000	379	1Cr18Ni9Ti	6.78	2569	
10		筒体DN700×6, l=5906	1	16MnR		620	
9		接管φ32×3.5, l=122	2	10	0.31	0.62	
8	HGJ 45—91	法兰25-1.6	2	Q235A	1.17	2.34	
7	H 24-0037-3	管板δ=48	2	1Cr18Ni9Ti	141	282	
6		垫片	1	石棉橡胶板			
5	H 24-0037-2	丝堵M16×15	1	Q235AF		0.04	
4	JB 4701—92	法兰C-PI 700-16	2	组合件	46.1	92.2	
3	JB/T 4739—95	封头DN 700×6	2	1Cr18Ni9Ti	28.3	56.6	
2		接管φ108×4, l=150	1	1Cr18Ni9Ti		1.50	
1	HGJ 49—91	法兰100-0.25	1	Q235A		2.66	

图纸目录

1. 装配图 H24-0037-1 1张
2. 丝堵零件图 H24-0037-2 1张
3. 管板零件图 H24-0037-3 1张

标记	处数	分区	更改文件号	签名	年月日			管壳式换热器 F=176m²
设计			审定					
制图			工艺			阶段标记	重量/kg	比例
校核			标准化					
审核			批准			共 张 第 张		图号

图 8-10 换热器装配图

的上方，其格式如图 8-11 所示。

技术特性表

	容器	夹套
设计压力/MPa	0.6	0.66
设计温度/℃	150	167.5
物料名称	料液	水蒸气
操作容积/m³	0.13	
换热面积/m²	1.07	
焊缝系数	0.85	
腐蚀裕度/mm	0	1
容器类别	一类	
搅拌转速/(r/min)	40	
电动机功率/kW	1.1	

图 8-11　技术特性表

对技术特性表还要了解以下几点。

① 技术特性表的线型为边框粗实线，其余细实线。

② 技术特性表中的设计压力、工作压力为表压，如果是绝对压力应标注"绝对"字样。

③ 在技术特性表中需填写的内容，因设备类型的不同会有不同的要求。

（5）管口符号及管口表　化工设备上的管口数量较多，为了清晰地表达各管口的位置、规格、连接尺寸和用途等，图中应编写管口符号，并在明细栏上方画出管口表。管口表的格式如图 8-12 所示。

管口表

代号	公称直径	规格与标准	连接面型式	名称与用途
$a_{1,2}$	15	PN0.6 DN15 HG J45—91	突面	液面计口
b	400	A I PN6 DN400 JB 580—97	—	人孔
c	65	PN0.6 DN65 HGJ 45—91	突面	
d	40	PN0.6 DN40 HG J45—91	突面	
e	25	PN0.6 DN25 HG J45—91	突面	
f	50	PN0.6 DN50 HG J45—91	突面	
h	50	PN0.6 DN50 HG J45—91	突面	

图 8-12　管口表

（6）明细表和零部件序号的编排

① 明细表：用于装配图或部件图中，说明设备上所有零部件的名称、材料、数量、重量等内容，它是工程技术人员看图及图样管理的重要依据。明细栏的格式及尺寸如图 8-13 所示。

② 零部件序号的编排：组成设备的所有零件、部件和外购件，无论有图或无图均需编独立的件号，不可省略。

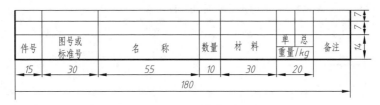

图 8-13　明细表的格式和尺寸

6. 焊缝的表达

随着焊接技术的发展及焊接设备的更新，焊接方法已有几十种之多，常见的有电弧焊、接触焊、电渣焊和钎焊等，其中以电弧焊应用最为广泛。国家标准规定各种焊接方法在图样上均用数字代号表示（参见表 8-1），并将其标注在指引线尾部。

表 8-1　常用焊接方法数字代号（摘自 GB 324—88）

焊接方法	数字代号	焊接方法	数字代号	焊接方法	数字代号
电弧焊	1	气焊	3	电渣焊	72
手工电弧焊	111	氧-乙炔焊	311	激光焊	751
埋弧焊	12	氧-丙烷焊	312	电子束焊	76
等离子弧焊	15	压焊	4	硬钎焊	91
电阻焊	2	超声波焊	41	软钎焊	94
点焊	21	摩擦焊	42	烙铁软钎焊	952

采用单一焊接方法的标注如图 8-14(a) 所示，该焊缝为手工电弧焊、焊角高为 6mm 的角焊缝。采用组合焊接方法，即一个焊接接头采用两种焊接方法完成时，标注如图 8-14(b) 所示，该角焊缝先用等离子焊打底，再用埋弧焊盖面。

(a) 单一焊接方法的标注　　　　　　　(b) 组合焊接方法的标注

图 8-14　焊接方法的标注

（1）**焊缝的尺寸符号及其标注**　焊缝的尺寸符号是用字母表示焊缝的尺寸要求，当需要注明焊缝尺寸时才标注。焊缝尺寸符号的含义见表 8-2。

焊缝尺寸的标注格式如图 8-15 所示，其基本原则为：焊缝横截面上的尺寸（P、H、K、h、S、R、C、d）应标注在基本符号的左侧；焊缝长度方向上的尺寸（n、l、e）应

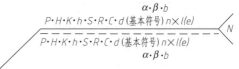

图 8-15　焊缝尺寸的标注格式（n 表示焊缝段数）

标注在基本符号的右侧；坡口角度、坡口面角度、根部间隙等尺寸（α、β、b）应标注在基本符号的上侧或下侧；说明焊缝数量的符号，应标注在尾部；当需要标注的尺寸数据较多又不易分辨时，可在数据前面增加相应的尺寸符号。

在基本符号右侧无任何标注又无其他说明时，意味着焊缝在工件的整个长度上是连续的。在基本符号左侧无任何标注又无其他说明时，表示对接焊缝要完全焊透。

焊缝位置的尺寸不在焊缝符号中给出，而是标注在图样上。

表 8-2　焊缝的尺寸符号及标注（摘自 GB 324—88）

符号	名称	示意图	符号	名称	示意图	符号	名称	示意图
δ	工件厚度		P	钝边高度		e	焊缝间距	
α	坡口角度		C	焊缝宽度		K	焊角高度	
β	坡口面角度		l	焊缝长度		S	焊缝有效厚度	
b	根部间隙		R	根部半径		H	坡口深度	
h	余高		d	熔核直径		N	相同焊缝数量符号	

（2）焊缝的标注示例　如图 8-16 所示。

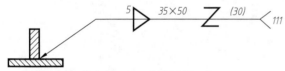

表示对称角焊缝，焊角高5mm，交错断续焊缝，焊缝段数35、焊缝长度50mm、间距30mm，采用手工电弧焊

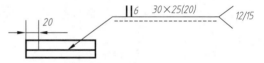

表示单面断续I形焊缝，焊缝有效厚度6mm，焊缝段数30、焊缝长度25mm、间距20mm，焊缝起始位置在靠左端20mm处，焊缝要求先用等离子焊打底，后用埋弧焊盖面

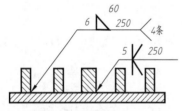

表示有4条焊缝均为单面角焊缝，焊角5mm、连续焊缝长度250mm、坡口角度60°，另一条焊缝为K形焊缝，焊角高5mm，连续焊缝长度250mm（焊接方法已集中标注）

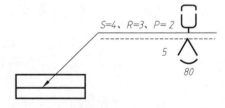

表示可见面为U形焊缝，根部半径3mm，钝边高度2mm，焊缝有效厚度4mm，凸型焊缝，不可见面为V形焊缝，焊缝有效厚度5mm，坡口角度80°，凸型焊缝。两侧均为连续焊缝，焊件两端均有焊缝

图 8-16　焊缝的标注示例

　　图 8-17 所示为化工设备常用支座的焊接图，从图中可以看出，支座的主要材料是钢板，采用焊接方法制造。

　　7. 设备的简化画法和示意画法

　　（1）化工设备图中的简化画法　根据化工设备的特点，化工设备图中除采用机械制图国家标准所规定的简化画法外，还可采用以下几种简化画法。

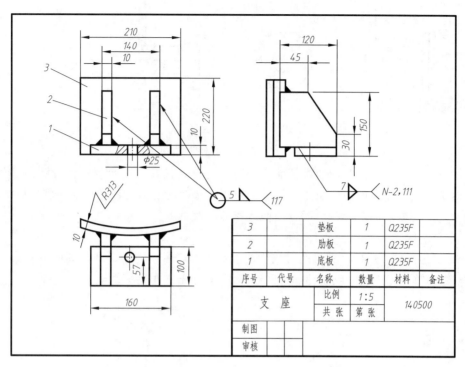

图 8-17 常用支座的焊接

① 标准件、外购件的简化画法：人（手）孔、填料箱、减速机及电动机等标准件、外购件，在化工设备图中只需按比例画出这些零部件的外形，如图 8-18 所示，但应在明细表中写明其名称、规格以及标准号等，外购件还应注写"外购"字样。

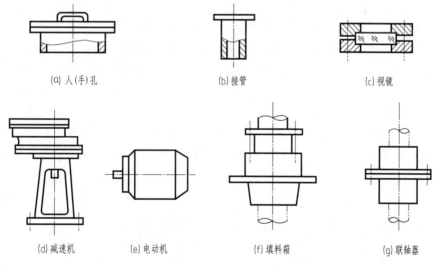

图 8-18 标准件、外购件的简化画法

② 法兰的简化画法：法兰有容器法兰和管法兰两大类，法兰连接面型式也多种多样，但不论何种法兰和何种连接面型式，在装配图中均可用图 8-19 所示的简化画法。法兰的特性可在明细栏及管口表中表示。

设备上对外连接管口的法兰，均不必配对画出。需要指出的是，为安放垫片的方便，增

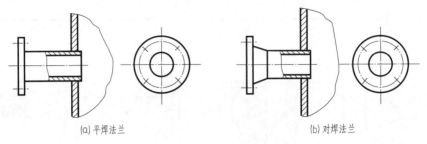

(a) 平焊法兰　　　　　　　　　(b) 对焊法兰

图 8-19　管法兰的简化画法

加密封的可靠性，采用凹凸面或榫槽面容器法兰时，立式容器法兰的槽面或凹面必须向上；卧式容器法兰的槽面或凹面应位于筒体上。对于管法兰，容器顶部和侧面的管口应配置凹面或槽面法兰，容器底部的管口应配置凸面或榫面法兰。

③ 重复结构的简化画法：

a. 螺栓孔及螺栓连接：螺栓孔可用中心线和轴线表示，省略圆孔，如图 8-20(a) 所示。螺栓的连接如图 8-20(b) 所示，其中符号"✕"和"➕"用粗实线表示。

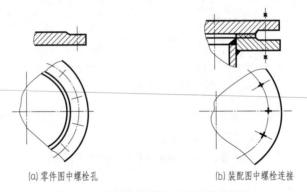

(a) 零件图中螺栓孔　　　　　　(b) 装配图中螺栓连接

图 8-20　螺栓孔及螺栓连接的简化画法

b. 管束：按一定规律排列的管束，可只画一根，其余的用点画线表示其安装位置。

c. 按规则排列的孔板：换热器管板上的孔通常按正三角形排列，此时可使用图 8-21(a) 所示的方法，用细实线画出孔眼圆心的连线，用粗实线画出钻孔范围线，也可画出几个孔，并标注孔径、孔数和孔间距。

如果孔板上的孔按同心圆排列，则可用图 8-21(b) 所示的简化画法。

多孔板采用剖视表达时，可仅画出孔的中心线，省略孔眼的投影，如图 8-21(c) 所示。

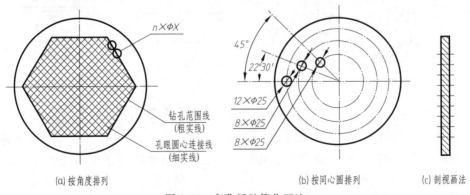

(a) 按角度排列　　　　　　　(b) 按同心圆排列　　　　　　(c) 剖视画法

图 8-21　多孔板的简化画法

d. 填充物：当设备中装有同一规格、材料和同一堆放方式的填充物时（如填料、卵石、木格条等），在设备图的剖视中，可用交叉的细实线及有关尺寸和文字简化表达，如图 8-22 (a) 所示，其中 $50 \times 50 \times 5$ 分别表示瓷环的外径、高度和厚度。

若装有不同规格或规格相同但堆放方式不同的填充物，此时则必须分层表示，分别注明规格和堆放方式，如图 8-22(b) 所示。

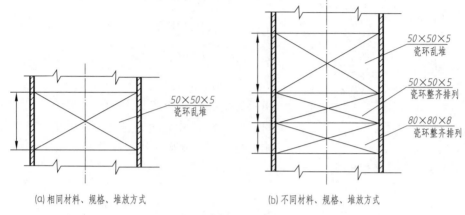

图 8-22　填充物的简化画法

④ 液面计的简化画法：设备图中的液面计（如玻璃管式或玻璃板式等），其投影可简化为如图 8-23 所示的画法，其中符号"＋"用粗实线表示。

（2）单线示意法　当化工设备上某些结构已有零件图，或者另用剖视、剖面、局部放大图等方法表达清楚时，则设备装配图中允许用单线表示，如图 8-24 中封头、筒体等都是用单线条示意表达的。

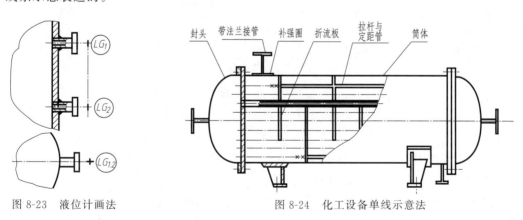

图 8-23　液位计画法　　　　　　图 8-24　化工设备单线示意法

四、化工设备图常用零部件

在化工设备中常使用的作用和结构相同的零部件称为通用零部件，如图 8-25 所示的筒体、封头、支座、法兰、人（手）孔、视镜、液面计及补强圈等。

1. 筒体

筒体是化工设备的主体结构。筒体一般由钢板卷焊成形，当直径小于 500mm 时，可直接使用无缝钢管。筒体较长时，可由多个筒节焊接组成，也可用设备法兰连接组装。筒体的主要尺寸是公称直径（公称直径是指筒体内径，但当采用无缝钢管作筒体时，公称直径是指

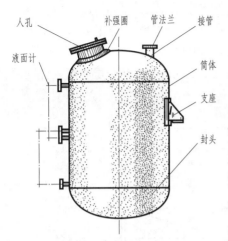

图 8-25　化工设备中常用零部件

筒体外径）、高度（或长度）和厚度。厚度由强度计算决定，公称直径和高度（或长度）应考虑满足工艺要求，而且公称直径应符合《压力容器公称直径》国家标准中规定的尺寸系列。

标记示例：公称直径 1000mm、厚度 10mm、高 2000mm 的筒体标记为

筒体　　$DN1000\times10$，$H=2000$　　GB 9019—88

2. 封头

封头是设备的重要组成部分，它与筒体一起构成设备的壳体。封头与筒体可以直接焊接，形成不可拆卸的连接；也可以分别焊上法兰，用螺栓、螺母锁紧，构成可拆卸的连接。常见的封头形式有球形、椭圆形、碟形、锥形及平板形等，如图 8-26 所示。这些封头多数已经标准化。

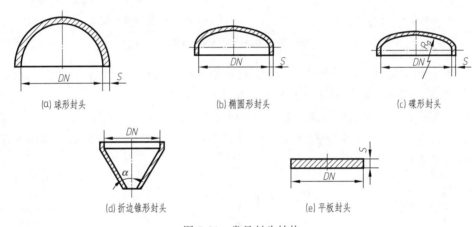

(a) 球形封头　　　　　　　(b) 椭圆形封头　　　　　　　(c) 碟形封头

(d) 折边锥形封头　　　　　　　　　　(e) 平板封头

图 8-26　常见封头结构

标记示例：公称直径 1000mm、厚度 10mm 的椭圆形封头标记为

椭圆形封头　　　　　　$DN1000\times10$　　JB/T 4737—1995

3. 法兰

法兰是法兰连接中的主要零件。法兰连接是由一对法兰、密封垫片和螺栓、螺母、垫圈等零件组成的一种可拆连接，如图 8-27 所示。

化工设备用的标准法兰有两类：管法兰和压力容器法兰（又称设备法兰）。标准法兰的主要参数是公称直径、公称压力和密封面型式，管法兰的公称直径为所连接管子的外径，压力容器法兰的公称直径为所连接筒体（或封头）的内径。

（1）管法兰　用于管道之间或设备上的接管与管道之间的连接。根据法兰与管子的连接方式管法兰分为七种类型：平焊法兰、对焊法兰、插焊法兰、螺纹法兰、活动法兰、整体法兰和法兰

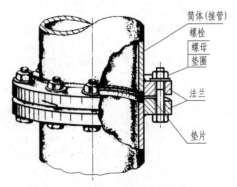

图 8-27　法兰连接示意

盖，如图 8-28 所示。法兰的密封面型式则分为平面、榫槽面和凹凸面三种，如图 8-29 所示。

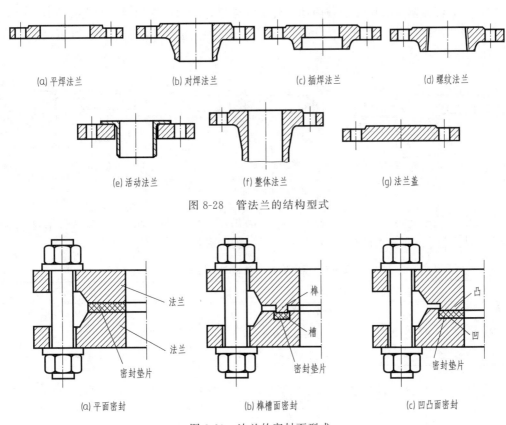

图 8-28　管法兰的结构型式

图 8-29　法兰的密封面型式

法兰类型代号、密封面型式代号分别见表 8-3 和表 8-4。

表 8-3　法兰类型及类型代号

法兰类型	法兰类型代号	标准号	法兰类型	法兰类型代号	标准号
板式平焊法兰	PL	HG 20593	螺纹法兰	Th	HG 20598
带颈平焊法兰	SO	HG 20594	对焊环松套法兰	PJ/SE	HG 20599
带颈对焊法兰	WN	HG 20595	平焊环松套法兰	PJ/PR	HG 20600
整体法兰	IF	HG 20596	法兰盖	BL	HG 20601
承插焊法兰	SW	HG 20597	衬里法兰盖	BL(S)	HG 20602

表 8-4　管法兰密封面型式代号

密封面型式	代　　号	密封面型式	代　　号
突　　面	RF	榫槽面密封	榫:T
凹凸面密封	凹:FM 凸:M		槽:G
全平面	FF	环连接面	RJ

标记示例：公称直径 100mm、公称压力 0.25MPa、材料为 Q235A、采用突面密封的板

式平焊管法兰标记为

$$HG20592 \quad 法兰 \quad PL100-0.25 \quad RF \quad Q235A$$

（2）压力容器法兰　用于设备筒体与封头的连接，分为平焊和对焊两大类，其中平焊法兰又有甲型和乙型两种，如图8-30所示。法兰密封面的型式同管法兰，也有平面、凹凸面和榫槽面三种。

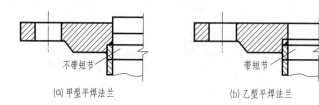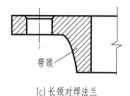

(a) 甲型平焊法兰　　　　(b) 乙型平焊法兰　　　　(c) 长颈对焊法兰

图 8-30　压力容器法兰的结构

容器法兰类型分为一般法兰和衬环法兰（满足法兰的防腐要求），一般法兰的法兰类型代号为"法兰"，衬环法兰的代号为"法兰C"。法兰密封面型式代号见表8-5。

表 8-5　压力容器法兰密封面型式代号

密 封 面 的 型 式		代 号
平密封面	密封面上不开水线	PⅠ
	密封面上开两条同心圆水线	PⅡ
	密封面上开同心圆或螺旋线的密纹水线	PⅢ
凹凸密封面	凹密封面	A
	凸密封面	T
榫槽密封面	榫密封面	S
	槽密封面	C

标记示例：公称直径600mm、公称压力1.6MPa、采用PⅠ型平面密封的标准甲型平焊法兰标记为：

$$法兰-PⅠ \quad 600-1.6 \quad JB \ 4701—92$$

4. 手孔与人孔

手孔及人孔的安设是为了安装、拆卸、清洗和检修设备内部装置。手孔与人孔的结构基

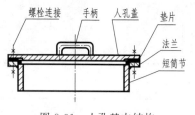

图 8-31　人孔基本结构

本相同，如图8-31所示，是在容器上接一短筒节，并盖一盲板。手孔直径一般为150～250mm，应使工人戴上手套并握住工具的手能很方便地通过，标准化手孔的公称直径有 $DN150$、$DN250$ 两种。当设备直径超过900mm时，应开设人孔。人孔的形状有圆形和椭圆形两种，圆形孔制造方便，应用较为广泛；椭圆形人孔制造较困难，但对壳体强度削弱较小。人孔的开孔尺寸尽量要小，以减少密封面和减小对壳体强度的削弱。人孔的开孔位置应以工作人员进出设备方便为原则。

标记示例：公称直径450mm、采用2707耐酸、碱橡胶垫片的常压人孔标记为

$$人孔（R.A-2707） \quad 450 \quad JB \ 577—79$$

公称直径300mm、公称压力1.0 MPa、A型盖轴耳、突面密封、采用Ⅲ类材料和石棉橡胶板垫片的回转盖板式平焊法兰标准人孔标记为

人孔 RF Ⅲ（A.G）A 300-1.0 HG 21516—95

如果短管采用非标准高度 H_1＝250mm，则标记为

人孔 RF Ⅲ（A.G）A 300-1.0 H_1＝250 HG 21516—95

若短管高度采用标准值时，可省略不予标注；如果需要修改高度，则应在标注中加以标记。

常用的人孔材料类别代号见表8-6，常用的垫片材料代号为 A.G（普通石棉橡胶板）、A.O（耐油石棉橡胶板）、R.A（耐酸、碱橡胶板）、T.PMF（聚四氟金属包垫片）。

表 8-6　人（手）孔材料代号

标记符号	Ⅰ	Ⅱ	Ⅲ	Ⅳ
材料代号	Q235AF（≤0.6MPa,0~200℃）	Q235A（≤0.6MPa,0~200℃）	Q235A（≤1.0MPa,0~300℃）	20R（≤2.5MPa,−20~300℃）

5. 视镜

视镜主要用来观察设备内部的操作工况，其基本结构是供观察用的视镜玻璃被夹在特别设计的接缘和压紧环之间，并用双头螺柱紧固，使之连接在一起构成视镜装置，如图8-32所示。

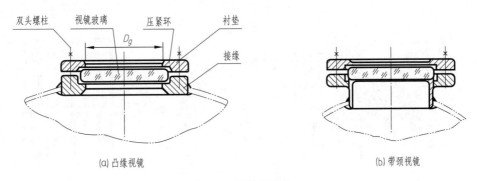

(a) 凸缘视镜　　　　　　　　　　(b) 带颈视镜

图 8-32　视镜的结构

常用视镜有不带颈视镜（凸缘视镜）、带颈视镜、衬里视镜、压力容器视镜（有不带颈视镜和带颈视镜两种）和带灯视镜。压力容器视镜适用最高压力为 2.5MPa，温度为0~200℃的场合。视镜玻璃的材质为钢化硼硅玻璃，耐热急变温度为180℃。带颈视镜及衬里视镜应当在名称中注明，如果采用非标准高度也应加以标记。视镜材料：碳素钢（Q235A）用代号Ⅰ表示；不锈钢（1Cr18Ni9Ti）用代号Ⅱ表示。带灯视镜的类型代号和视镜衬里代号分别见表8-7和表8-8。视镜灯的代号有两种：BJd（防爆型）和F2（防腐型）。

表 8-7　带灯视镜的类型代号

视镜类型	代　号	视镜类型	代　号
带灯视镜	A	有颈带灯视镜	C
有冲洗孔带灯视镜	B	有冲洗孔有颈带灯视镜	D

表 8-8　视镜衬里代号

视镜衬里	代　　号	视镜衬里	代　　号
碳钢	Ⅰ	碳钢和不锈钢混合材料	Ⅱ
全不锈钢	Ⅲ		

标记示例：公称压力 1.6MPa、公称直径 100mm、材料为不锈钢的标准视镜标记为

视镜Ⅱ　　PN1.6，DN100　HGJ 501—86-18

公称压力 1.6MPa、公称直径 100mm、视镜高度 $h=100$mm、材料为碳素钢的带颈视镜标记为

带颈视镜Ⅰ　　PN1.6，DN100，$h=100$　HGJ 502—86-8

公称压力 1.0MPa、公称直径 150mm、材料为碳素钢、无冲洗孔的带灯防爆视镜标记为

AⅠ　　PN1.0，DN150-BJd

6. 液面计

液面计是用来观察设备内部液面位置的装置。液面计结构有多种型式，其中部分已经标准化，最常用的是玻璃管液面计、玻璃板液面计，其结构如图 8-33 所示。

其中，法兰连接处的密封面型式代号为 A（平面型）、B（凹凸型）；主体零部件用材料类别代号为Ⅰ（碳钢）、Ⅱ（不锈钢），它决定着液面计的最大工作压力；结构型式代号为 D（不保温型）、W（保温型）。

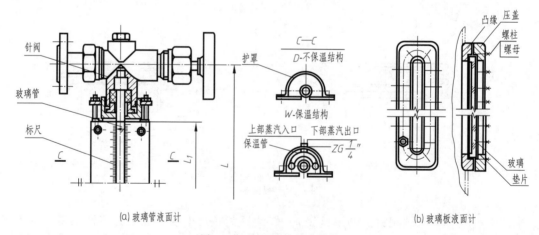

(a) 玻璃管液面计　　　　　　　　　　　(b) 玻璃板液面计

图 8-33　液面计的基本结构

标记示例：碳钢制保温型具有凹凸密封面、公称压力 2.5MPa、长度为 1000mm 的玻璃板液面计标记为

液面计 BⅠW　　PN2.5，$L=1000$　HG 5-227-80

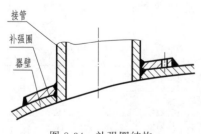

图 8-34　补强圈结构

7. 补强圈

补强圈用来弥补设备壳体因开孔过大而造成的强度损失。补强圈结构如图 8-34 所示，其形状应与被补强部分相符，使之与设备壳体密切贴合，焊接后能与壳体同时受力。补强圈上有一小螺纹孔，焊后通入压缩空气，以检查焊缝的气密性。补强圈厚度随设备厚度不同而异，由设计者决定，一般要求补强圈的厚度

和材料均与设备壳体相同。

标记示例：接口公称直径 100mm、厚度 8mm、坡口型式为 B 型的补强圈标记为

$$补强圈\quad DN100×8\text{-}B\quad JB/T\ 4736{—}95$$

8. 支座

支座用于支承设备的重量和固定设备的位置。支座分为立式设备支座、卧式设备支座和球形容器支座三大类。每类又按支座的结构形状、安放位置、载荷情况而有多种型式，如立式设备有悬挂式支座、支承式支座和支脚，如图 8-35 所示，其中应用较多的为悬挂式支座；卧式设备有鞍式支座、圈式支座和支脚三种，如图 8-36 所示，其中应用较多的为鞍式支座；球形容器有柱式支座（包括赤道正切型、V 型、三柱型）、裙式支座、半埋式支座、高架式支座四种，如图 8-37 所示，其中应用较多的为赤道正切柱式支座和裙式支座。

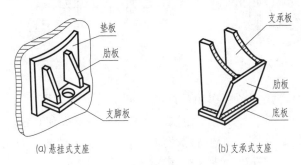

图 8-35　立式设备支座

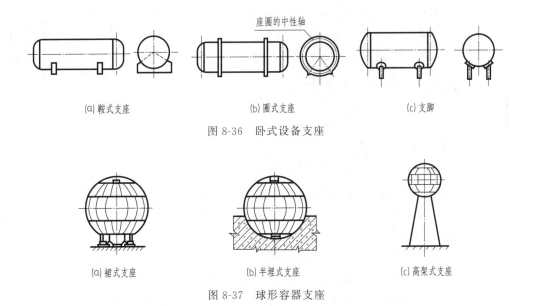

图 8-36　卧式设备支座

图 8-37　球形容器支座

（1）悬挂式支座　又称耳座，广泛用于立式设备。它的结构是由两块肋板、一块支脚板焊接而成，如图 8-38 所示，在肋板与筒体之间加一垫板以改善支承的局部应力情况，支脚板搁在楼板或钢梁等基础上，支脚板上有螺栓孔用螺栓固定设备。在设备周围一般均匀分布四个悬挂式支座，安装后使设备成悬挂状。小型设备也可用三个或两个支座。

悬挂式支座有 A 型、AN 型（不带垫板）和 B 型、BN 型（不带垫板）四种结构。B 型和 BN 型有较宽的安装尺寸，故又称长臂支座，适用于带保温层的立式设备。支座号表示支

座本体允许的荷载及适用设备的公称直径。

标记示例：A 型带垫板、3 号悬挂式支座的标记为

JB/T 4725—92　耳座 A3

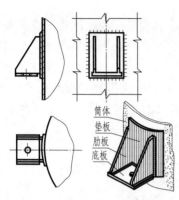

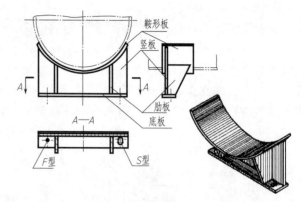

图 8-38　悬挂式支座的基本结构　　　　图 8-39　鞍式支座的基本结构

（2）鞍式支座　是卧式设备中应用最广的一种支座。其结构如图 8-39 所示，由一块鞍形板、两块肋板、一块底板及一块竖板组成。肋板焊于鞍形板和底板之间，竖板被焊接在它们的一侧，底板搁在地基上，并用地脚螺栓加以固定。卧式设备一般用两个鞍式支座支承，当设备过长，超过两个支座允许的支承范围，应增加支座数目。

鞍式支座分为 A 型（轻型）和 B 型（重型，按包角、制作方式及附带垫板情况分五种型号，其代号为 BⅠ~BⅤ）两种，每种类型又分为固定式（代号为 F）和活动式（代号为 S）。固定式与活动式的主要区别在底板的螺栓孔，活动式为长圆孔，其目的是在容器因温差膨胀或收缩时，可以滑动调节两支座间距，而不使容器受附加应力作用，F 型和 S 型常配对使用。

标记示例：公称直径 1200mm、A 型、活动式鞍式支座的标记为

JB/T 4712—92　鞍式支座 A1200-S

五、化工设备图的识读方法

1. 读化工设备图的基本要求

化工设备图样是化工生产中化工设备设计制造、安装、使用、维修的重要技术文件，也是进行技术交流、设备改造的工具。因此，作为从事化工生产的专业技术人员，都必须具备熟练识读化工设备图的能力。

通过对化工设备图样的识读、应达到以下方面的基本要求。

① 了解设备的用途、工作原理、结构特点和技术特性。

② 了解设备上各零部之间的装配关系和有关尺寸，各零部件的装拆顺序。

③ 了解设备零部件的结构、形状、规格、材料及作用，进而了解整个设备的结构。

④ 了解设备上的管口数量及方位。

⑤ 了解设备在制造、检验和安装等方面的标准和技术要求。

化工设备图的识读方法和步骤与识读机械装配图基本相同，应从概括了解开始，分析视图、分析零部件及设备的结构。在读总装配图对一些部件进行分析时，应结合其部件装配图一同识读。在读图过程中应注意化工设备图所独特的内容和图示特点。

2. 读化工设备图的一般方法和步骤

化工设备图是化工设备设计、制造、使用和维护中重要的技术文件，是技术思想交流的工具。因此，作为专业的技术人员，不仅要求具有绘制化工设备图样的能力，而且应该具有识读设备图样的能力。

识读化工设备图的方法和步骤，一般可按概括了解、详细分析、归纳总结等步骤进行。

（1）概括了解

① 通过识读图样的主标题栏，了解设备的名称、规格、绘图比例等内容。

② 了解图面上各部分内容的布置情况，如图形、明细栏、表格及技术要求等在幅面上的位置。

③ 概括了解图上采用的视图数量和表达方法，如判断采用了哪些基本视图、辅助视图、剖视、剖面等，以及它们的配置情况。

④ 概括了解该设备的零部件件号数目，判断哪些是非标零部件图纸，哪些是标准件或外购件等。

⑤ 概括了解设备的管口表、技术特性表以及有关设备的制造、安装、检验和运输要求等的基本情况。

（2）详细分析

① 视图分析：通过视图分析，可以看出设备图上共有多少个视图，哪些是基本视图，还有其他什么视图，各视图采用了哪些表达方法，并分析采用各种表达方法的目的。

② 装配连接关系分析：以主视图为主，结合其他视图分析各部件之间的相对位置及装配连接关系。

③ 零部件结构分析：以主视图为主，结合其他视图，对照明细栏中的序号，将零部件逐一从视图中分离出来，分析其结构、形状、尺寸及其与主体或其他零件的装配关系。对标准化零部件，应查阅有关标准，弄清楚其结构。有图样的零部件，则应查阅相关的零部件图，弄清楚其结构。

④ 了解技术要求：通过技术要求的识读，了解设备在制造、检验、安装等方面所依据的技术规定和要求，以及焊接方法、装配要求、质量检验等的具体要求。

（3）归纳总结　　通过详细分析后，将各部分内容加以综合归纳，从而得出设备完整的结构形象，进一步了解设备的结构特点、工作特性、物料的流向和操作原理等。

【课后训练】

识读立式贮罐的装配图（题图 8-14-1），并回答如下问题。

1. 概括了解

（1）从标题栏知道该图为_____的装配图，公称直径为_____、总高为_____、壁厚_____，绘图比例为_____。

（2）该设备共有_____个零部件编号。

（3）该图采用了_____个基本视图，在_____视图表达了整个贮罐体主要内外结构形状，为表达液面计的位置，采用了_____表达方法，为表达壁厚采用了_____表达方法。_____视图主要表示设备各管口的方位。另外还选用了_____局部剖视图（绘图比例为_____）和_____局部放大视图（绘图比例为_____）。

2. 详细分析

（1）贮罐由_____及顶、底两个椭圆形_____所组成，公称直径_____，罐高_____，容积为_____，设计工作压力为_____ MPa，设计温度为_____℃。贮罐上设有_____个人孔，供检修用。

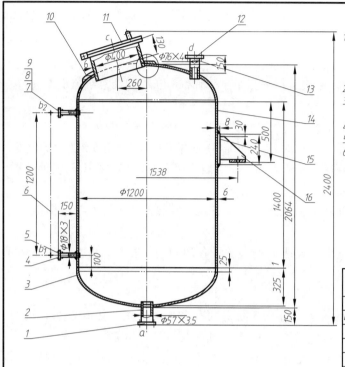

技术要求

1. 本设备按 GB 150—89《钢制压力容器》和 HG JJ18—89《钢制化工容器制造技术要求》进行制造、试验和验收，并接受劳动部颁发《压力容器安全技术监察规程》的监督。
2. 焊接采用电弧焊，焊条牌号 J422。
3. 焊接接头型式除图中注明外，按 HG J17—89 中规定，法兰的焊接按相应法兰标准中规定。
4. 设备制造完毕后，以 0.35MPa 进行压力试验。
5. 设备检验合格后，外表面应涂红丹两遍。
6. 管口及支座方位按本图。

技术特性表

工作压力/MPa		工作温度/℃	
设计压力/MPa	0.25	设计温度/℃	200
物料名称		介质特性	
焊缝系数	0.8	腐蚀裕度/mm	1
容器类别		容积/m3	2

管口表

代号	公称直径	规格与标准	连接面型式	名称与用途
a	50	PN0.6 DN50 HG J45—91	突面	
b1,2	15	PN0.6 DN15 HG J45—91	突面	液面计口
c	400	AI PN0.6 DN400 HG J45—91	—	人孔
d	65	PN0.6 DN65 HG J45—91	突面	
e	40	PN0.6 DN40 HG J45—91	突面	
f	25	PN0.6 DN25 HG J45—91	突面	
h	50	PN0.6 DN50 HG J45—91	突面	

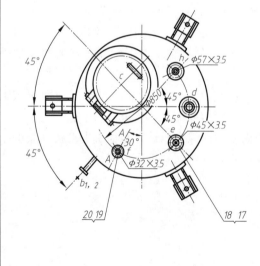

总重465kg

件号	图号或标准号	名称	数量	材料	单重量/kg	总重量/kg	备注
20		接管 φ 32×3.5, L=175	1	20		0.5	
19	HG J45—91	法兰 25-0.6	1	Q235A		0.7	
18		接管 φ 45×3.5, L=180	1	20		0.8	
17	HG J45—91	法兰 40-0.6	1	Q235A		0.6	
16	JB/T 4725—92	耳座 B3	3	Q235AF	4.2	12.6	
15		垫板 250×200×8	3	Q235AF	3.1	9.3	
14		筒体 DN1200×6, H=1400	1	Q235AF		188	
13		接管 φ76×4, L=185	1	20		1.3	
12	HG J45—91	法兰 65-0.6	1	Q235A		1.67	
11	JB 580—79	人孔 AI PN6 DN400	1			71.7	
10	JB/T 4736	补强圈 DN400×6-B	1	Q235AF		10.3	
9	HG J69—91	垫片 RF65-0.6 δ=2	2	石棉橡胶板			
8	GB 6170—86	螺母 M12	8	Q235A	0.016	0.2	
7	GB 5782—86	螺栓 M12×45	8	Q235B	0.054	0.5	
6	HG J227—80	液面计 DAI, L=1200	1			8	
5		接管 φ 18×3	2	20	0.2	0.4	
4	HG J45—91	法兰 15-0.6	2	Q235A	0.34	0.7	
3	JB/T 4737	椭圆形封头 DN1200×6	1	Q235AF	76	152	
2		接管 φ57×3.5	2	20	0.7	1.4	
1	HG J45—91	法兰 50-0.6	2	Q235A	1.4	2.8	
件号	图号或标准号	名称	数量	材料	单重量/kg	总重量/kg	备注

×××××公司				设计项目	
职责	签字	日期	立式贮罐	设计阶段	
设计					
制图			$V_N=2m3$	图号	版次
校核			装配图		
审核					
			比例	1:10	第 张 共 张

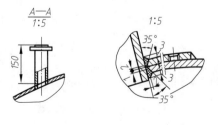

题图 8-14-1 立式贮罐装配图

（2）从图看共有＿＿＿＿＿＿＿管口，代号分别为＿＿＿＿＿＿＿＿＿＿＿＿＿＿＿＿＿；各管口的轴向方位角度分别为＿＿＿＿＿＿＿＿＿＿＿＿＿＿＿＿＿；相应的管口外接法兰的规格和型式分别为＿＿＿＿＿＿＿＿＿＿＿＿＿＿＿＿＿＿＿＿＿＿＿＿＿＿＿。

（3）该贮罐的支承部件采用的是＿＿＿＿＿＿＿，一共设有＿＿＿＿＿＿＿个，该部件材质为＿＿＿＿＿＿＿。请说明有关定形尺寸＿＿＿＿＿＿＿＿＿＿＿＿＿＿＿＿＿。

（4）该贮罐的罐体材料为＿＿＿＿＿＿＿，采用＿＿＿＿＿＿＿焊接，焊条牌号为＿＿＿＿＿＿＿。

学习任务十五　反应釜装配图的识读

【学习任务单】

任务	反应釜装配图的识读		用时	4 课时
知识 目标	了解反应釜设备中常用的标准化零部件及其标记。 熟悉反应釜设备图内容。 掌握反应釜设备视图表达方法、尺寸标注及技术要求。			
技能 目标	能对反应釜的结构进行综合分析。 会识读反应釜类设备图。			
一、任务描述 　　反应釜是化学工业中典型设备之一，它用来供物料间进行化学反应。搅拌反应釜通常由罐体部分、传动装置、搅拌装置、密封结构组成，通常由耳式支座将设备固定在基础上。 　　化工设备图样是化工生产中化工设备设计制造、安装、使用、维修的重要技术文件，也是进行技术交流、设备改造的工具。因此，作为从事化工生产的专业技术人员，都必须具备熟练识读化工设备图的能力。				
二、任务实施要求 　　1. 反应釜设备图的识读方法和步骤与机械装配图的识读基本相同。 　　2. 在读图过程中应重点关注反应釜设备所独有的内容和图示特点。 　　3. 识读应从概括了解开始，逐步分析视图、分析零部件及设备的结构。 　　4. 识读总装配图对一些部件进行分析时，应结合其部件装配图共同识读。 　　5. 对设备在制造、检验和安装等方面的标准和技术要求也应认真了解。				
三、相关资源 　　1. 反应釜装配图。 　　2. 教材知识链接内容。 　　3.《技术制图》与《机械制图》国家标准。 　　4. 相关教学课件。				
四、任务实施说明 　　1. 资料学习。 　　2. 学生分组讨论，进行任务分析，每小组 2～3 人。 　　3. 小组讨论，概括了解，分析视图，分析设备及零部件的结构。 　　4. 学生独立完成相关设备的识读内容。				
五、课后评价 　　成果 50%，自我评价 10%，团队合作 20%，教师评价 20%。				

【知识链接】

一、反应釜的结构特点

反应釜是化学工业中典型设备之一，它用来供物料间进行化学反应。如图 8-1(d) 所示，搅拌反应釜通常由以下几部分组成。

① **罐体部分**：为物料提供反应空间，由筒体和上、下封头组成。

② 传热装置：用以提供化学反应所需的热量或带走化学反应生成的热量，其结构通常有夹套和蛇管两种。

③ 搅拌装置：为使参与化学反应的各种物料混合均匀，加速反应进行，需要在容器内设置搅拌装置，搅拌装置由搅拌轴和搅拌器组成。

④ 传动装置：用来带动搅拌装置，由电动机和减速器（带联轴器）组成。

⑤ 轴封装置：由于搅拌轴是旋转件，而反应釜容器的封头是静止的，在搅拌轴伸出封头处必须进行密封，以阻止罐内介质泄漏，常用的轴密封有填料箱密封和机械密封两种。

⑥ 其他结构：各种接管、人孔、支座等附件。

二、反应釜中的常用零部件

1. 搅拌器

搅拌器用于提高传热、传质及增加化学反应速率。常用的有桨式、涡轮式、推进式、框式、锚式、螺带式等搅拌器，其结构如图 8-40 所示。上述几种搅拌器大部分已经标准化。

标记示例：搅拌装置直径 600mm、轴径 40mm 的桨式搅拌器标记为

搅拌器　600-40，　HG 5-220-65-5

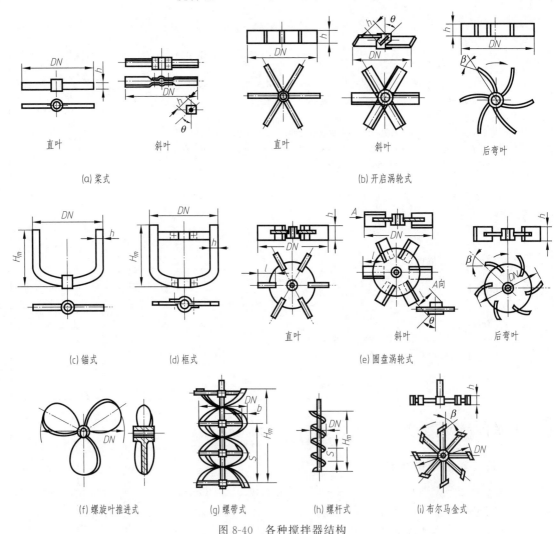

图 8-40　各种搅拌器结构

2. 轴封装置

密封装置按密封面间有无相对运动，分为静密封和动密封两大类。搅拌反应釜上法兰面之间是相对静止的，它们之间的密封属于静密封。静止的反应釜顶盖（上封头）和旋转的搅拌轴之间存在相对运动，它们之间的密封属于动密封。为了防止介质从转动轴与封头之间的间隙泄漏而设置的动密封装置，简称为轴封装置。

反应釜中使用的轴封装置主要有填料箱密封和机械密封两种。

（1）填料箱密封　结构简单，制造、安装、检修均较方便，因此应用较为普遍。填料箱密封的种类很多，有带衬套的、带油环的和带冷却水夹套的等多种结构，填料箱密封的典型结构如图 8-41 所示。标准填料箱的主体材料有碳钢和不锈钢两种，填料箱的主要性能参数有压力等级（0.6MPa 和 1.6MPa 两种）和公称轴径（DN 系列为 30、40、50、60、70、80、90、100、110、120、130、140、160 等）。

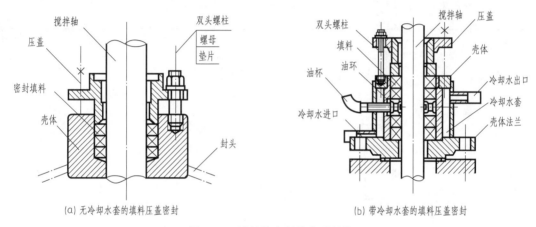

(a) 无冷却水套的填料压盖密封　　　(b) 带冷却水套的填料压盖密封

图 8-41　填料箱密封的典型结构

标记示例：公称压力 1.6MPa、公称轴径 50mm 的碳钢填料箱标记为

填料箱　$PN1.6$，$DN50$　HG 21537.7—92

（2）机械密封　具有泄漏量少、使用寿命长、摩擦功率损耗小、轴或轴套不受磨损、耐

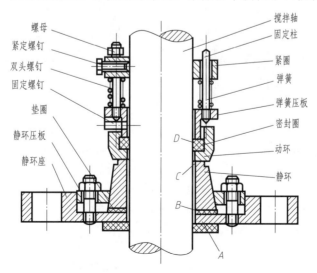

图 8-42　机械密封基本结构

振性能好等特点，常用于高低温、易燃易爆及有毒介质的场合。但它的结构复杂，密封环加工精度及安装技术要求高，装拆不方便且成本高。

机械密封的基本结构型式如图 8-42 所示。机械密封一般有四个密封处：A 处是静环座与设备间的密封，属静密封，通常采用凹凸密封面加垫片的方法处理；B 处是静环与静环座间的密封，属静密封，通常采用各种形状的弹性密封圈来防止泄漏；C 处是动环与静环的密封，是机械密封的关键部位，为动密封；动、静环接触面靠弹簧给予一合适的压紧力，使这两个磨合端面紧密贴合，达到密封效果，这样可以将原来极易泄漏的轴向密封，改变为不易泄漏的端面密封；D 处是动环与轴（或轴套）的密封，为静密封，常用的密封元件是 O形环。

【课后训练】

识读该反应釜装配图（题图 8-15-1 和题图 8-15-2），并回答如下问题。

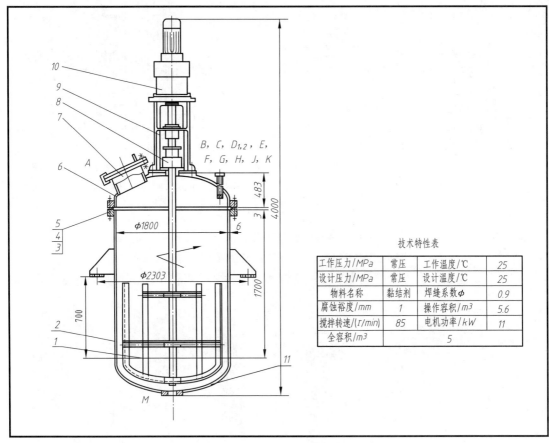

题图 8-15-1　反应釜装配图一

技术特性表

工作压力/MPa	常压	工作温度/℃	25
设计压力/MPa	常压	设计温度/℃	25
物料名称	黏结剂	焊缝系数φ	0.9
腐蚀裕度/mm	1	操作容积/m³	5.6
搅拌转速/(r/min)	85	电机功率/kW	11
全容积/m³			5

1. 该设备的名称是＿＿＿＿＿＿，其规格为＿＿＿＿＿＿＿＿。

2. 该反应釜共有＿＿个零部件，有＿＿个标准化零部件，接管口有＿＿＿＿个。

3. 装配图采用了＿＿个基本视图，一个是＿＿＿＿视图，采用了＿＿＿＿剖视和＿＿＿＿＿＿＿表达方法；另一个是＿＿＿＿视图，采用了＿＿＿＿＿＿表达方法。

4. 该反应釜筒体与上封头通过＿＿＿＿＿＿＿连接，与下封头的连接采用＿＿＿＿＿＿连接。

5. 该反应釜用了＿＿个＿＿＿＿式支座，支座与筒体采用＿＿＿＿＿连接。

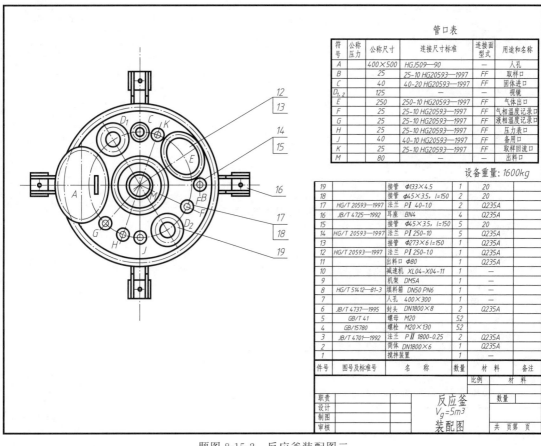

管口表

符号	公称压力	公称尺寸	连接尺寸标准	连接面型式	用途和名称
A		400×500	HGJ509—90	—	人孔
B		25	25-10 HG20593—1997	FF	取样口
C		40	40-20 HG20593—1997	FF	固体进口
$D_{1,2}$		125	—	—	视镜
E		250	250-10 HG20593—1997	FF	气体出口
F		25	25-10 HG20593—1997	FF	气相温度记录口
G		25	25-10 HG20593—1997	FF	液相温度记录口
H		25	25-10 HG20593—1997	FF	压力表口
J		40	40-10 HG20593—1997	FF	备用口
K		25	25-10 HG20593—1997	FF	取样回流口
M		80	—	—	出料口

设备重量: *1600kg*

件号	图号及标准号	名 称	数量	材料	备注
19		接管 $\phi133×4.5$	1	20	
18		接管 $\phi45×3.5, l=150$	2	20	
17	HG/T 20593—1997	法兰 PⅠ 40-10	2	Q235A	
16	JB/T 4725—1992	耳座 BN4	4	Q235A	
15		接管 $\phi45×3.5, l=150$	5	20	
14	HG/T 20593—1997	法兰 PⅠ 250-10	5	Q235A	
13		接管 $\phi273×6 l=150$	1	Q235A	
12	HG/T 20593—1997	法兰 PⅠ 250-10	1	Q235A	
11		出料口 $\phi80$	1	Q235A	
10		减速机 XL04-X04-11	1	—	
9		机架 DM5A	1	—	
8	HG/T 51412—81-3	填料箱 DN50 PN6	1	—	
7		人孔 400×300	1	—	
6	JB/T 4737—1995	封头 DN1800×8	2	Q235A	
5	GB/T 41	螺母 M20	52		
4	GB/15780	螺栓 M20×130	52		
3	JB/T 4701—1992	法兰 PⅡ 1800-0.25	2	Q235A	
2		筒体 DN1800×6	1	Q235A	
1		搅拌装置	1		
件号	图号及标准号	名 称	数量	材料	备注

职责		比例	材料	
设计		**反应釜**	数量	
制图		$V_g=5m^3$		
审核		**装配图**	共 页第 页	

题图 8-15-2 反应釜装配图二

6. 物料由管口_____进入罐内，产品通过接管_____排出。搅拌装置以_____速度对物料进行搅拌。

7. 该反应釜的总高度尺寸为_____。$\phi2303$ 是_____尺寸，$\phi1800$ 属于_____尺寸。700 属于____尺寸。

8. 反应釜的壳体采用_____材料。

9. 填料箱的作用是_____。

10. 抄绘装配图（选作）。

学习任务十六　换热器装配图的识读

【学习任务单】

任 务	换热器装配图的识读	用 时	4 课时
知识目标	1. 了解换热器设备中常用的标准化零部件及其标记。 2. 熟悉换热器设备图内容。 3. 掌握换热器设备视图表达方法、尺寸标注及技术要求。		
技能目标	1. 能对换热器的结构进行综合分析。 2. 具有换热器类设备图识读的能力。		

续表

任　务	换热器装配图的识读	用　时	4 课时

一、任务描述

　　换热器是石油、化工生产中重要的设备之一,它用来完成各种不同的换热过程。按照传热方式不同,换热器可分为混合换热器、蓄热换热器和间壁式换热器三类。间壁式换热器中的管壳式换热器因具有承受高温高压、易于制造、生产成本低和清洗方便等优点被广泛使用。

　　化工设备图样是化工生产中化工设备设计制造、安装、使用、维修的重要技术文件,也是进行技术交流、设备改造的工具。因此,作为从事化工生产的专业技术人员,都必须具备熟练识读化工设备图的能力。

二、任务实施要求

　　1. 换热器设备图的识读方法和步骤与机械装配图的识读基本相同。

　　2. 在读图过程中应重点关注换热器设备所独有的内容和图示特点。

　　3. 识读应从概括了解开始,逐步分析视图、分析零部件及设备的结构。

　　4. 识读总装配图对一些部件进行分析时,应结合其部件装配图共同识读。

　　5. 对设备在制造、检验和安装等方面的标准和技术要求也应认真了解。

三、相关资源

　　1. 换热器装配图。

　　2. 教材知识链接内容。

　　3.《技术制图》与《机械制图》国家标准。

　　4. 相关教学课件。

四、任务实施说明

　　1. 资料学习。

　　2. 学生分组讨论,进行任务分析,每小组 2～3 人。

　　3. 小组讨论,概括了解,分析视图、分析设备及零部件的结构。

　　4. 学生独立完成相关设备的识读内容。

五、课后评价

　　成果 50%,自我评价 10%,团队合作 20%,教师评价 20%。

【知识链接】

一、换热器的结构特点

　　换热器是石油、化工生产中重要的设备之一,它用来完成各种不同的换热过程。按照传热方式不同,换热器可分为混合换热器、蓄热换热器和间壁式换热器三类。间壁式换热器中的管壳式换热器因具有承受高温高压、易于制造、生产成本低和清洗方便等优点被广泛使用。管壳式换热器有固定管板式、浮头式、填料函式、U 形管式等多种,它们主要由管箱、壳体、管板、管束、折流板、拉杆和定距管等零件组成,如图 8-1(b) 所示。

二、换热器中的常用零部件

　　1. 管板

　　管板是管壳式换热器的主要零件,绝大多数管板是圆形平板,如图 8-43(a) 所示,板上开很多管孔,每个孔固定连接着换热管,管的周边与壳体的管箱相连。板上管孔的排列方式有正三角形、转角三角形、正方形、转角正方形四种,如图 8-43(b) 所示。换热管与管板的连接,应保证密封性能和足够的紧固强度,常采用胀接、焊接或胀焊结合等方法。管板与壳体的连接有可拆式和不可拆式两类。如图 8-44 所示,固定管板式换热器的管板采用的是不可拆的焊接连接,浮头式、填料函式、U 形管式换热器的管板采用的是可拆连接。另外,管板上有四个螺纹孔,是拉杆的旋入孔。

　　2. 折流板

　　折流板被设置在壳程,它既可以提高传热效果,还起到支撑管束的作用。折流板有弓形和圆盘-圆环形两种，其折流情况如图 8-45 所示。

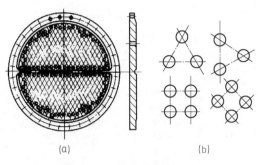

图 8-43　管板结构

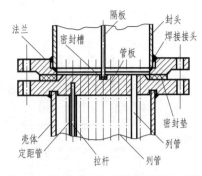

图 8-44　固定管板与壳体、拉杆的连接

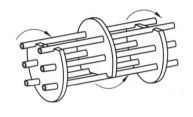

(a) 弓形折流板

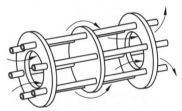

(b) 圆盘-圆环形折流板

图 8-45　折流板的折流情况

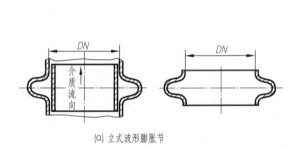

(a) 立式波形膨胀节

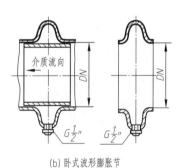

(b) 卧式波形膨胀节

图 8-46　常见膨胀节

3. 膨胀节

膨胀节是装在固定管板式换热器壳体上的挠性部件，用于补偿温差引起的变形。最常用的为波形膨胀节。波形膨胀节分为立式（L 型）和卧式（W 型）两类。对于卧式波形膨胀节又有带堵丝（A 型）和不带堵丝（B 型）之分，堵丝用于排除残余介质，如图 8-46 所示。

【课后训练】

识读冷却器装配图（题图 8-16-1），并回答如下问题：

1. 该换热器的名称是_____，其规格为_____。

2. 该设备共有____个零部件，标准化零部件有____个，接管口有_____个。

3. 装配图采用了____个基本视图，一个是_____视图，采用了_____表达方法；另一个是_____视图，采用了_____表达方法。

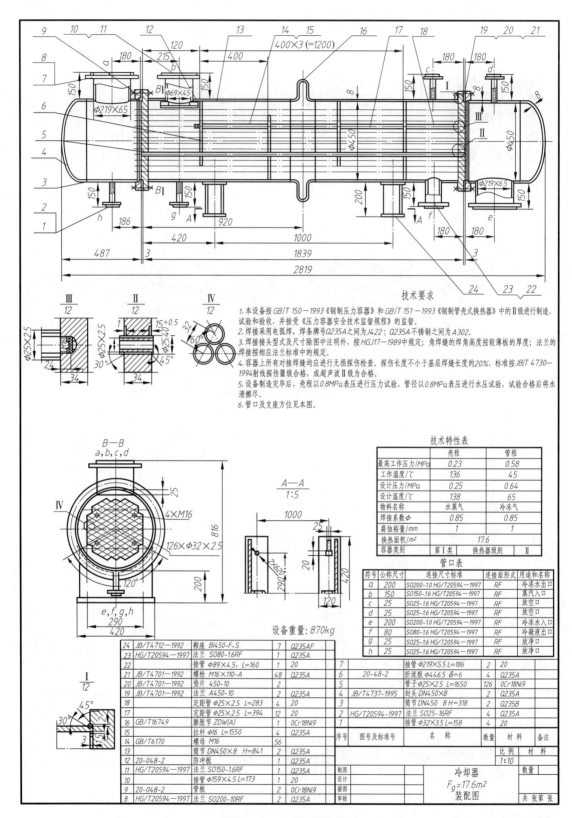

题图 8-16-1　冷却器装配图

4. A—A 剖视图表达了_____支座和_____的鞍式支座，其结构的____不同，为什么？

5. 图中用了____个局部放大图，主要为了表达_____。

6. 冷却器采用了_____个折流板，折流板间距由_____控制，它们的件号为_____和_____。折流板为拉杆连接，拉杆与管板为_____连接，左端为____紧固，用了_____拉杆。

7. 冷却器共有_____热媒管，管内走_____介质，管外（壳程）介质为_____。

8. 解释"法兰：A450-1.0　JB/T 4701—1992"。

法兰：_____。

A：_____。

450：_____。

1.0：_____。

JB/T 4701—1992：_____。

学习任务十七　塔设备装配图的识读

【学习任务单】

任　务	塔设备装配图的识读	用　时	4 课时
知识目标	1. 了解塔设备中常用的标准化零部件及其标记。 2. 熟悉塔设备图内容。 3. 掌握塔设备视图表达方法、尺寸标注及技术要求。		
技能目标	1. 能对塔设备的结构进行综合分析。 2. 具有塔类设备图识读的能力。		

一、任务描述

塔设备广泛用于石油、化工生产中的蒸馏、吸收等传质过程。化工生产过程中常见的塔设备很多，有用于反应过程的裂解塔、合成塔、硫化塔等，也有用于分离过程的精馏塔、吸收塔、萃取塔和洗涤塔，还有干燥塔、喷淋塔、造粒塔等。塔设备通常分为板式塔和填料塔两大类，其结构特征为其高度和直径一般相差很大。

化工设备图样是化工生产中化工设备设计制造、安装、使用、维修的重要技术文件，也是进行技术交流、设备改造的工具。因此，作为从事化工生产的专业技术人员，都必须具备熟练识读化工设备图的能力。

二、任务实施要求

1. 塔设备图的识读方法和步骤与机械装配图的识读基本相同。

2. 在读图过程中应重点关注塔设备所独有的内容和图示特点。

3. 识读应从概括了解开始，逐步分析视图、分析零部件及设备的结构。

4. 识读总装配图对一些部件进行分析时，应结合其部件装配图共同识读。

5. 对设备在制造、检验和安装等方面的标准和技术要求也应认真了解。

三、相关资源

1. 塔设备装配图。

2. 教材知识链接内容。

3.《技术制图》与《机械制图》国家标准。

4. 相关教学课件。

四、任务实施说明

1. 资料学习。

2. 学生分组讨论，进行任务分析，每小组 2～3 人。

3. 小组讨论，概括了解，分析视图、分析设备及零部件的结构。

4. 学生独立完成相关设备的识读内容。

五、课后评价

成果 50%，自我评价 10%，团队合作 20%，教师评价 20%。

【知识链接】

一、塔设备的结构特点

塔设备广泛用于石油、化工生产中的蒸馏、吸收等传质过程。化工生产过程中常见的塔设备很多，有用于反应过程的裂解塔、合成塔、硫化塔等，也有用于分离过程的精馏塔、吸收塔、萃取塔和洗涤塔，还有干燥塔、喷淋塔、造粒塔等。其中干燥塔、喷淋塔、造粒塔、洗涤塔等，塔内基本上没有代表性的通用零部件，其结构类似于立式容器；用于反应过程的塔设备，一般都需要根据工艺要求特殊设计，从而使用于不同物料的反应过程的塔设备会具有不同的结构，属于专用塔设备；而板式塔和填料塔，以及用于萃取过程的转盘塔、脉冲筛板塔则为通用塔设备，可广泛用于不同物系的分离过程。塔设备通常分为板式塔和填料塔（图 8-47）两大类。

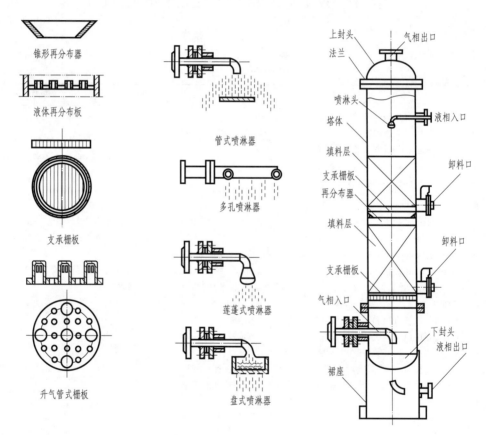

图 8-47 填料塔的结构与零部件

二、塔设备中的常用零部件

1. 栅板

栅板是填料塔中的主要零件之一，如图 8-48 所示，它起着支承填料环的作用，栅板分为整块式和分块式。

当直径小于 500mm 时，一般使用整块式；直径为 900～1200mm 时，可分成三块；直径再大，可分成宽 300～400mm 的更多块，以便装拆及进出人孔。

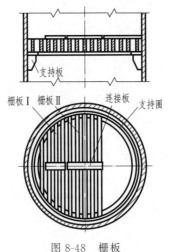

图 8-48　栅板

2. 塔盘

塔盘是板式塔的主要部件之一, 它是实现传热、传质的部件。塔盘通常由塔板、降液管、受液盘和溢流堰及支撑与密封装置等几部分组成。塔盘一般分为整块式和组装式两类, 塔径 300~800mm 采用整块式塔盘, 若干块塔盘组装在一起整体放入预制好的、带法兰的筒体内, 再通过法兰连接方式将封头与筒体组装成塔体; 塔径大于或等于 800mm 则采用组

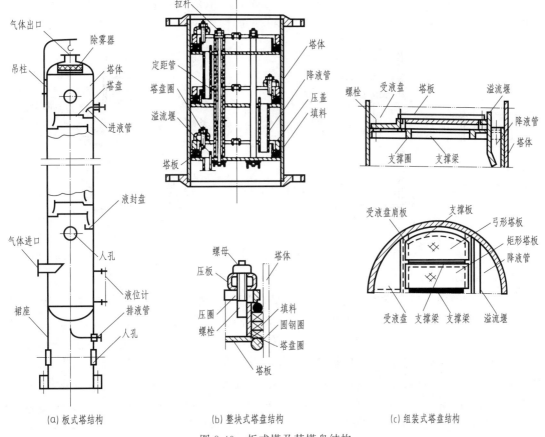

(a) 板式塔结构　　　　　　　(b) 整块式塔盘结构　　　　　　　(c) 组装式塔盘结构

图 8-49　板式塔及其塔盘结构

装式塔盘，采用组装式塔盘的板式塔的筒体通常采用焊接方式组成塔体，安装好塔体后，再通过人孔进入塔内逐块安装塔盘，如图 8-49 所示。

3. 浮阀与泡帽

浮阀和泡帽是浮阀塔和泡帽塔的主要传质零件。浮阀有圆盘形和条形两种。圆浮阀已标准化，其结构如图 8-50 所示。泡帽有圆泡帽和条形泡帽两种。圆泡帽已标准化，其结构如图 8-51 所示。

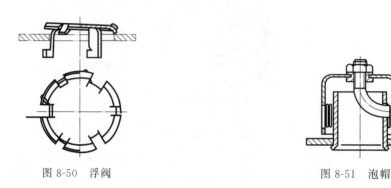

图 8-50 浮阀   图 8-51 泡帽

4. 裙式支座

裙座是支撑塔设备，并将塔设备固定在塔基础上的重要部件。常见裙座有圆柱形和圆锥形，因圆柱形裙座制作方便、成本低，在塔设备的支撑设计中应用极为广泛。若圆柱形裙座无法满足细高塔地脚螺栓的配置要求时，可采用圆锥形裙座。裙座由裙座筒体、基础环、螺栓座、人孔、引出管通道和排气口、排液孔以及地脚螺栓等组成，如图 8-52 所示。

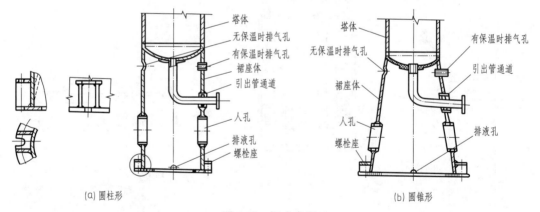

图 8-52 裙式支座

5. 除雾器

为减少填料塔出口气体中所夹带的液相量，在填料塔气体出口管的下方需要安装除雾器，以捕集出口气体中夹带的微小雾沫，所以除雾器也称为捕沫器。常见的除雾器有折流板式、填料式和丝网式三类。折流板除雾器也称机械除雾器，它结构简单、制作容易、阻力小、效力高且不易堵塞，所以使用较广，其结构如图 8-53(a) 所示。填料除雾器即在出口气体离开填料塔之前，通过一层规格较小的填料，以捕集出口气体中夹带的雾沫，填料层厚度一般为 200～300mm，其结构如图 8-53(b) 所示。丝网除雾器分离效率高、阻力小且占用空间小，但易堵塞、成本高。丝网材料一般为不锈钢丝和聚乙烯丝，常见结构如图 8-53(c) 所示。

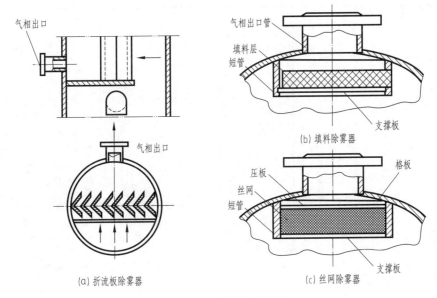

图 8-53　填料塔的除雾器

【课后训练】

识读脱丁烷塔装配图（题图 8-17-1），回答下面问题。

1. 概括了解

（1）从标题栏知道该图为 _____ 的装配图，公称直径为 _____，总高为 _____，壁厚为 _____，绘图比例为 _____。

（2）该设备共有 _____ 个零部件编号。从图号或标准号一栏中可查知，除总装配图外，另附 ____ 张零部件图（图号为 _____）。

（3）该图采用了 _____ 个视图，用 ____ 视图表达了整个塔体主要内外结构形状。____ 视图主要表示设备各管口的方位。另外采用了一个 _____ 图 I 和 _____ 共 5 个向视图，以及 _____ 共 4 个剖视图。

2. 详细分析

（1）塔体由 _____ 及顶、底两个椭圆形 _____ 所组成，公称直径 _____，塔高 _____，全塔共 ____ 块浮阀塔盘，板间距为 ____ 的 4 块，500mm 的 ____ 块。塔体上还有 _____ 个人孔。

（2）最底部一块塔板降液管的下方有一受液盘，其结构可查看剖视图 _____ 和剖视图 _____。

（3）在塔底部的排液管上方有一破涡器，其结构可从向视图 ____ 和剖视图 _____ 得知。

（4）在回流管出口处的正前方有一挡板，其结构可从向视图 ____ 和剖视图 _____ 了解。

（5）裙座是浮阀精馏塔的支撑部件，该部件包括 _____、_____ 和 _____ 的零件。

（6）该塔的塔体及内件材料均为 _____。除一般通用技术要求外，还增加了塔体的施工要求，塔体直线度和垂直度允差分别小于 _____ 和 _____。

3. 归纳和总结

（1）该塔为工程中的一个设备用于脱丁烷，塔板结构为 _____。

（2）该塔的工作情况是：液态烃原料自管口 _____ 进入塔内，经塔板浮阀上升，与由管口 _____ 回流入塔的液态烃在一定温度下逐层塔板进行充分接触，以达到提纯（精馏）的目的，使气相提纯至 99.5％的纯度，由塔顶管口 _____ 去冷凝器冷凝成成品。

（3）在裙座内设计了 _____，以供工人安装出料管用；在裙座的上方设计有 _____，以排除在裙座内进行焊接施工时的大量烟雾。

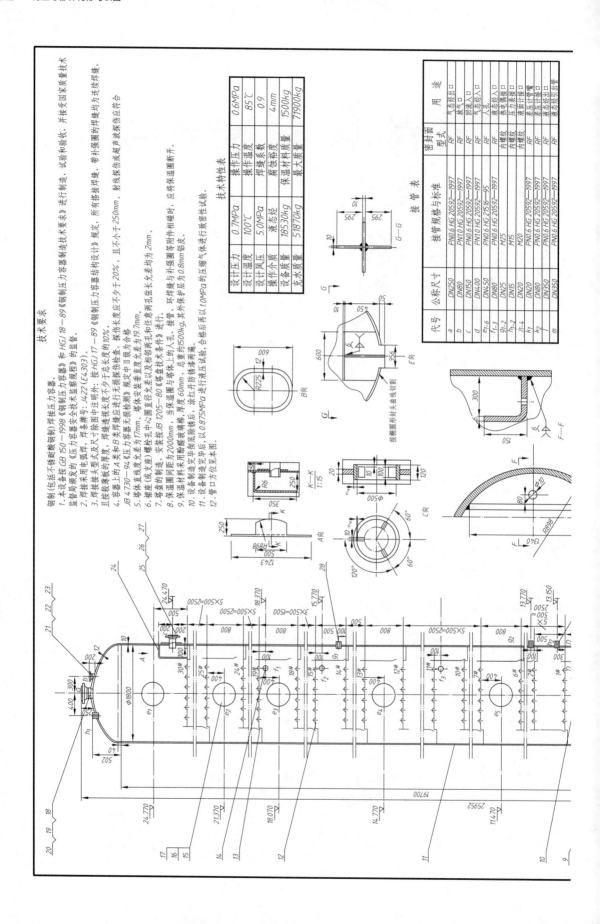

技术要求

钢制(包括不锈耐酸钢)焊接钢制压力容器。

1. 本设备按 GB 150—1998《钢制压力容器》和 HGJ 18—89《钢制压力容器制造技术要求》进行制造、试验和验收、并接受国家质量技术监督局颁发的《压力容器安全技术监察规程》的监督。

2. 焊接采用电弧焊，焊条牌号：J422(E4303)。

3. 焊接采用 V 型坡口，以 V 尺寸除加工图中注明外：按 HGJ 17—89《钢制压力容器结构设计》规定，所有搭接焊缝。且按双面板的厚度，焊缝搭接视长度不少于总长度的 10%。

4. 容器上的 A 类和 B 类焊缝应进行无损探伤检查，探伤长度不少于 20%，规定中 II 级为合格。

JB 4730—94《压力容器无损检测》规定中 II 级为合格。

5. 塔体安装垂直度允差为 19.7mm。

6. 塔座(或支座)螺栓孔中心圆直径允差±2mm，圆直径允差以及相铜两孔和任意两孔间孔长允差均为 2mm。

7. 塔盘的制造、安装按 JB 1205—80《塔盘技术条件》进行。

8. 保温圈的制造，当保温层间距为 2000mm，环焊缝与补强圈等附件相碰时，应将保温圈断开。

9. 保温材料采用酚醛玻璃棉，厚度 60mm，密度为 150kg，其外保护层为 0.8mm 铝皮。

10. 设备制造完毕彻底除锈后，涂红丹漆两遍。

11. 设备制造完毕后，以 0.875MPa 进行液压试验，合格后再以 1.0MPa 的压缩气体进行致密性试验。

12. 管口方位见本图。

技术特性表

设计压力	0.7MPa	操作压力	0.6MPa
设计温度	100℃	操作温度	85℃
设计风压	5.0MPa	焊缝系数	0.9
操作介质	液态烃	腐蚀裕度	4mm
设备质量	18530kg	保温材料质量	1500kg
充水质量	51870kg	最大质量	71900kg

接管表

代号	公称尺寸	接管规格与标准	密封面型式	用途
a	DN250	PN0.6 HG 20592—1997	RF	气态经出口
b	DN80	PN1.0 HG 20592—1997	RF	液态经入口
c	DN150	PN0.6 HG 20592—1997	RF	回流入口
e_{1-6}	DN100	PN1.0 HG 20592—1997	RF	气态经入口
f_{1-3}	DN450	PN0.6 HG 2516—95	RF	人孔
g_{1-2}	DN80	PN0.6 HG 20592—1997	RF	液态经入口
h_{1-2}	DN25	M25	RF	液面计接口
h_1	DN15	M5		内爆数
h_2	DN20	M20		内螺纹
k_1	DN20	PN0.6 HG 20592—1997	RF	液面计接口
k_2	DN80	PN0.6 HG 20592—1997	RF	差压计接口
f	DN350	PN0.6 HG 20592—1997	RF	液态经出口
m	DN250	PN0.6 HG 20592—1997	RF	液态经引出管

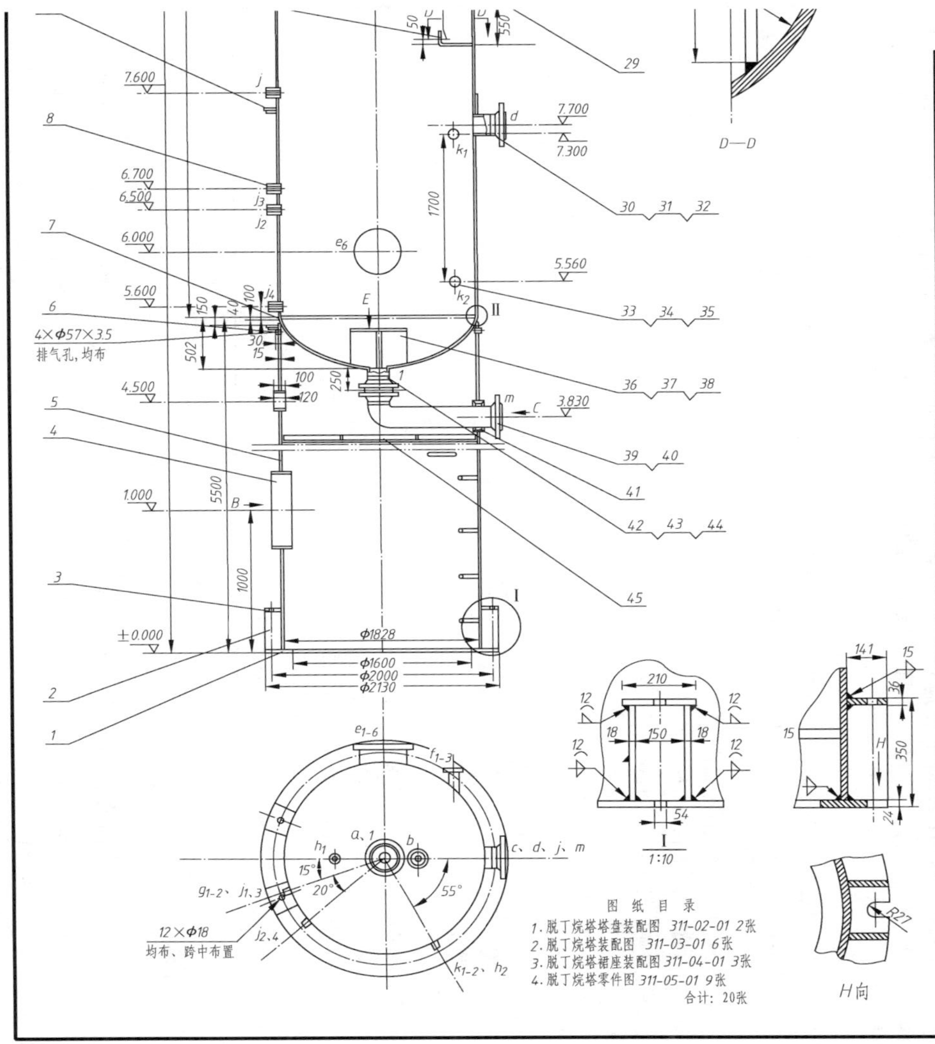

序号	代号	名称（设计单位名称）	材料	数量	单件	总计	备注
45	311-04-03	销售站台，DN350	16MnR	1	73.4	73.4	组合件
44	HG 21506	补强圈，DN350×12-B	Q235	1	17.64	17.64	
43	HG20592—1997	法兰-RF 350-10	20	2	51.3	102.6	
42	311-05-07	接管，DN350	20	1	134	134	
41	311-03-01	通道管，DN500	20	1	6.3	6.3	
40	HG 20592—1997	料液引出管 DN250	20	1	272	54.4	
39	311-04-02	碳滴器筛板	Q235	1	15.8	15.8	
38	311-03-01	碳滴器筛板	Q235	1	28.2	28.2	
37	311-03-01	碳滴器筛板	Q235	1	225	225	
36	HG 21506	碳滴器筛板	Q235	2	112	224	
35	HG20592—1997	补强圈，DN80×10-B	16MnR	1	15	15	
34	311-05-06	法兰-RF80-10	20	4	4.68	4.68	
33	HG 21506	接管，DN80	Q235AF	1	2	2	
32	HG20592—1997	补强圈	Q235AF	1	17	17	
31	311-05-01	接管，DN-00	Q235AF	1	13.5	13.5	
30	311-05-03	压力计接管 DN15	20	2	13.5	135	
29	311-05-03	温度计接管 DN25	20	1	0.63	1.26	
28	HG20592—1997	补强圈，DN250×12-B	16MnR	1	0.81	162	
27	HG20592—1997	法兰-RF 150-10	20	1	4.27	4.27	
26	311-05-04	接管，DN150	Q235A	2	12.56	25.12	
25	311-05-05	挡板，δ=6	Q235A	6	3.7	3.7	
24	HG 21506	接管，DN80	Q235A	6	235	235	
23	HG20592—1997	补强圈，DN80×12-B	16MnR	1	1.75	1.75	
22	311-05-06	接管，DN80	Q235	4	4.68	18.72	
21	HG 21506	补强圈 DN250×12-B	20	1	2.05	2.05	
20	311-05-08	接管，DN250	Q235A	1	114	114	
19	HG20592—1997	法兰-RF 250-10	20	2	10.5	10.5	
18	HG 21506	泡罩，H=800	Q235	2	272	54.4	
17	HG 21506	补强圈，DN450×10-B	16MnR	6	212	1272	
16	HG J69-91	垫片	戴油石棉橡胶板	6	200	1200	
15	HG 2516—95	人孔，RF11A,GJ450-1.0	Q235AF	3	62	186	组合件
14	311-05-06	浮阀塔盘，H=800	Q235A	4	170	680	组合件
13	311-02-01	筒体，DN80	Q235A	26	154	4.004	组合件
12	311-03-02	液面计接管，M20	20	1	28.2	28.2	
11	311-03-03	椭圆封头，H=500	Q235A	11	10.5	115.5	
10	311-03-06	保温支撑圈	Q235A	5	0.75	3.65	
9	311-03-09	封头，DN1800,δ=12	20	2	357	714	
8	JB/T 4734—95	进气管 DN50,L=80	Q235AF	4	0.5	0.5	
7	311-03-01	封头，DN1800,L=19700	Q235A	1	2500	2500	
6	311-04-01	裙座筒体，DN1800,δ=20	Q235A	1	16.2	16.2	
5	311-03-01	椭圆人孔，φ450×600	Q235A	12	8.5	102	
4	311-03-01	盖板，δ=36	Q235A	5.9	5.9	14.16	
3	311-03-01	底板，δ=16	Q235A	24	292	292	
2	311-03-01	筋板，δ=24	Q235A				
1	311-03-01	基础环，δ=24	Q235A	1	292	292	

项目			脱丁烷塔	工程名称	脱丁烷塔
设计			DN1800×25952×10	设计阶段	分馏工段 施工图
审图	日期		装配图		311-03-01
校核			比例 1:20	第 张	共 张

图 纸 目 录

1. 脱丁烷塔总装配图 311-02-01 2张
2. 脱丁烷塔装配图 311-03-01 6张
3. 脱丁烷塔罐座装配图 311-04-01 3张
4. 脱丁烷塔零部件 311-05-01 9张
合计：20张

题图8-17-1 脱丁烷塔装配图

情境九　化工工艺图识读

学习任务十八　工艺流程图的识读

【学习任务单】

任务	软水处理系统工艺流程图的识读		用 时	4 课时
知识目标	1. 了解工艺流程图的分类、适用场合等。 2. 了解工艺流程图规定画法、标注、图例。 3. 熟悉流程图的作用及图中的内容。			
技能目标	1. 能认识化工流程的种类、介质的流向、阀门仪表等的作用,判断流程控制操作的合理性。 2. 具有识读施工流程图的能力。			

一、任务描述

　　施工流程图(管道仪表流程图)是借助统一规定的图形符号和文字代号,用图示的方法把建立化工工艺装置所需的全部设备、仪表、管道、阀门及主要管件,按其各自功能,为满足工艺要求和安全、经济目的而组合起来,以起到描述工艺装置结构和功能的作用。它不仅是设计、施工的依据,而且也是企业管理、试运转、操作、维修和开停车等各方面所需的完整技术资料的一部分,是操作运行及检修的指南。

二、任务实施要求

　　1. 识读工艺管道及仪表流程图需要结合工艺方案流程图和物料流程图一起来分析。

　　2. 读图前应先熟悉现场流程,掌握开停工顺序,正常生产操作情况维护等。

　　3. 读图时重点掌握设备的数量、名称和位号。

　　4. 详细分析主要物料的工艺流程和了解辅助介质物料流程线。

　　5. 分析装置中阀门和仪表的种类、作用、数量等。

　　6. 对所有流程分析完毕后,再综合地了解工艺流程图的情况,检查有无错漏之处。

三、相关资源

　　1. 软水处理系统施工流程图。

　　2. 教材知识链接内容。

　　3.《技术制图》与《机械制图》国家标准。

　　4. 相关教学课件。

四、任务实施说明

　　1. 资料学习。

　　2. 学生分组讨论,进行任务分析,每小组 2~3 人。

　　3. 小组讨论,了解该系统的生产原理及生产过程,分析生产工序和装置。

　　4. 学生独立完成相关工艺流程图的识读内容。

五、课后评价

　　成果 50%,自我评价 10%,团队合作 20%,教师评价 20%。

【知识链接】

　　表达化工生产过程与联系的图样称为化工工艺图。化工工艺图是化工工艺人员进行工艺设计的主要内容,也是化工工艺安装、指导生产的重要技术文件。它主要包括工艺流程图、设备布置图、管路布置图。

一、化工工艺方案流程图

工艺方案流程图是在工艺设计之初提出的一种示意性的工艺流程图。它以工艺装置的主项（工段或工序、车间或装置）为单元进行绘制，按照工艺流程的顺序，将设备和工艺流程线从左至右展开画在同一平面上，并附以必要的标注和说明，图9-1所示为脱硫系统工艺方案流程图。

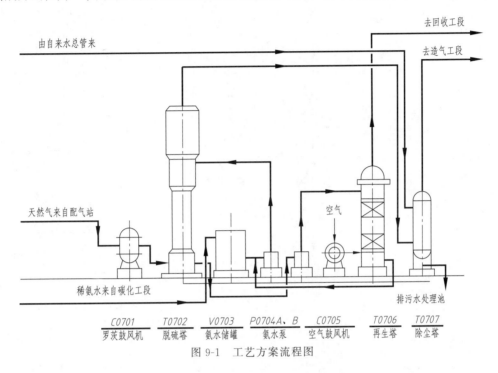

图 9-1　工艺方案流程图

从图9-1中可知：天然气来自配气站，进入罗茨鼓风机（C0701）加压后，送入脱硫塔（T0702），与此同时，来自氨水储罐（V0703）的稀氨水，经氨水泵（P0704A）打入脱硫塔中；在塔中气液两相逆流接触，经过化学吸收过程，天然气中有害物质硫化氢被氨水吸收脱除；脱硫后的天然气进入除尘塔（T0707），在塔内经水洗除尘后去造气工段；另一方面，脱硫塔出来的废氨水经过氨水泵（P0704B）打入再生塔（T0706），与空气鼓风机（C0705）送入的新鲜空气逆向接触，空气吸收废氨水中的硫化氢，产生的酸性气体送到硫黄回收装置；由再生塔出来的再生氨水经氨水泵（P0704A）打入脱硫塔循环使用。

1. 设备的画法

① 用细实线从左至右按流程顺序依次画出能反映设备形状、结构特征的轮廓示意图（参见表9-1）。一般不按比例绘制，但要保持它们的相对大小及位置高低。

② 设备上重要接管口的位置，应大致符合实际情况。

③ 各设备之间应保留适当距离，以便布置流程线。

④ 两个或两个以上作用相同的设备，可以只画一套，备用设备可以省略不画。

2. 流程线的画法

① 用粗实线画出各设备之间的主要物料流程。用中粗实线画出其他辅助物料的流程线。

② 流程线一般画成水平线和垂直线（不用斜线），转弯一律画成直角。

③ 当流程线发生交错时，应将其中一线断开或绕弯通过。一般同一物料线交错，按流程顺序"先不断后断"。不同物料线交错，主物料线不断，辅助物料线断，即"主不断辅断"。

表 9-1　常用设备图例

设备分类及代号	名　称	图　例	设备分类及代号	名　称	图　例
塔（T）	填料塔		容器（V）	锥顶罐	
	板式塔			平顶罐	
	喷淋塔			立式	
				卧式	
换热器（E）	固定管板式		泵（P）	离心泵	
	浮头式			往复泵	
	U 形管式			齿轮泵	
				水环真空泵	
	釜式			液下泵	
反应器（R）	固定床反应器			旋涡泵	
	列管式反应器			喷射泵	
	反应釜		常用机械（M）	压滤机	
				转鼓过滤机	
				壳体离心机	

续表

设备分类及代号	名　称	图　例	设备分类及代号	名　称	图　例
常用机械（M）	带式输送机	代号：(L)	常用机械（M）	混合机	
	透平机			挤压机	

压缩机(C)	电动机	内燃机	汽轮机	往复压缩机	鼓风机
	M	E	S	M	

④ 在两设备之间的流程线上，至少应有一个流向箭头。

3. 标注

① 将设备的名称和位号，在流程图上方或下方靠近设备示意图的位置注成一排，如图9-1所示。

② 在水平线（粗实线）的上方注写设备位号，下方注写设备名称。

③ 设备位号由设备类别代号（表9-2）、主项编号（两位数字）、设备顺序号（两位数字）和相同设备数量尾号（大写拉丁字母）四个部分组成。如图9-2所示。

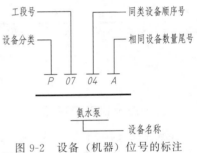

图9-2　设备（机器）位号的标注

④ 在流程线开始和终止的上方，用文字说明介质名称、来源和去向。

表 9-2　设备类别代号（摘自 HG/T 2051.35—1991）

设备类别	泵	火炬、烟囱	容器	其他机械	其他设备	计量设备
代号	P	S	V	M	X	W
设备类别	塔	工业炉	换热器	反应器	起重设备	压缩机
代号	T	F	E	R	L	C

二、物料流程图

物料流程图一般是在工艺方案流程的基础上，完成物料平衡和热量平衡计算时绘制的，采用图形与表格相结合的形式，来反映某些设计计算结果的图样。它既是提供审查的资料，又可作为进一步设计的依据。图9-3所示为脱硫系统的物料流程图，从图中可以看出其设备流程线的画法及标注，与工艺方案流程图基本一致，只是增加了以下内容。

① 在设备位号及名称的下方，注明一些特性数据或参数，如塔的直径和高度、换热器的传热面积、设备的规格型号等。

② 在流程线的起始部位、物料产生变化的设备之后、流程线的终端，列表标出物料的组分名称、含量比例，其具体项目可按实际需要增减。

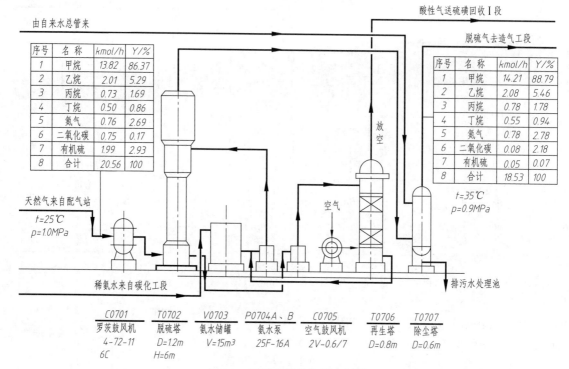

图 9-3 脱硫系统的物料流程图

三、管道及仪表流程图

管道及仪表流程图（PID、施工流程图、生产控制流程图）是在工艺方案流程图和物料流程图基础上绘制的，是内容更为详细的工艺流程图。图 9-4 所示为脱硫系统工艺管道及仪表流程图，它是设备布置、管道布置的原始依据，是施工的参考资料和生产操作的指导性技术文件。

若辅助物料及其他介质流程复杂时，可按介质类型分别绘制，如辅助系统管道图、仪表控制系统图、蒸汽伴热系统图及消防水、汽系统图等。

1. 画法

① 设备和管道的画法　与方案流程图中规定的相同，管道符号标记示例见表 9-3。

表 9-3　管道符号标记示例

管道符号	标记含义	管道符号	标记含义	管道符号	标记含义
带箭头粗实线	主要工艺物流	〰〰	软管、波纹管	＋	管道交叉且相连
双点画线	原有管道	▨▨▨	隔热套	┬	管道相连不交叉
———————	蒸汽伴热管	— — —	电伴热管	┃ ┃	管道交叉不相连

② 阀门和管件　管道上所有的阀门和管件用细实线按标准规定的图形符号（参阅表9-4、表9-5）在相应处画出。

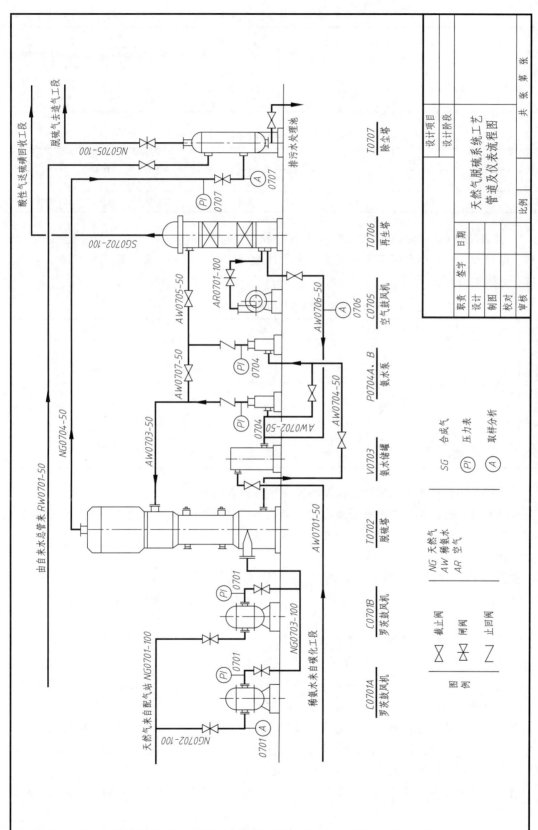

图 9-4　脱硫系统工艺管道及仪表流程图

表 9-4   常用管件、管道附件图例

图例	⊣│├	▷│	↑┌─	─│⊃	──│	▽	↓	●│	┐┌	┴│	┼│
管件	管端法兰盘	同心异径管接头	放空帽（管）	管帽	管端盲板	闭口漏斗	敞口漏斗	焊接式管口	弯头	三通	四通

表 9-5   常用阀门图例

图例	─▷◁─	─▷◁─	↑	─▷◁─	─▶●◀─	─▰─	─▶◀─	─▷▫─
阀门	截止阀	闸阀	角阀	球阀	旋塞阀	蝶阀	截流阀	减压阀

③ 仪表控制点   以细实线在相应的管道设备上用符号画出（表 9-6）。符号包括图形符号和字母代号。它们组合起来表达工业仪表所处理的被测变量和功能；或表示仪表、设备、元件、管线的名称。

表 9-6   仪表安装位置的图形符号（摘自 HGJ/T7—1987）

序号	安装位置	图形符号	备注	序号	安装位置	图形符号	备注
1	就地安装仪表	○		3	就地仪表盘面安装仪表	⌢	
		○├	嵌在管道中	4	集中仪表盘后安装仪表	⊖	
2	集中仪表盘面安装仪表	⊖		5	就地仪表盘面后安装仪表	⊖	

一般用单线表示各种物流的流向及物流流经各设备的概况。

在绘制管道时，尽可能把管道画成水平的或垂直的，注意避免穿过设备或使管道交叉；管道上取样口、放气口、排液口及液封管应全部画出，一般放气口画在管道上方，其他画在下方。

仪表的图形符号如图 9-5 所示，细实线圆的直径约为 10mm。

2. 标注

① 设备的标注   与方案流程图中规定相同。

② 管道流程线的标注   管道流程线上除应画出介质流向箭头，并用文字标明介质的来源或去向外，还应对每条管道进行标注，水平管道标注在管道的上方，垂直管道则标注在管道的左方（字头向左）。

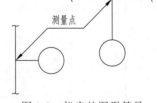

图 9-5   仪表的图形符号

管道应标注四部分内容，即管道号（或称为管段号，由三个单元组成，即物料代号、工段号、管段序号）、管径、管道等级和隔热（或隔声）代号，其标注格式如图 9-6(a) 所示。也可将管道等级和隔热（或隔声）代号标注在管道下方，如图 9-6(b) 所示。

当工艺流程简单，管道品种规格不多时，则管道组合中的管道等级和隔热（或隔声）代号可省略。

③ 仪表及仪表位号的标注   在检测控制系统中构成一个回路的每个仪表（或元件），都

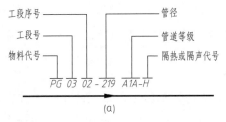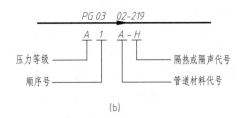

图 9-6　管道的标注

应有自己的仪表位号。仪表位号由字母代号组合与阿拉伯数字编号组成。

第一位字母表示被测变量，后继字母表示仪表的功能（可一个或多个组合，最多不超过5 个）。用两位数字表示工段代号，用两位数字表示回路序号，如图 9-7 所示。

在施工流程图中，仪表位号中的字母代号填写在圆圈的上半圆中，数字编号填写在圆圈的下半圆中，如图 9-8、图 9-9 所示。

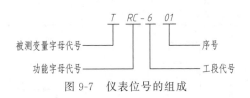

图 9-7　仪表位号的组成　　　　　　图 9-8　仪表位号的标注

3. 识读工艺管道及仪表流程图（PID）

看工艺管道及仪表流程图的目的是为选用、设计、制造各种设备提供工艺条件；摸清并熟悉现场流程，掌握开停工顺序，维护正常生产操作；判断流程控制操作的合理性，进行工艺改革和设备改造及挖潜；通过流程图还能进行事故设想，提高操作水平和预防、处理事故的能力。

现以图 9-4 脱硫系统工艺管道及仪表流程图为例，介绍读图的方法和步骤。

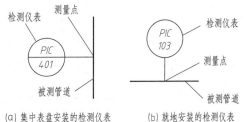

图 9-9　仪表及控制点的图示和标注

① 掌握设备的数量、名称和位号　天然气脱硫系统的工艺设备共有 9 台。其中有相同型号的罗茨鼓风机两台（C0701A、B），一个脱硫塔（T0702），一个氨水储罐（V0703），两台相同型号的氨水泵（P0704A、B），一台空气鼓风机（C0705），一个再生塔（T0706），一个除尘塔（T0707）。

② 了解主要物料的工艺流程　由配气站来的天然气原料，经罗茨鼓风机从脱硫塔底部进入，在塔内与氨水气液两相逆流接触，其天然气中的有害物质硫化氢，经过化学吸收过程，被氨水吸收脱除。然后进入除尘塔，在塔中经水洗除尘后，由塔顶馏出，去造气工段。

③ 了解辅助介质物料流程线　由碳化工段来的稀氨水进入氨水储罐（V0703），由氨水泵（P0704A、B）抽出后，从脱硫塔（T0702）上部打入。从脱硫塔底部出来的废氨水，经氨水泵抽出打入再生塔（T0706），在塔中与新鲜空气逆流接触，空气吸收废氨水中的硫化氢后，产生的酸性气体送到硫黄回收装置；从再生塔底部出来的再生氨水由氨水泵回收打入脱硫塔后循环使用。

④ 了解动力或其他介质系统流程　两台并联的罗茨鼓风机（工作时一台备用）是整个

系统流动介质的动力。

空气鼓风机的作用是从再生塔下部送入新鲜空气，将废氨水里的含硫气体除去，通过塔顶排空管送到硫黄回收装置。

除尘水源由自来水总管提供，从除尘塔上部进入塔中。

⑤ 了解仪表控制点情况　在两台罗茨鼓风机、两台氨水泵的出口和除尘塔下部物料入口处，共有五块就地安装的压力指示仪表。在天然气原料线、再生塔底出口和除尘塔料气入口处，共有三个取样分析点。

⑥ 了解阀门种类、作用、数量等　脱硫工艺系统各管段均装有阀门，对物料进行控制。共使用了三种阀门：截止阀 8 个，闸阀 7 个，止回阀 2 个。止回阀控制介质流向，即可由氨水泵打出，不可逆向回流，以保证安全生产。

【课后训练】

识读软水处理系统施工流程图（题图 9-18-1），回答如下问题。

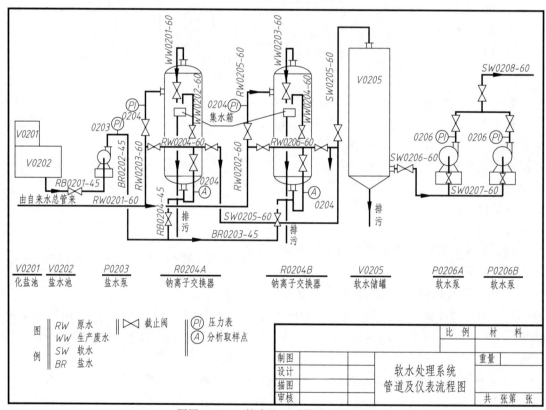

题图 9-18-1　软水处理系统施工流程图

1. 识读图例和标题栏，从中了解图样名称和图例符号及代号的含义。

2. 从图中了解设备数量、名称、位号，大致了解设备的用途。

该流程图中静设备有____台，动设备有____台。设备位号 V0201 的设备名称是_____，V0202 的设备名称是_____，P0203 的设备名称是_____，R0204A、B 的设备名称是_____，V0205 的设备名称是_____，P0206A、B 的设备名称是_____。

3. 识读流程图，了解介质流向。

该系统中主要物料是_____，辅助物料是_____。

主要物料从＿＿＿＿＿总管而来，它通过管道 RW0201-60 等，经过＿＿＿阀＿＿＿表，进入钠离子交换器；原水中的钙镁离子经过置换变成软水，从交换器的＿＿＿＿经＿＿＿＿点和＿＿＿＿＿阀通过管道＿＿＿和＿＿＿到位号为＿＿＿的＿＿＿＿储罐，再由＿＿＿＿＿将软水送入锅炉。

来自＿＿＿的盐水，经＿＿＿泵，通过管道＿＿＿＿＿＿＿＿将盐水从交换器的＿＿＿＿送入交换器；将交换器中的交换剂还原，并将污物排出，由顶部出来排入地沟。

4. 了解阀门、仪表控制点的情况。

各段管道上都装有阀门，以便控制物流，它们是＿＿＿＿，一共有＿＿＿个。

流程图上就地安装指示仪表有＿＿＿＿块，且是＿＿＿表；此外还有＿＿＿处分析取样点。

5. 当原水进入管道，应开启、关闭哪些阀门？若要用盐水还原交换剂，应开启、关闭哪些阀门？试分析后回答。

学习任务十九　设备布置图的识读

【学习任务单】

任　务	软水处理系统设备布置图的识读	用　时	4 课时
知识目标	1. 了解设备布置图的图示方法和标注方法。 2. 熟悉设备布置图的内容、作用及其识读方法。		
技能目标	1. 具有简单设备布置图的绘制能力。 2. 能正确识读设备布置图。		

一、任务描述

工艺流程设计所确定的全部设备，必须根据生产工艺的要求与场地的地形地貌，以及不同设备的具体情况，在厂房建筑物的内外进行合理的布置，并安装固定，才能确保生产的顺利进行。用以表达厂房建筑物内外设备安装位置的图样称为设备布置图。

设备布置图主要用于指导设备的安装施工，并且是管路布置设计和绘制管路布置图的重要依据。

二、任务实施要求

1. 识读设备布置图要准确把握设备在工段（装置）的具体布置情况。

2. 根据管道仪表流程图、设备一览表了解基本工艺过程及设备的种类、名称、位号和数量。

3. 通过分区索引图了解设备分区情况，以及设备占用建筑物和相关建筑的情况。

4. 通过设备布置图上的标题栏了解每张图表达的重点。

5. 以识读平面图、剖视图来分析建筑物的层次，了解各层厂房建筑的标高，每层中的楼板、墙、柱、梁、楼梯、门、窗及操作平台、坑、沟等结构情况，以及它们之间的相对位置。

6. 对所有设备位置分析完毕后，再综合地了解设备的安装布置情况，检查有无错漏之处。

三、相关资源

1. 软水处理系统设备布置图。

2. 教材知识链接内容。

3.《技术制图》与《机械制图》国家标准。

4. 相关教学课件。

四、任务实施说明

1. 资料学习。

2. 学生分组讨论，进行任务分析，每小组 2～3 人。

3. 小组讨论，了解建筑图的表达方法，分析建筑的结构，进而分析设备视图。

4. 学生独立完成设备布置图的识读内容。

五、课后评价

成果 50%，自我评价 10%，团队合作 20%，教师评价 20%。

【知识链接】

一、设备布置图的内容

表达设备在厂房建筑内外相对位置及安装布置情况的图样称为设备布置图。设备布置图用于指导设备的安装施工，并且是管路布置设计和绘制管路布置图的重要依据。

图 9-10 所示为某装置设备布置图，从中可以看出，设备布置图一般包括以下几方面内容。

① 一组视图：视图按正投影法绘制，包括平面图和剖视图，用以表示装置的界区范围、装置界区内建（构）筑物的型式和结构、设备在厂房内外的布置情况以及辅助设施在装置界区内的位置。

② 尺寸和标注：包括设备的位号、定位尺寸和其他必要的相关标注及说明等。

③ 安装方向标：在设备布置图右上角画出表示设备安装北向的标志，称方向标。

④ 图上的附注（图比较简单、图示清楚的情况下，可以省略）。

⑤ 标题栏及修改栏。

二、设备布置图的视图表达

1. 图线及图例

设备布置图的设计要遵循 HG 20546—92（国际通用设计体制和方法）《化工装置设备布置设计规定》。具体到设备布置图的绘制应遵循下列规定。

① 图线宽度（HG 20549.1—1998），见表 9-7。

② 设备布置图图例及简化画法（HG 20546.1—92 第 6 章）。

③ 设备布置图常用的缩写词（HG 20546.1—92 第 7 章）。

表 9-7　设备布置图的图线宽度规定（摘自 HG 20549.1—1998）

粗　线 0.9~1.2mm	中　粗　线 0.5~0.7mm	细　线 0.15~0.3mm	备　注
设备轮廓	设备支架、设备基础	其他	动设备（机泵等）如只绘出设备基础图线，宽度用 0.9mm

2. 图面安排及视图要求

① 设备布置图一般只绘平面图。对于较复杂的装置或有多层建（构）筑物的装置，当平面图表示不清楚时，可绘制剖视图。

② 一般情况下，每一层只画一个平面图，当有局部操作台时，在该平面图上可以只画操作台下的设备，局部操作台及其上面的设备另画局部平面图。如不影响图面清晰，也可用一个平面图表示，操作台下的设备画虚线。

③ 多层建筑物或构筑物，应依次分层绘制各层的设备布置平面图。如在同一张图纸上绘几层平面时，应从最底层平面开始，在图中由下至上或由左至右按层次顺序排列，并在图形下方注明"EL ×××.×××平面"等。

④ 一台设备穿越多层建（构）筑物时，在每层平面上均需画出设备的平面位置，并标注设备位号。各层平面图是以上一层的楼板底面水平剖切的俯视图。

⑤ 设备布置图一般以联合布置的装置或独立的主项为单元绘制，界区以粗双点画线表示，在界区外侧标注坐标，以界区左下角为基准点，基准点坐标为 N、E（或 N、W），同

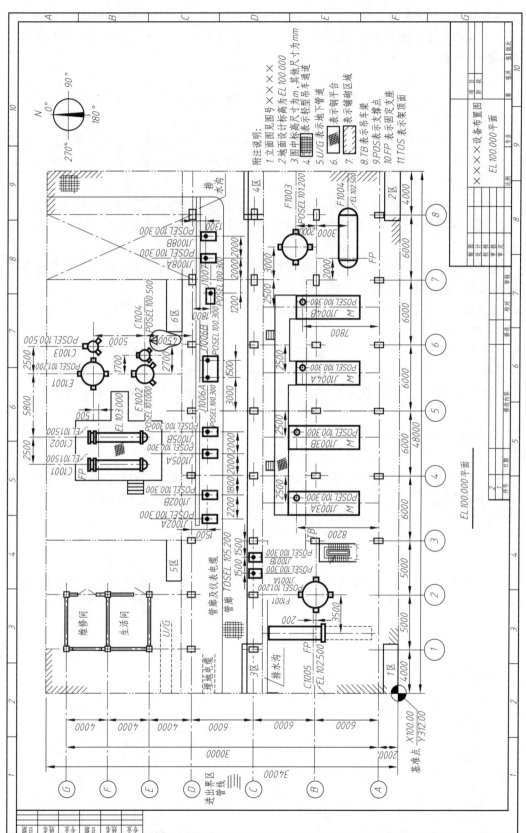

图9-10　某装置设备布置

时注出其相当于在总图上的坐标 X、Y 数值。

⑥ 对于设备较多、分区较多的主项，此主项的设备布置图，应在标题栏的正上方列一设备表，便于识图。

3. 图示方法

设备布置图采用正投影法绘制。设备布置图中视图的表达内容主要是两部分，一是建筑物及其构件，二是设备。

(1) 建筑物及其构件   厂房建筑物及其构件的画法为：用细实线、细单点长画线，按建筑图纸所示，并采用规定的比例和图例，画出厂房建筑的平面图或剖视图。画图时要注意以下几点。

① 用细点画线画出承重墙、柱等结构的建筑定位轴线，其他用细实线画出。

② 设备布置图图例及简化画法是根据《建筑制图》标准的有关规定并结合化工特点简化而成的。

③ 与设备安装定位关系不大的门、窗等构件，一般只在平面图上画出它们的位置及门的开启方向等，在剖视图上则不予表示。

④ 设备布置图中，对于生活室和专业用房间如配电室、控制室、维修间等均应画出，但只以文字标注房间名称。

(2) 设备   设备布置是图中主要表达的内容，因此图中的设备及其附件（设备的金属支架、电机传动装置等）都应以粗实线画出。被遮盖的设备轮廓一般不画，如必须表示，则用粗虚线画出。设备的中心线用细点画线画出。设备轮廓在设备布置图中的画法如下。

① 非定型设备：可适当简化画出设备的外形，包括附属的操作台、梯子和支架（注出支架代号）。如图 9-10 中立式贮罐 F1003（有设备支架）所示。

对于卧式设备不仅要简化画出设备的外形，还应画出其特征管口或标注固定侧支座。如图 9-10 中卧式贮罐 F1004，不仅画出外形，而且用 FP 标注固定侧支座位置。

设备的外形轮廓大小和形状应根据设备总装图的有关数据画出。

② 动设备：只画基础，并表示出特征管口和驱动机的位置。如图 9-10 中泵 J1005～J1008、压缩机 J1003～J1004 所示。

③ 位于室外而又与厂房不连接的设备及其支架等，一般只在底层平面图上予以表示。穿过楼层的设备、每层平面图上均需画出设备的平面位置，并可按图 9-11 所示的剖视形式表示。

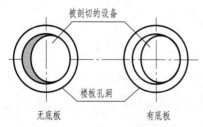

图 9-11   穿过楼层设备剖视的表示形式

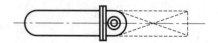

图 9-12   用虚线表示换热器预留的检修场地

④ 用虚线表示预留的检修场所，如图 9-12 所示。在图 9-10 中 C1005 也同样如此。

(3) 其他   在设备布置图中还需要表示出埋地管道、埋地电缆和进出界区管线等。

4. 尺寸及必要标注

设备布置图中标注的标高、坐标以 m 为单位，小数以下应取三位数至毫米为止。其余的尺寸一律以 mm 为单位，只注数字，不注单位。采用其他单位标注尺寸时，应注明单位。

（1）厂房建筑、构件的尺寸标注

① 标注厂房建筑和构件的定位轴线编号。

② 标注厂房建筑及其构件的尺寸，包括如下内容。

a. 厂房建筑物的长度、宽度总尺寸，如图 9-10 所示，厂房建筑物的总长度和总宽度分别为 48000mm、34000mm。

b. 厂房建筑、构件的定位轴线间距尺寸，如图 9-10 所示，定位轴线编号为 1、2 的间距为 5000mm，定位轴线编号为 A、B 的间距为 6000mm。

c. 为设备安装预留的孔洞以及沟、坑等定位尺寸。

d. 地面、楼板、平台、屋面的主要高度尺寸及其他与设备安装定位有关的建筑结构件的高度尺寸。

（2）设备的尺寸标注。图中一般不注出设备定形尺寸而只注定位尺寸。

① 设备平面定位尺寸。一般应以建（构）筑物的轴线或管架、管廊的柱中心线为基准线进行标注，也可采用坐标系进行标注定位尺寸，但是要尽量避免以区的分界线为基准线标注定位尺寸。

a. 卧式的容器和换热器以中心线和靠近柱轴线一端的支座为基准。如图 9-10 所示，容器 F1004 以定位轴线编号为 7、B 的轴线作为基准线，以容器中心线为基准的定位尺寸是 3000mm，靠近柱轴线一端容器支座为基准的定位尺寸是 2000mm。

b. 立式反应器、塔、槽、罐和换热器以中心线为基准。如图 9-10 所示，塔 E1001 以定位轴线编号为 6、D 的轴线作为基准线，塔 E1001 以中心线为基准的定位尺寸分别是 2500mm、4500mm＋5000mm。

c. 离心式泵、压缩机、鼓风机、蒸汽透平以中心线和出口管中心线为基准。如图 9-10 所示，离心式压缩机 J1003A 以定位轴线编号为 4、A 的轴线作为基准线，以离心式压缩机 J1003A 中心线和出口管中心线为基准的定位尺寸分别是 2500mm、8200mm。

d. 往复式泵、活塞式压缩机以缸中心线和曲轴（或电机轴）中心线为基准。

e. 板式换热器以中心线和某一出口法兰端面为基准。

f. 当某一设备已采用建筑定位轴线为基准线标注定位尺寸后，邻近设备可依次用已标出定位尺寸的设备中心线为基准来标注定位尺寸，如图 9-10 中换热器 C1002 的定位尺寸 5800mm、500mm 就是以 E1001 中心线为基准标注的定位尺寸。

② 设备高度方向定位尺寸。以标高表示，标高基准一般选择首层室内地面。

a. 卧式换热器、槽、罐一般以中心线标高表示（ΦEL××××），如图 9-10 所示，容器 F1004 以室内地面 EL100.000 作为基准，标高表示为 ΦEL102.500，说明容器中心线到室内地面的距离是 2.5m。

b. 立式、板式换热器一般以支撑点标高表示（POSEL××××），如图 9-10 所示，立式换热器 C1003 以室内地面 EL100.000 作为基准，标高表示为 POSEL100.500，说明换热器支座的支撑点与地面的距离是 0.5m。

c. 反应器、塔和立式槽罐一般以支撑点标高表示（POSEL××××），如图 9-10 所示，塔 E1001 以室内地面 EL100.000 作为基准，标高表示为 POSEL101.200，说明塔支座的支撑点与地面的距离是 1.2m。

d. 泵、压缩机以主轴中心线标高（ΦEL××××）或表示底盘底面标高（即基础顶面标高 POSEL××××）表示。如图 9-10 所示，离心式压缩机 J1003A 以室内地面 EL100.000 作为基准，标高表示为 POSEL100.300，说明压缩机基础顶面到室内地面的距离是 0.3m。

（3）设备的位号标注　如图 9-10 所示，在设备图形中心线上方标注出设备位号，该位号与管道仪表流程图的一致，下方标注支撑点（如 POSEL×××.×××）或中心线（如 ΦEL×××.×××）或支架架顶（如 TOSEL×××.×××）的标高。

（4）其他标注

① 管廊、管架应注出架顶的标高（TOSEL××××），如图 9-10 所示，管廊 TOSEL105.200。

② 辅助间和生活间应写出各自的名称，如图 9-10 中的维修间和生活间。

③ 对于管廊、进出界区管线、埋地电缆、地下管道、排水沟在图示处标注出来。

三、设备布置图的识读

识读设备布置图的目的，是为了了解设备在工段（装置）的具体布置情况，指导设备的安装施工以及开工后的操作、维修或改造，并为管道布置建立基础。识读设备布置图的步骤如下。

① 了解概况。根据管道仪表流程图、设备一览表了解基本工艺过程及设备的种类、名称、位号和数量；通过分区索引图了解设备分区情况，以及设备占用建筑物和相关建筑的情况；通过设备布置图上的标题栏了解每张图表达的重点。

② 看懂建筑结构。识读设备布置图中的建筑结构主要是以平面图、剖视图分析建筑物的层次，了解各层厂房建筑的标高，每层中的楼板、墙、柱、梁、楼梯、门、窗及操作平台、坑、沟等结构情况，以及它们之间的相对位置。由厂房的定位轴线间距可得厂房大小。

③ 掌握设备布置情况。

【知识拓展】

一、建筑图介绍

工厂车间的设备是与厂房建筑结构有着必然联系的，在设备布置图中一般是以厂房建筑的某些结构为基准来确定的，由于在设备布置图中要牵涉到一些厂房建筑图的内容，因此首先要对建筑图样的基本知识进行简要介绍。

1. 房屋建筑图的基本表达形式

房屋建筑图与机械制图一样，也是按正投影原理绘制的，但由于建筑物与一般机械零件相比，无论在结构和外形上都有较大差别，因此在图样的表达方法和名称上也有其自身特点（图 9-13）。

房屋建筑图主要由平面图、立面图和剖面图构成。

① 平面图：如图 9-13（b）所示，假想经过门窗洞沿水平面将房屋剖开，移去上部，由上向下投射所得到的水平剖视图，称为平面图。

② 立面图：如图 9-13（c）所示，与房屋立面平行的投影面上所作出的房屋正投影图，

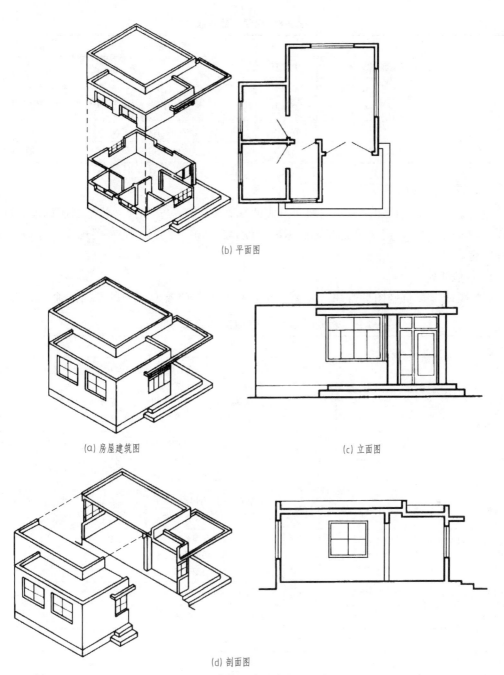

(b) 平面图

(a) 房屋建筑图　　　　　(c) 立面图

(d) 剖面图

图 9-13　建筑图的基本表达形式

称为立面图。

　　③ 剖面图：如图 9-13（d）所示，假想用正平面或侧平面将房屋剖开，移去剖切平面和观察者之间的部分，将剩余的部分向投影面投射所得到的剖视图，称为剖面图。

　　建筑制图中的视图与机械制图中的视图具有对应关系，只是在图名上有区别。表 9-8 列出了房屋建筑图与机械制图的视图图名对照。

　　2. 建筑图与机械图的图名对照

　　建筑图与机械图的图名对照见表 9-8。

表 9-8   视图名称对照

建 筑 图		机 械 图	建 筑 图		机 械 图
建筑立面图	正平面图	主视图	建筑平面图	各层平面图	水平剖视图
	侧立面图 左侧立面图	左视图			
	右侧立面图	右视图		屋顶平面图	俯视图
	背立面图	后视图		剖面图	垂直剖视图
	朝某向立面图	向视图		建筑详图	局部放大图

二、建筑图的简单规定

在了解了厂房结构和建筑图的视图形成的基础上，还需要掌握《建筑制图标准》(GB/T 50104—2001) 和《房屋建筑制图统一标准》(GB/T 5001—2001) 的有关规定，才能绘制和识读厂房建筑图。

1. 一般规定

(1) 图线   建筑制图标准中，主要规定各种线型在建筑专业中的专门用途，见表 9-9。

表 9-9   建筑制图的图线形式及应用

名　　称	线　　型	线　宽	用　　途
粗实线	——————	b	① 平、剖面图中被剖切的主要建筑构造(包括构配件)的轮廓线 ② 建筑立面图的外轮廓线 ③ 建筑构造详图中被剖切的主要部分的轮廓线 ④ 建筑构配件详图中的构配件的外轮廓线
中实线	——————	$0.5b$	① 平、剖面图中被剖切的次要建筑构造(包括构配件)的轮廓线 ② 建筑平、立、剖面图中建筑构配件的轮廓线 ③ 建筑构造详图及构配件详图中一般轮廓线
细实线	——————	$0.35b$	小于 $0.5b$ 的图形线、尺寸线、尺寸界线、图例线、索引符号、标高符号等
中虚线	– – – – –	$0.5b$	① 建筑构造及建筑构配件不可见的轮廓线 ② 平面图中的起重机(吊车)轮廓线 ③ 拟扩建的建筑物轮廓线
细虚线	- - - - - - -	$0.35b$	图例线，小于 $0.5b$ 的不可见轮廓线
粗点画线	—·—·—·—	b	起重机(吊车)轨道线
细点画线	—·—·—·—	$0.35b$	中心线、对称线、定位轴线
折断线	 ⌇	$0.35b$	不需画全的断开界线
波浪线	 ∿∿	$0.35b$	不需画全的断开界线构造层次的断开界线

(2) 比例   在建筑制图标准中规定了各种图样所采用的比例，见表 9-10。

表 9-10   建筑制图采用的比例

图　　名	比　　例
建筑物或构筑物的平面图、立面图、剖面图	1∶50,1∶100,1∶200
建筑物或构筑物的局部放大图	1∶10,1∶20,1∶50
配件及构造详图	1∶1,1∶2,1∶5,1∶10,1∶20,1∶50

2. 建筑图的符号

建筑图中常用的符号有对称符号、索引符号、详图符号、指北方向符号和剖切符号，见表 9-11。

表 9-11　建筑图中常用的符号

名称	画　法	说　明
对称符号	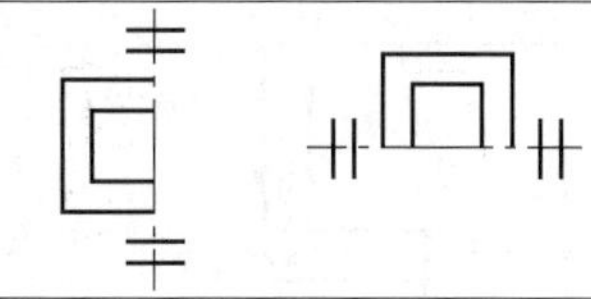	对称符号用细实线绘制,平行线长度宜为 6～10mm,平行线间距宜为 2～3mm,平行线在对称线两侧的长度应相等
直接索引	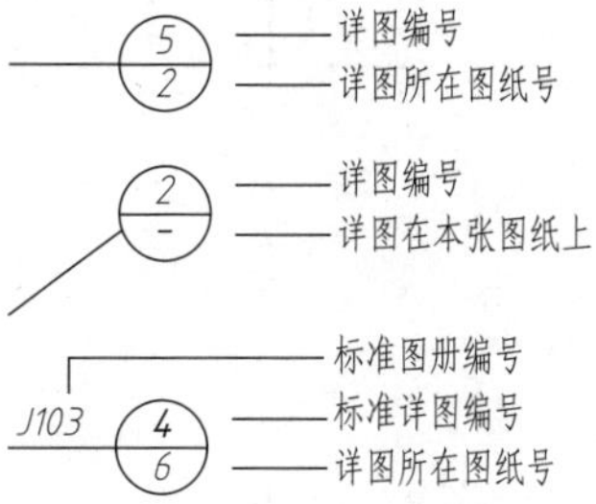	图样中的某一局部或构件如需另见详图,应以索引符号表示。如下面的图中,楼梯上的防滑条,原图上比例小画不清楚,要另画其详图,这时需要在原图上标注索引符号 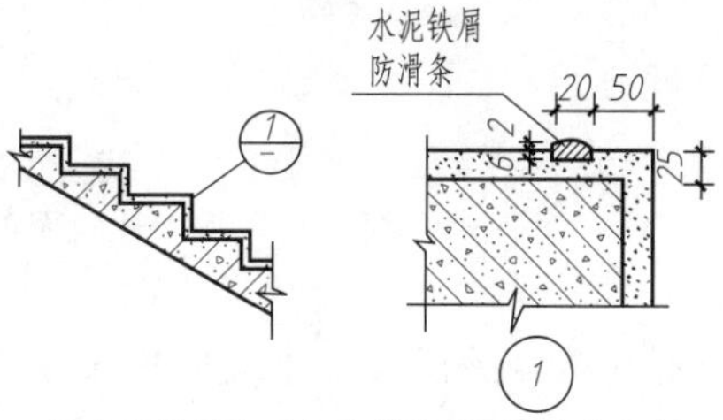 ①索引符号应以细实线绘制,圆的直径为 10mm ②上半圆用阿拉伯数字注明详图编号,下半圆用阿拉伯数字注明详图所在的图纸编号(若详图与被索引的图样同在一张图纸内,则画一段细实线) ③引出线宜采用水平方向的直线,与水平方向成 30°、45°、60°、90°的细实线,或经上述角度再折为水平方向的折线,引出线应对准索引符号的圆心 ④索引剖视详图时,应在被剖切的部位绘剖切位置线,引出线所在一侧为剖视方向
索引剖视	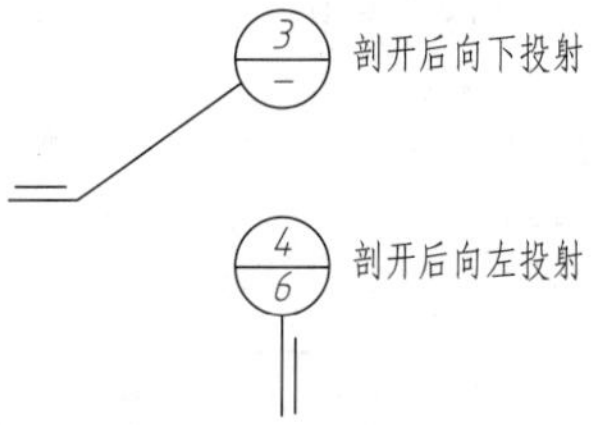	
详图符号	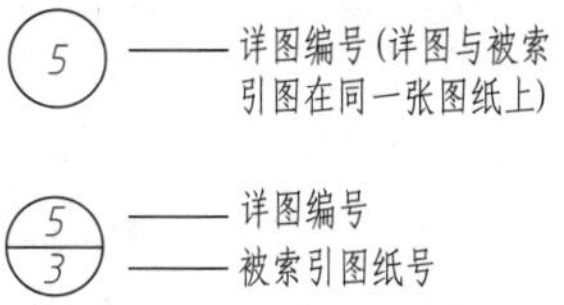	①详图符号表示详图的位置与编号,以直径为 14mm 的粗实线圆绘制 ②上半圆注明详图编号,下半圆中注明被索引图纸的图纸号(若详图与被索引的图样同在一张图纸内时,只注详图编号)
指北针和风玫瑰图	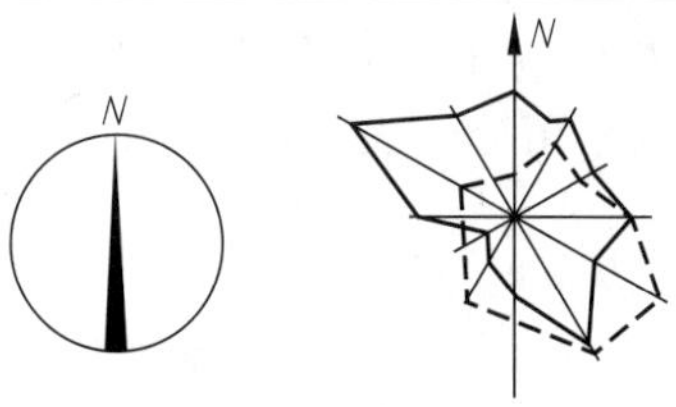	用细实线绘制,圆的直径为 24mm,指针尾部的宽度宜为 3mm,针尖方向为北向 指北针箭头所指的上方表示北方,下方表示南方,左方表示西方,右方表示东方,即上北、下南、左西、右东,与看地图的方向一致
剖切符号	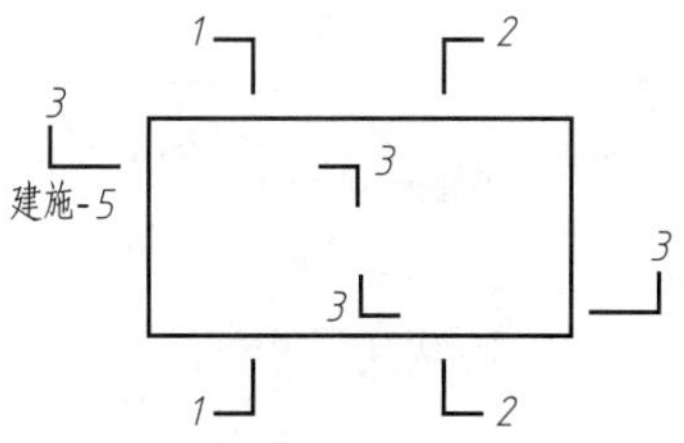	①剖视的剖切符号应由剖切位置线及投射方向线组成,均应以粗实线绘制。剖切位置线的长度宜为 6～10mm;投射方向线应垂直于剖切位置线,长度应短于剖切位置线,宜为 4～6mm。绘制时,剖视的剖切符号不应与其他图线相接触 ②剖视剖切符号的编号宜采用阿拉伯数字,按顺序由左至右、由下至上连续编排,并应注写在剖视方向线的端部 ③需要转折的剖切位置线,应在转角的外侧加注与该符号相同的编号 ④建(构)筑物剖面图的剖切符号宜注在±0.00 标高的平面

3. 尺寸标注

（1）房屋建筑图的尺寸标注　如图 9-14 所示，建筑制图中的尺寸终端用中粗斜短线绘制，其倾斜方向与尺寸界限成顺时针 45°，尺寸单位除总平面图以 m 为单位外，其余均以 mm 为单位。

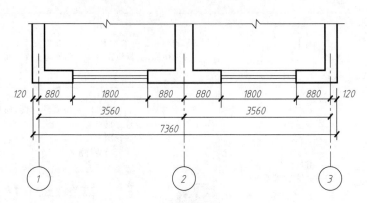

图 9-14　房屋建筑图的尺寸标注

（2）建筑图中标高符号的识读　建筑物各部分的高度用标高表示，单位为 m。图 9-15(a) 表示以底层室内地面作为零点标高的注写形式：±0.000；图 9-15(b) 表示标高在零点标高以上，为 +3.150m；图 9-15(c) 表示标高在零点标高以上，为 +1.300m；图 9-15(d) 表示标高在零点标高以下，为 −0.030m。

图 9-15　建筑图中标高符号

（3）定位轴线编号的识读（见图 9-16）　建筑物的承重墙、柱子等主要承重构件都应画上轴线以确定其位置。非承重的分割墙、次要的承重构件则可用分轴线。定位轴线用细点画线绘制，并在细实线圆圈内编号，如图 9-14 所示。在平面图中，横向编号采用阿拉伯数字自左至右顺序编写，如图 9-16(a) 所示；竖向编号用大写拉丁字母自上而下编写，如图 9-16(b) 所示，在两个柱子之间如果附加分轴线时，则编号用分数表示，分子表示前一个柱

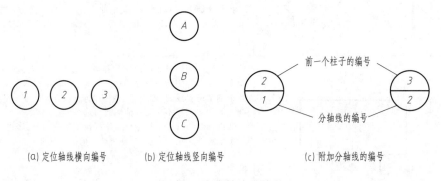

图 9-16　定位轴线的编号

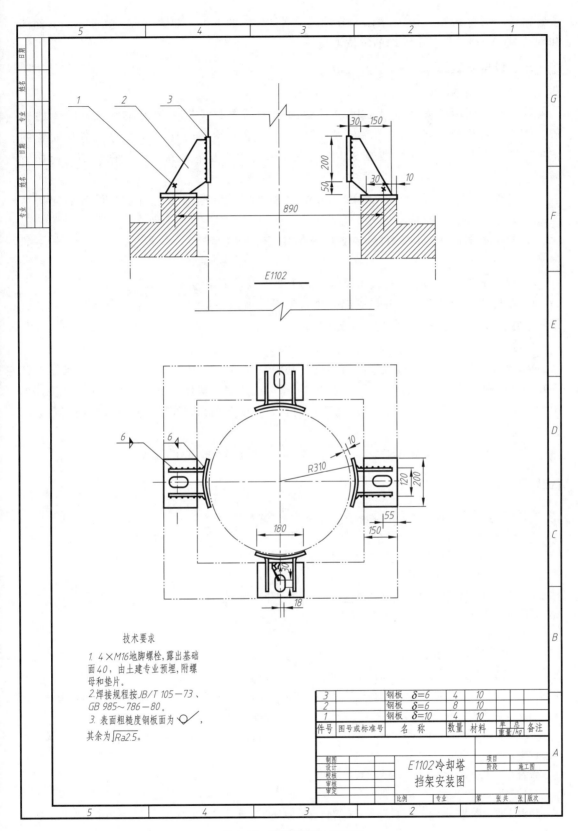

图 9-17　冷却塔挡架安装图

子的编号，也用 1、2、3……表示，分母表示附加轴线的编号，如图 9-16(c) 所示。立面图和剖面图上一般只需画出两端的定位轴线。

三、设备安装图

1. 作用与内容

设备安装图用以表达安装、固定设备的非定型支架、支座、操作平台及附属的栈桥、钢梯、传动等设备，在设备布置设计中需要单独绘制图样，以作为制造与安装的依据。图 9-17 所示为冷却塔挡架安装图，从图中可以看出它与机械装配图相似，有如下内容。

① 一组视图：表示挡架各组成部分的结构形状、装配关系、挡架与设备的连接情况等。

② 尺寸标注：标明挡架各组成部分的定形、定位尺寸，与设备安装定位有关的尺寸。

③ 说明或附注：用于编写技术要求或施工要求以及采用的标准、规范。

④ 明细栏和标题栏：对各组成部分进行编号并列出明细栏，注写有关名称、规格、数量等。在标题栏中注写图名、图号、比例等。

2. 画法

① 设备安装图的画法与机械制图相近，其中主要表达内容（如支架、支座、操作平台等）的具体画法按《技术制图与机械制图》国家标准绘制。螺栓、螺母等采用简化画法。图中的设备和有关的厂房建筑结构属次要表达内容，一般采用细实线或双点画线绘制其有关部分的轮廓。

② 图纸幅面一般采用 A3 或 A2 图幅，比例一般为 1：20 或 1：10。

【课后训练】

识读软水处理系统设备布置图（题图 9-19-1），回答下面问题。

(1) 概括了解。

由标题栏可知，该图为_____装置的设备布置图。图中有_____平面图和_____的视图。

(2) 了解建筑物的结构和尺寸。

该图画出了厂房的定位轴线_____和_____，其横向定位轴线间距为_____m，纵向间距为_____m，厂房的地面标高为_____m，房顶标高是_____m。

(3) 看平面图和剖视图。

由平面图可知，厂房内安装有两台动设备和____台静设备，分别是_____和_____。厂房外安装有_____。动设备距离建筑轴线 A 的定位尺寸为_____m；距离轴线 1 的定位尺寸为_____m。静设备距离轴线 B 的定位尺寸是_____m；室内的静设备以轴线 1 为基准的定位尺寸是____m；室外的设备距离轴线 B 的定位尺寸是_____m。

(4) 平面图中静设备中心线上方标注_____，中心线下方标注了设备____的_____尺寸，动设备在中心线下方则标注的是_____的_____尺寸。

设备布置图中设备用_____线表示，基础用_____线表示，建筑物用_____线表示。

(5) 归纳总结。

该设备布置图共表示了____台设备的布置情况，除了图形外，右上角还有_____，用于指明厂房和设备的_____。

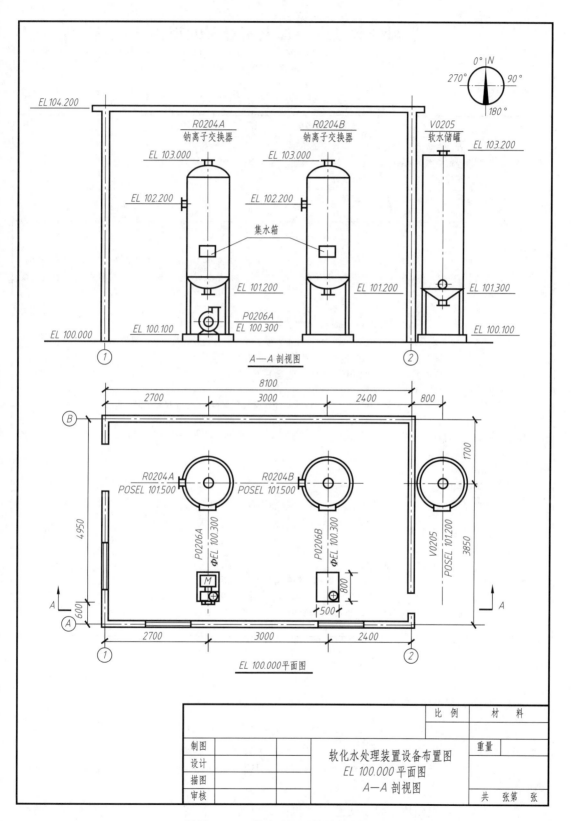

题图 9-19-1　软水处理系统设备布置图

学习任务二十　管道布置图的识读

【学习任务单】

任　务	软水处理系统管道布置图的识读	用　时	4 课时
知识目标	1. 了解管道布置图中管道和附件的常用画法。 2. 熟悉管道布置图的图示方法和标注方法及管段图的作用。 3. 掌握管道布置图的内容及其识读方法。		
技能目标	1. 具有简单管道布置图的绘制能力。 2. 能正确识读管道布置图。		

一、任务描述

　　管道的布置和设计是以管道仪表流程图、设备布置图及有关土建、仪表、电气、机泵等方面的图纸和资料为依据的。管道布置图(配管图)主要用于表达车间或装置内管道的空间位置、尺寸规格,以及与机器、设备的连接关系,是管道安装施工的重要依据。

二、任务实施要求

　　1. 识读管道布置图,需要结合施工流程图和设备布置图一起来分析。

　　2. 读图前,应通过管道及仪表流程图(PID 图)和设备布置图了解生产工艺过程及设备配置情况。

　　3. 读图时以平面布置图为主,配以剖面图,逐一搞清管道的空间走向等。

　　4. 详细分析了解厂房建筑、设备的布置情况、定位尺寸、管口方位等。

　　5. 分析管道走向、编号、规格及配件等的安装位置。

　　6. 对所有管道分析完毕后,再综合地全面了解管道及附件的安装布置情况,检查有无错漏之处。

三、相关资源

　　1. 软水处理系统管道布置图。

　　2. 教材知识链接内容。

　　3.《技术制图》与《机械制图》国家标准。

　　4. 相关教学课件。

四、任务实施说明

　　1. 资料学习。

　　2. 学生分组讨论,进行任务分析,每小组 2～3 人。

　　3. 小组讨论,概括了解,分析视图、分析管段的位置走向。

　　4. 学生独立完成管道布置图的识读内容。

　　5. 适当地了解空间非正方位管段的表达,熟悉相关的管架图和管件图。

五、课后评价

　　成果 50%,自我评价 10%,团队合作 20%,教师评价 20%。

【知识链接】

一、管道布置图的内容

　　管道布置图(配管图),主要用于表达车间或装置内管道的空间位置、尺寸规格,以及与机器、设备的连接关系。管道布置图是管道安装施工的重要依据。

　　图 9-18 所示为天然气脱硫系统管道布置图,从图中可以看出,管道布置图一般包括以下内容。

　　① 一组视图:视图按正投影法绘制,包括平面图和剖视图,用以表达整个车间(装置)建筑物和设备的基本结构以及管道、阀、管件、仪表控制点等的布置安装情况。

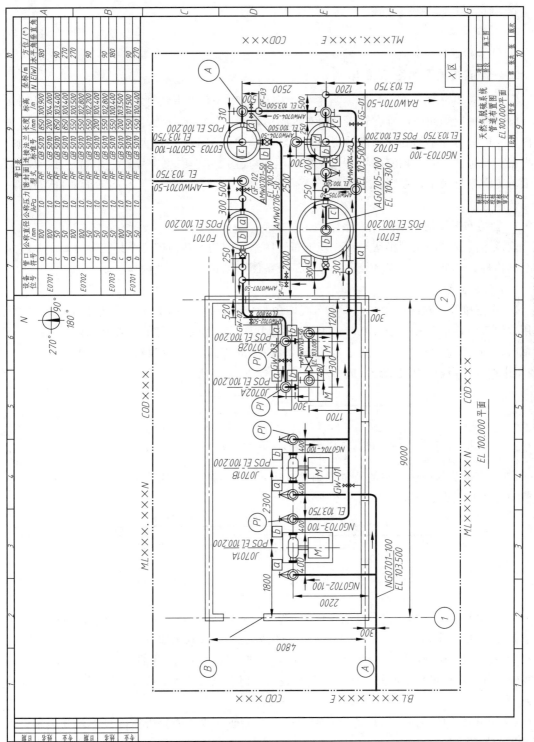

图9-18　天然气脱硫系统管道布置图

② 尺寸和标注：包括管道、管件、阀门、仪表控制点的定位尺寸和其他必要的相关标注和说明等。

③ 管口表。

④ 安装方位标。

⑤ 标题栏及修改栏。

二、管道布置图的图示特点

管道布置图一般只绘平面图。当平面图中局部表示不够清楚时，可绘制剖视图或轴测图，此剖视图或轴测图可画在管道平面布置图边界线以外的空白处（不允许在管道平面布置图内的空白处再画小的剖视图或轴测图）或绘在单独的图纸上。绘制剖视图时要按比例画，可根据需要标注尺寸。轴测图可不按比例，但应标注尺寸。剖视符号规定用 $A—A$、$B—B$ 等大写英文字母表示，在同一小区内符号不得重复。平面图上要表示所剖截面的剖切位置、方向及编号。

1. 管道布置图的图示方法

管道布置图采用正投影法绘制。管道布置图中视图的表达内容主要是三部分，一是建筑物及其构件，二是设备，三是管道。建筑及设备图参见设备布置图内容。

（1）管子画法

① 管道单线、双线的画法：管道布置图中，公称直径（DN）大于和等于 400mm 的管道用双线表示，小于和等于 350mm 的管道用单线表示。如果管道布置图中，大口径的管道不多时，则公称直径（DN）大于和等于 250mm 的管道也可用双线表示。单线用粗实线（或粗虚线），双线用中粗实线（或中粗虚线），如图 9-19 所示。

(a) 单线　　　　　　　(b) 双线

图 9-19　管道单线、双线的表示方法

② 管道箭头的画法：在适当位置画箭头表示物料流向，单线管道箭头画在管线上，双线管道箭头画在中心线上，如图 9-20 所示。

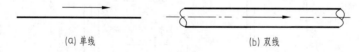

(a) 单线　　　　　　　(b) 双线

图 9-20　管道单线、双线箭头的表示方法

③ 管道转折的画法：向下弯折 90° 角的管道，画法如图 9-21(a) 所示；向上弯折 90° 角的管道，画法如图 9-21(b) 所示；大于 90° 角的弯折管道，画法如图 9-21(c) 所示。

④ 管道交叉的画法：当两管道交叉时，可把被遮挡的管道的投影断开，画法如图 9-22(a) 所示；也可将上面管道的投影断开表示，以便看见下面的管道，画法如图 9-22(b) 所示。

⑤ 管道重叠的画法：当管道投影重叠时，将上面（或前面）管道的投影断开表示，下面管道的投影画至重影处，稍留间隙断开，如图 9-23(a)、(c) 所示；当多条管道投影重叠时，可将最上（或最前）的一条用"双重断开"符号表示，如图 9-23(b) 所示，也可在投影断开处注上相应的小写字母，如图 9-23(d) 所示。

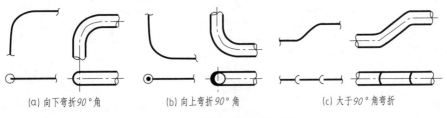

(a) 向下弯折90°角　　　　　(b) 向上弯折90°角　　　　(c) 大于90°角弯折

图 9-21　管道转折的表示方法

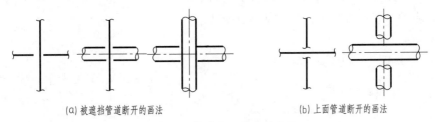

(a) 被遮挡管道断开的画法　　　　　　　(b) 上面管道断开的画法

图 9-22　管道交叉的表示方法

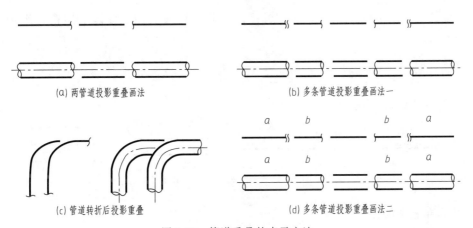

(a) 两管道投影重叠画法　　　　　　　(b) 多条管道投影重叠画法一

(c) 管道转折后投影重叠　　　　　　(d) 多条管道投影重叠画法二

图 9-23　管道重叠的表示方法

⑥ 管道连接画法：两段直管道相连有四种型式，如图 9-24（a）所示。当管道用三通连接时，可能形成三个不同方向的视图，其画法如图 9-24（b）所示。

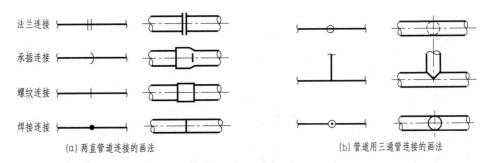

法兰连接

承插连接

螺纹连接

焊接连接

(a) 两直管道连接的画法　　　　　　　(b) 管道用三通管连接的画法

图 9-24　管道连接的表示方法

（2）管道附件（管件、阀门及仪表控制点）画法

① 管道上管件因连接方式不同，画法也不同，当管件是螺纹或承插焊连接，用一短线

(a) 螺纹或承插焊连接　　(b) 法兰连接　　(c) 对焊连接

图 9-25　管件连接的表示方法

表示；其画法如图 9-25(a) 所示；当管件是法兰连接，用两短线表示，如图 9-25(b) 所示；当管件是焊接则用圆点表示，如图 9-25(c) 所示。

② 管道上的阀门符号用细实线按规定符号画出。必要时应画出控制元件图示符号的类型（手动、电动、气动等）和位置，如图 9-26 所示。

手动元件　电动元件　自动元件　薄膜元件　　　手动　　　　电动

(a) 常用控制元件符合　　　　　　(b) 阀门和控制元件的组合表示

图 9-26　阀门与控制元件的表示方法

（3）管道支架　是用来支承和固定管道的，其位置一般在平面图上用符号表示，如图 9-27所示。

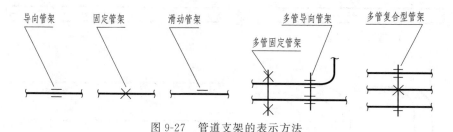

导向管架　　固定管架　　滑动管架　　　　多管导向管架　　多管复合型管架

多管固定管架

图 9-27　管道支架的表示方法

2. 管道布置图的标注

管道布置图中标注的标高、坐标以 m 为单位，小数应取三位数至毫米为止。其余的尺寸一律以 mm 为单位，只注数字，不注单位。管子公称直径一律用 mm 表示。

基准地平面的设计标高宜表示为 EL100.000，低于基准地平面者可表示为 9×.×××。

（1）厂房建筑、构件的尺寸和标注

① 标注建（构）筑物定位轴线编号及柱距尺寸。

② 标注地面、楼面、平台面、吊车的标高。

③ 标注电缆托架、电缆沟、仪表电缆槽、架的宽度和底面标高以及就地电气、仪表控制盘的定位尺寸。

④ 标注吊车梁定位尺寸、梁底标高、荷载或起重能力。

⑤ 标注管廊柱距尺寸（或坐标）及各层的顶面标高。

（2）设备的尺寸和标注

① 按设备布置图标注所有设备的定位尺寸和基础面（或中心线、支撑面）标高。

② 按设备图用 5mm×5mm 的方块标注设备管口符号、管口方位（或角度）、底部或顶部管口法兰面标高、侧面管口的中心标高和斜接管口的工作点标高等，如图 9-28 所示。

③ 在管道布置图的设备中心线上方标注与流程图一致的设备位号，下方标注支撑点

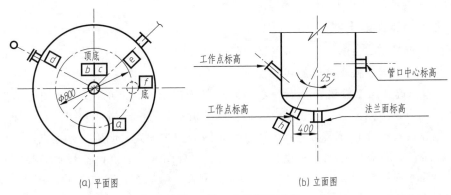

(a) 平面图   (b) 立面图

图 9-28   管口方位标注示意

（如 POS EL×××.×××）或主轴中心线（如 ΦEL×××.×××）或支架架顶（如 TOS EL×××.×××）的标高。剖视图的设备位号注在设备近侧或设备内。

（3）管道的尺寸和标注

① 主要标注部位。

a. 以建筑物或构筑物的定位轴线、设备中心线、设备管口中心线、区域界线（或接续图分界线）等作为基准标注管道、管件、阀门和仪表控制点的定位尺寸。

b. 按 PID 在管道上方（双线管道在中心线上方）标注管道号（包括介质代号、管道编号、公称直径、管道等级及隔热型式）及流向，下方标注管道标高（标高以管道中心线为基准时，只需标注数字如 EL×××.×××，以管底为基准时，在数字前加注管底代号如 BOP EL×××.×××），写不下时可引出标注。

由于管道布置图表示内容较多，为使图纸清晰，PID 上的管道号与管道布置图上的管道号写法略有不同（图 9-29）。

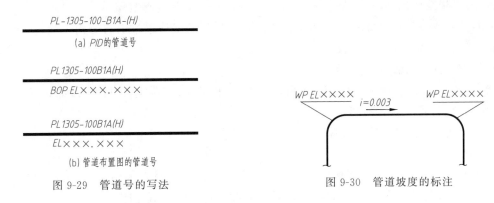

PL-1305-100-B1A-(H)

(a) PID 的管道号

PL 1305-100B1A(H)

BOP EL×××.×××

PL 1305-100B1A(H)

EL×××.×××

(b) 管道布置图的管道号

图 9-29   管道号的写法

图 9-30   管道坡度的标注

c. 在仪表控制点的圆内按 PID 的符号及编号填写。

② 其他标注部位。

a. 有特殊要求的管道要标注其要求的定位尺寸或标高，如液封高度、有袋形弯的管道等应标注相应尺寸、文字或符号。

b. 标出异径管前后端管子的公称通径，如 $DN80/50$ 或 $80×50$。

c. 有坡度的管道，应标注坡度（代号号用 i）和坡向，如图 9-30 所示。

d. 非 90°的弯管和非 90°的支管连接，要注出角度。

e. 每个管架标注一个独立的管架号。

三、管道布置图的识读

识读管道布置图的目的，是了解管道、管件、阀门、仪表控制点等在车间（装置）中的具体布置情况，识读设备布置图的步骤如下。

（1）了解概况　由于管道布置设计是在工艺管道仪表流程图和设备布置图的基础上进行的，因此首先应找出相关的工艺管道仪表流程图、设备布置图及分区索引图等图样，了解生产工艺过程、设备配置和分区情况，再通过本张图的初步识读，明确表达重点。

（2）看懂管道的来龙去脉　参考工艺管道仪表流程图，从起点设备开始按流程顺序、管道编号，对照平面图和剖视图，逐条弄清其投影关系，明确管道走向，并在图中找出管件、阀门、控制点、管架等位置。

（3）建立起设备与管道连接的空间形状　在看懂管道走向的基础上，在平面图上，以建筑定位轴线、设备中心线、设备管口法兰等为尺寸基准，识读管道的水平定位尺寸；在剖视图上，以地面为基准，识读管道的安装标高；管口表上识读管道在设备上的位置及标高；最后参考安装方位标、管道轴测图最终建立起设备与管道连接的空间形状。

四、实例

识读天然气脱硫系统管道布置图（图 9-18）。

① 了解概况：通过对管道仪表流程图和设备布置图的识读，了解天然气脱硫系统的生产工艺过程和设备的布置，再通过本图的初步识读和标题栏内容，了解到本张图重点是 EL100.000 平面的管道配置。

② 看懂管道的来龙去脉。

a. 天然气管道。

NG0701-100、NG0702-100：天然气管道从室外南墙分两路进入厂房，由南向北，再向下拐进入罗茨鼓风机（J0701A、B）气体入口管，此管道上装有闸阀。

NG0703-100、NG0704-100：由罗茨鼓风机加压后的气体通过出口管由下而上，再从北向南，向东拐，两根出口管汇合后出厂房，向下拐进入脱硫塔（E0701）的气体进口管，此管道上装有闸阀和就地压力指示仪表。

NG0705-100：脱硫后的气体从塔顶出去，向东拐，再向下拐从底部进入除尘塔（E0702），此管道上装有闸阀。

NG0706-100：除尘后的气体从除尘塔塔顶出去后，向南拐出界区。

b. 氨水管道。

AMW0701-50：氨水由界区的北面进入，由北向南，正对氨水储罐（F0701）的进液口（a 管口）向下打了一个 U 形弯进入氨水储罐，此管道上装有截止阀。

AMW0702-50：氨水从储罐的底部出去接了一个阀门后，向下拐，进入地沟，再从东向西进入厂房、由北拐向南、由东向西拐、由下而上分两根管路进入氨水泵（J0702A、B），此管道上装有截止阀。

AMW0703-50、AMW0704-50、AMW0705-50：氨水经氨水泵加压后，从氨水泵（J0702A）的出口管（AMW0703-50），自下而上，向东拐，连在氨水泵（J0702B）的出口管（AMW0704-50）上，汇集后，由北向南、由西向东出厂房，再经过脱硫塔和除尘塔后，向北拐、向下打了一个 U 形弯、由东向西进入再生塔（E0703）将氨水再生；同时，加压氨水还至脱硫塔进行脱硫（AMW0705-50）；在 AMW0703-50 管道上装有一个截止阀和一个止回阀，AMW0704-50 管道上装有一个截止阀和一个止回阀，在 AMW0705-50 管道上装有一个截止阀。AMW0706-50、AMW0707-50：经过再生后的氨水与脱硫塔的氨水汇合，由南向北、再向下接在氨水泵入口管道上（AMW0702-50），氨水循环使用。在 AMW0706-50、AMW0707-50 管道上各装有一个截止阀。

　　c. 原水管道。

RAW0701-50：原水由界区自南向北，正对除尘塔的进液口（c 管口），向下打了一个 U 形弯，然后由东向西进入除尘塔，此管道上装有一个截止阀。

　　③ 建立起设备与管道连接的空间形状。

【知识拓展】

一、管道布置图的绘制

1. 绘图前的准备工作

（1）了解有关图纸和资料　在绘制管道布置图之前，应先从有关图纸资料中了解设计说明、本项目工程对管道布置的要求以及管道设计的基本任务，充分了解和掌握工艺生产流程、厂房建筑的基本结构、设备布置情况及管口的配置。

（2）考虑管道布置的合理性　管道布置将直接影响工艺操作、安全生产、输出介质的能量损耗及管道的投资，同时也存在管道布置美观的问题。对于管道布置的合理性，主要需要掌握《化工装置管道布置设计工程规定》(HG 20549.2—1998) 和《化工装置管道布置设计技术规定》(HG 20549.5—1998) 的知识。下面简要介绍合理布置管道的一些主要原则及应考虑问题。

① 物料因素。对易燃、易爆、有毒及腐蚀性的物料管道应避免敷设在生活间、楼梯和走廊处，并应配置安全装置（如安全阀、防爆膜及阻火器等），其放空管要引至室外指定地点，并符合规定的高度。腐蚀性强的物料管道，应布置在平行管道的外侧或下方，以防泄漏时腐蚀其他管道。冷、热管道应分开布置，无法避开时，热管在上，冷管在下。管外保温层表面的间距，在上下并行时不少于 0.5m，交叉排列时不少于 0.25m。

为了防止停工时物料积存在管内，管道设计时一般应有 (1/100)～(5/1000) 的坡度。当被输送的物料含有固体颗粒或黏度较高时，管道坡度还应比上述值大一些。对于坡度和坡向无明确规定的管道，可将敷设坡度定为 2/1000，坡向朝着便于流体流动和排放的方向。

② 便于操作及安全生产。管道布置的空间位置不应妨碍设备的操作，如设备的人孔、手孔的前方不能有管道通过，以免影响其正常使用。阀门要安装布置在便于操作的部位，对操作时频繁使用的阀门，应按操作的顺序依次排列。不同物料的管道及阀门，可涂刷不同颜色的油漆加以区别。容易开错的阀门，相互要拉开间距布置，并在明显处加以明确的标志。管道和阀门的重量，不要支承在设备上。

距离较近的两设备之间，管道一般不应直连，如图 9-31(a) 所示，因垫片不易配准，难以紧密连接，且会因热胀冷缩而损坏设备，建议用波形伸缩器或采用 45°斜接和 90°弯连接，如图 9-31(b)、(c)、(d) 所示。

不同材料的管道与管架之间（如不锈钢管与碳钢管架），不应直接接触，以防止电化学腐蚀。管道通过楼板、屋顶、墙壁或裙座时，应安装一个直径较大的管套，管套两端伸出 50mm 左右。管道的敷设，要避免通过电动机、配电盘、仪表盘的上空，以防止管道中介质

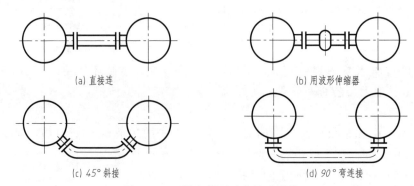

(a) 直接连　　　　　　　　　(b) 用波形伸缩器

(c) 45°斜接　　　　　　　　(d) 90°弯连接

图 9-31　两设备较近时的管道连接

的跑、冒、滴、漏造成事故。

　　此外，对于管道上的温差补偿装置、管架的间距、管子在管架上的固定端及活动端分布等问题，都要给予充分考虑和注意，还应顾及电缆、照明、仪表、暖风等其他管道。

　　③ 考虑施工、操作及维修方便。对敷设集中的并行管道，应将较重的管道布置在管架的支承部位，将支管及管件较多的管道安排在并行管的外侧。引出支管时，若是气体管或蒸汽管要从管上方引出，液体管则在管下方引出。有可能时管道要集中布置，共用管架。除了进行温差补偿需要外，管道应尽量走直线，且不应妨碍交通、门窗、设备使用及维修。在行走的过道地面至 2.2m 的空间，也不应安装管道。管道应避免出现"气袋"、"口袋"或"盲肠"。

　　管道应集中并架空布置，应尽量沿厂房墙壁安装，管道与墙壁间应能容纳管件、阀门等，同时也要考虑方便维修。

　　2. 绘图方法与步骤

　　下面以天然气脱硫系统管道布置图为例介绍绘图方法与步骤（图 9-31）。

　　① 确定视图配置。

　　② 选定比例与图幅。

　　③ 绘制管道布置平面图。

　　a. 参照设备平面布置图，用细点画线、细实线和粗双点画线，画出具有厂房建（构）筑物、带有管口方位的设备和管道布置界区的平面图，如图 9-32(a) 所示。

　　b. 按流程顺序，管道布置原则，管道、管件、管架、阀门、仪表控制点线型要求按比例用粗实线（粗虚线）、中粗实线（中粗虚线）、细实线画出管道平面图，如图 9-32(b) 所示。

　　c. 对厂房建（构）筑物、设备和管道进行标注，如图 9-32(c) 所示。

　　d. 最后在检查无误的情况下，画出方位标、管口表，并注写管口表内容。

　　④ 绘制管道剖视图（与管道布置平面图基本相同）。

二、管道轴测图

　　1. 管道轴测图的作用和内容

　　管道轴测图是用来表达一个设备至另一设备、或某区间一段管道的空间走向，以及管道上所附管件、阀门、仪表控制点等安装布置情况的立体图样。管道轴测图能全面、清晰地反映管道布置的设计和施工细节，便于识读，还可以发现在设计中可能出现的差错，避免发生

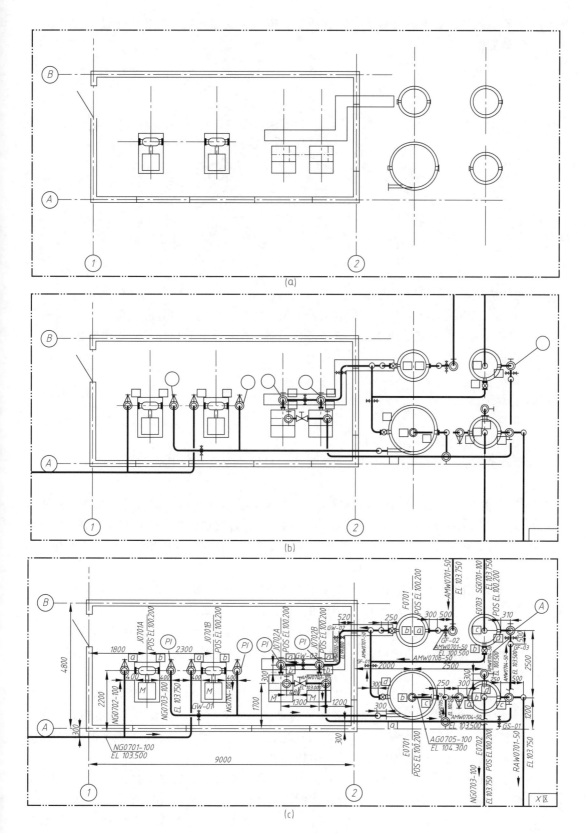

图 9-32　管道布置图绘制

在图样上不易发现的管道碰撞等情况，有利于管道的预制和加快安装施工进度。图 9-33 所示为一段轴测图。

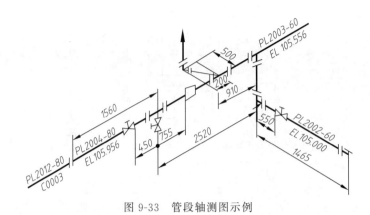

图 9-33　管段轴测图示例

管道轴测图一般包括以下内容。

① 图形：按正等轴测投影绘制的管道及其所附管件、阀门等符号的图形。

② 尺寸及标注：包括管道编号、管道所接设备的位号及其管口序号和安装尺寸等。

③ 方向标。

④ 技术要求。

⑤ 材料表。

⑥ 标题栏。

2. 管道轴测图图形的表示方法

管道轴测图的图形按正等轴测（或斜等测）投影绘制而成，其表示方法还应注意以下几点。

① 管道轴测图反映的是个别局部管道，原则上一个管段号画一张管道轴测图。对于复杂的管段，或长而多次改变方向的管段，可利用法兰或焊接点作为自然点断开，分别绘制几张管道轴测图，但需用一个图号注明页数。对比较简单、物料、材质均相同的几个管段，也可画在一张图样上，并分别注出管段号。

② 绘制管段图可以不按比例，根据具体情况而定，但位置要合理整齐，图面要均匀美观，即各种阀门、管件的大小及在管道中的位置、相对比例要协调。

③ 管道一律用粗实线单线绘制，管件（弯头、三通除外）、阀门、控制点和管道与管件的连接则用细实线以规定的图形符号绘制，相接的设备可用细双点画线绘制，弯头可以不画成圆弧。

④ 阀门的手轮用一短线表示，短线与管道平行。阀杆中心线按所设计的方向画出。

⑤ 为便于安装维修和操作管理，并保证劳动场所整齐美观，一般工艺管道布置大都力求平直，使管道走向同三轴测方向一致，但有时为了避让，或由于工艺、施工的特殊要求，必须将管道倾斜布置，此时称为偏置管（也称斜管）。

在平面内的偏置管，用对角平面或轴向细实线段平面表示，如图 9-34（a）所示；对于立体偏置管，可将偏置管绘在由三个坐标组成的六面体内，如图 9-34（b）所示。

⑥ 必要时，画出阀门上控制元件图示符号，传动结构、型式适合于各种类型的阀门，如图 9-35 所示。

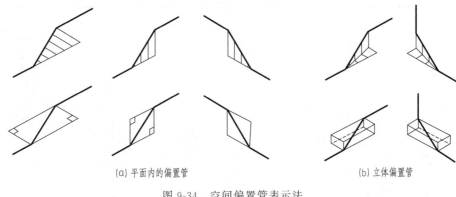

(a) 平面内的偏置管   (b) 立体偏置管

图 9-34　空间偏置管表示法

(a) 电动式   (b) 气动式   (c) 液压式

图 9-35　仪表控制元件表示法

【课后训练】

识读软水处理系统管道布置图（题图 9-20-1），回答下面的问题。

1. 概括了解

由标题栏可知，该图为_____装置的管道布置图。用了两个图形来表示，一个_____图和_____图。管道布置图中共有设备____台，主要表示介质_____和_____的管道。

2. 看建筑物与设备布置情况

由建筑物_____编号可知，设备和管道布置在_____及___轴线间的 EL100 平面为基础的空间内。厂房内布置有设备_____种共_____台，厂房外布置有设备_____台；图中设备仅注写其_____，它们分别为_____。

3. 分析管道的空间走向、编号、规格及配件等

（1）从自来水总管来的原水由标高为___的管道_____向_____，距离设备 R0204A 中心线处___m时分成两路，一路继续向_____去设备_____，另一路向_____，至设备 R0204A 的前后对称中心线处拐弯向_____，至标高为___时，再拐弯向_____，经压力表___与设备 V0204A 的接管___相连进入钠离子交换器。

（2）软水由交换器底部接管_____流出，向下至标高 EL___时拐弯向_____，距离设备中心线_____m时，再拐弯向_____向_____，经过分析点和___阀、四通管又拐弯向下，至标高 EL100 继续拐向右，距离建筑轴线 2___m时又拐向后，至设备 V0205（软水槽）前后对称中心线处再拐向上，经_____阀至标高 EL103.5 处拐向_____向_____与设备 V0205 的接管相连进入设备内。

（3）软水设备 V0205 的接管口_____出来后由软水泵输入_____。

（4）管道上安装有截止阀___个，压力表_____块，分析取样点___处。

4. 归纳总结

对视图、设备、管道空间走向等了解后，再结合管路、附件等的安装情况，将整个管道布置图弄明白。

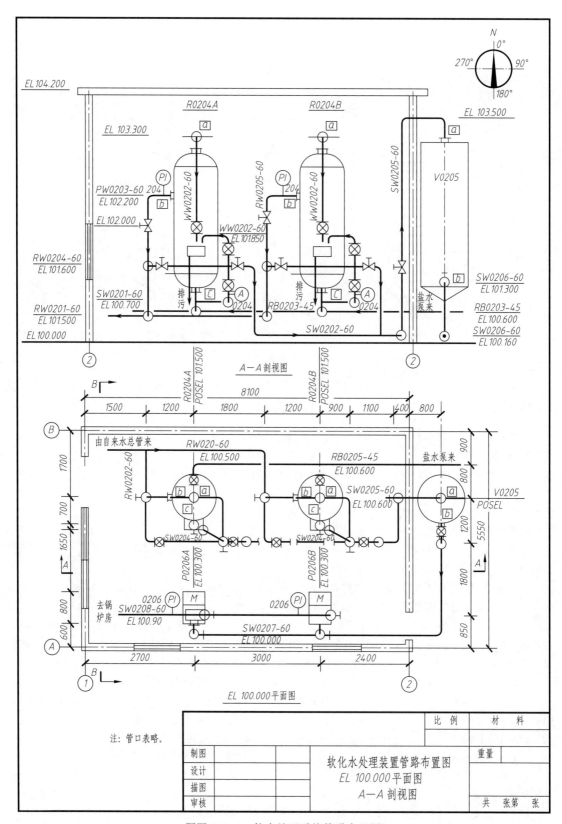

题图 9-20-1　软水处理系统管道布置图

情境十　AutoCAD 简介

学习任务二十一　用 AutoCAD2014 软件构形

【学习任务单】

任 务	用 AutoCAD2014 软件构形	用 时	10 课时
知识目标	1. 掌握 AutoCAD2014 的基本知识：用户界面、命令和数据输入方法、对象选择方式等。 2. 掌握常用绘图与编辑命令。 3. 掌握平面图形绘制及尺寸标注。		
技能目标	1. 能熟练掌握 AutoCAD2014 常用绘图与编辑命令。 2. 能用 AutoCAD2014 绘制简单的零件图和化工图样。		

一、任务描述

AutoCAD 软件经历了多次的升级换代，其功能不断完善、强大，现已成为国际上广为流行的绘图工具，广泛用于工程界各个领域。同时也是工科类学生必学的绘图基础软件。

通过本任务的学习，学生能通过 AutoCAD 绘制简单的零件图和化工图样。

二、任务实施要求

1. 在老师指导下，掌握常用绘图与编辑命令。

2. 任务实施过程中，学生要注意命令行中的选项，并灵活运用，平时要多练习，熟能生巧。

3. 能独立完成简单零件图和化工图样的绘制。

三、相关资源

1. 教材知识链接内容。

2. 计算机和 AutoCAD2014 软件。

3.《技术制图》与《机械制图》国家标准。

4. 相关教学课件。

四、任务实施说明

1. 学生分组，每小组 3～4 人。

2. 小组进行任务分析。

3. 现场教学。

4. 小组讨论，分析出绘图所采用的命令、技巧和注意点。

5. 学生一人一机绘图练习。

6. 老师集中总结。

五、考核评价

成果 50%，自我评价 10%，团队合作 20%，教师评价 20%。

【知识链接】

AutoCAD 是美国 Autodesk 公司开发的计算机辅助绘图和设计软件包，是当今流行的绘图软件之一，具有强大的二维绘图、三维造型以及二次开发等功能。自 1982 年问世以来深受中国工程技术人员的青睐。如今，AutoCAD 已广泛应用于机械、建筑、电子、航空、轻工、纺织、化工、环保及工程建设的各个领域。

AutoCAD2014 是目前最常用的版本，该版本绘图功能更加强大，在运行速度、图形处理、网络功能等方面都达到了崭新的水平。本章以 AutoCAD2014 中文版为蓝本，简单介绍该软件的基本知识和基本操作。

一、AutoCAD2014 的基本知识

（一）AutoCAD2014 的基本功能

1. 二维绘图功能

AutoCAD2014 提供了一组对象（line、circle、arc 等）来构造图形。对象就是绘图时所用的图形元素（图元），用一条命令就可以将一个对象画进图中。除了常用的直线、圆、圆弧外，文本、块、属性、尺寸标注等也是对象。

2. 图形编辑功能

AutoCAD2014 提供了很强的对图形进行修改、编辑的功能，如删除、恢复、移动、复制、镜像、旋转、阵列、修剪、拉伸、倒角等。同时还提供辅助绘图的功能，如栅格、捕捉、自动跟踪和辅助作图线等。

3. 图形显示功能

AutoCAD2014 提供了多种方法观看生成过程中的图形和是已经完成的图形。这些功能主要有缩放、平移、动态观察、漫游和飞行、三维视图控制、多视窗控制、重新生成图形等。

4. 三维实体造型功能

AutoCAD2014 进一步完善了三维实体造型模块，并且使其操作与二维操作类似。主要功能有：长方体、圆柱体、球、圆锥、圆环等基本形体的造型；通过并、交、差等布尔运算，生成复杂的形体；立体的编辑和显示；在三维动态模式下方便地生成二维视图。

5. 系统的二次开发功能

AutoCAD2014 不仅能胜任二、三维绘图工作，还可以采用多种方式进行二次开发或用户定制。

（二）AutoCAD2014 的启动、退出及用户界面

1. AutoCAD2014 的启动

在使用 AutoCAD2014 之前，必须进行软件的安装。安装结束后，在计算机桌面上将出现快捷图标，双击 ▣ 图标即可启动 AutoCAD2014，启动完成后的界面如图 10-1 所示。

AutoCAD2014 提供了 4 种不同的预设工作空间，用户可根据自己的需要进行选择，这些工作空间的差别主要是工具栏的不同，软件默认打开的是"草图与注释"工作空间，如图 10-1 所示。另外还有"三维基础"、"三维建模"、"AutoCAD 经典"三种工作空间。

完成 AutoCAD2014 的启动后，软件会自动打开一个名为 Drawing1.dwg 的新文件，在标题栏中可以看到该图形的名称，此时就可以开始绘图了。

2. 用户界面

打开或新建一个图形文件后，即进入 AutoCAD2014 用户界面，绘图时，通常进入"AutoCAD 经典"工作空间（图 10-2）。

（1）标题栏

标题栏位于主窗口的最上面，用于显示当前正在运行的程序名及文件名等信息，如果是

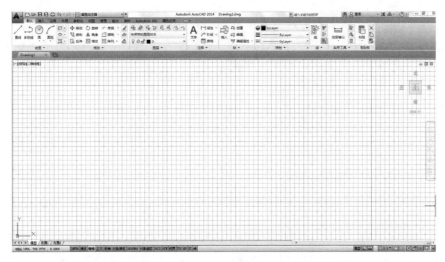

图 10-1 "草图与注释"工作空间

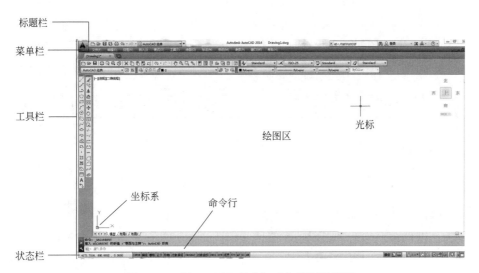

图 10-2 "AutoCAD 经典"工作界面标示图

AutoCAD2014 默认的图形文件，其名称为 DrawingN.dwg（其中 N 为数字）。AutoCAD2014 可以同时新建或打开多个图形文件，以便于用户在不同图形之间进行编辑与转换。单击标题栏右端的 ■□▣ 按钮，可以最小化、最大化或关闭程序窗口。

（2）菜单栏

在 AutoCAD2014 中，共有 12 项下拉菜单（图 10-3），当我们要选择某个菜单时，用鼠标左键单击主菜单项可下拉出子菜单，再按需要单击子菜单项，可完成大多数常用命令的输入。子菜单项后若有"▶"符号，表示还有下一级子菜单；若有"…"符号，表示选择该命令可以打开一个对话框。

（3）工具栏

为了提高用户的作图效率，AutoCAD2014 将同类功能的命令以图标按钮的形式组合在一起形成工具栏。一个带有特征图案的按钮，就代表一个操作命令。用户界面显示的工具栏

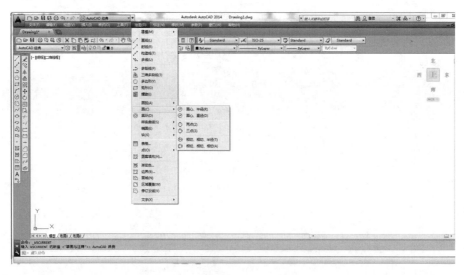

图 10-3　AutoCAD2014 的"绘图"菜单

有：标准工具栏、对象特性工具栏、绘图工具栏（图 10-4）、修改工具栏等。通过"视图"
菜单中"工具栏"选项，可以随时调用其他工具栏。工具栏的位置可根据需要拖移到屏幕的
任何地方。

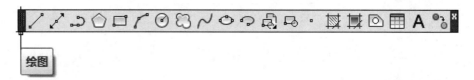

图 10-4　"绘图"工具栏

（4）绘图区

绘图区是用户在屏幕上绘图的工作区域。默认状态下，背景的颜色为黑色，用户可单击
"工具"菜单中"选项"，出现如图 10-5 所示的对话框，单击"显示"标签中的"颜色"按
钮，即可改变背景的颜色。用户还可以根据需要关闭其周围的工具栏，以增大绘图的空间。

（5）命令行

命令行位于绘图区的下部，主要用来接受用户输入的命令并显示 AutoCAD 系统相关的
提示信息。用户可利用鼠标调节该区域的大小。

（6）状态栏

状态栏位于屏幕的最下端，左侧是"图形坐标"区域，用来显示 AutoCAD2014 当前鼠
标指针所在位置的坐标值，在状态栏的中间是辅助绘图工具栏，主要用于设置一些辅助绘图
工具，如设置栅格、正交模式、极轴追踪、对象捕捉等，用户可单击鼠标左键来打开或关闭
这些功能按钮。

3. AutoCAD2014 的退出

当绘制和编辑图形结束后，用户可以打开"文件"下拉菜单，执行"退出"命令，或者
用鼠标单击屏幕右上角的"×"按钮来退出 AutoCAD2014。在退出时若用户尚未保存修改
后的图形，AutoCAD2014 会提醒用户是否将修改后的图形存盘，屏幕上将出现"警告"对

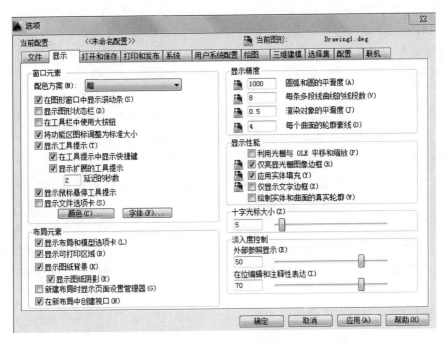

图 10-5 "选项"对话框

话框（图 10-6），这时根据需要选择"是"或"否"就可以了，选择"取消"则返回到图形绘制窗口。

图 10-6 "警告"对话框

（三）命令输入方法

使用 AutoCAD 进行绘图时，必须输入并执行一系列命令以完成相应的操作。当系统等待用户输入命令时，命令行的提示为"命令:"。命令的输入设备主要以鼠标和键盘为主，常用的操作方法有三种：菜单输入法、键盘输入法和图标输入法。

1. 菜单输入法

从菜单栏选择命令所在的主菜单项，拉出下拉菜单，点击相应的菜单项，命令行即出现相应的提示。

2. 键盘输入法

每个命令均有一个英文名，而且大多数命令都有缩写形式。从键盘输入与命令相应的英文字母（或缩写形式），回车后系统即进入命令执行状态。这种方法必须对命令的英文名较熟悉、键盘较熟练才能高效率地完成操作。

3. 图标输入法

用鼠标单击工具栏中相应命令图标，将产生与菜单输入相同的效果。

以输入"直线"命令为例：

① 菜单输入法：单击"绘图"打开下拉菜单，点击"直线"选项。

② 键盘输入法：从键盘输入"Line"（或"L"）并回车。

③ 图标输入法：在绘图工具栏中单击画直线图标"╱"。

按上述任一种操作方法输入"直线"命令后，系统进入执行命令状态，命令行出现提示信息，用户对于命令提示信息要给出正确回答。

在命令提示中，"or（或）"前的内容为命令操作默认选项，"〔〕"内为其他选项。其中又用斜杠"/"作为命令选项的分隔符。选项括号中的大写字母表示它的关键字母，选取某个选项，只需输入这个大写字母即可。在尖括号"＜＞"内出现的是默认项或当前值，若使用该项，直接回车即可。

现以画圆为例加以说明图标输入法：

在绘图工具栏中单击画圆图标"⊘"。

命令：_ circle 指定圆的圆心或〔三点（3P）/两点（2P）/相切、相切、半径（T）〕：10，10 ↙（给定画圆圆心）

指定圆的半径或〔直径（D）〕＜5.0000＞：20 ↙（给定画圆半径）

说明：画圆（Circle）有四种方式，即圆心与半（直）径方式、三点画圆方式（3P）、直径上两点画圆方式（2P）、双切点半径画圆方式。默认状态下为圆心半径方式，如需根据三点画圆，则必须输入"3P"，再按下一步命令提示进一步操作。

在执行命令过程中，当需要中断或取消命令时，可按键盘上的"Esc"键，系统将返回命令状态；在执行完某个命令后，如果要立即重复执行该命令，则需在"命令（Command）："提示符出现后，按一下回车键或空格键即可；当进行完一次操作后，如发现操作失误，则可单击"标准工具栏"中的"放弃"按钮，实现取消功能。

（四）数据输入方法

绘图过程中，往往需要输入必要的数据，如点的坐标、线段的长度值、某一角的角度、圆的半径值等。现将几种常用的输入方法介绍如下。

1. 任意拾取点法

当某点不需精确定位时，用户可以将光标移到绘图区的任意位置，单击鼠标左键拾取一点。

2. 坐标输入法

通过输入一个点的坐标，可以精确地定位该点的位置。AutoCAD 的坐标系与平面直角坐标系一致，X 轴为水平轴，水平向右为正方向，Y 轴为垂直轴，垂直向上为正方向，Z 轴垂直于 XY 平面，指向屏幕外为正方向。此坐标系为世界坐标系，缩写为 WCS，图标显示在绘图区的左下方。AutoCAD 的绘图区，相当于平面直角坐标系的第一象限，坐标原点默认为（0，0）。通常可以使用下述方法输入坐标。

（1）绝对直角坐标输入法　运行 AutoCAD2014 后，可以观察到状态栏左边的坐标值数字随着绘图区内光标的移动而变化，其中前一数字代表 X 轴的坐标值，第二个数字代表 Y 轴的坐标值，第三个数字代表 Z 轴的坐标值，在二维平面中 Z 轴的坐标值始终为 0.0000。这里显示的坐标为绝对直角坐标。

绝对直角坐标输入格式：当系统提示输入点时，输入"X，Y"，然后回车。

【实例一】 画一条长为 50 单位的水平方向直线。

具体操作步骤如下：

在绘图工具栏中单击"╱"。

命令：_line 指定第一点：10，10 ↙

指定下一点或 ［放弃（U）］：60，10 ↙

指定下一点或 ［放弃（U）］：↙

以上是用绝对直角坐标从已知点（10，10）画到另一已知点（60，10）得到一条长为 50 单位的水平直线，如图 10-7 中的直线 1。

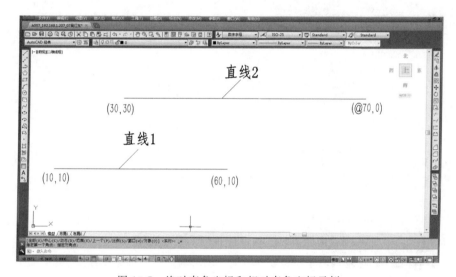

图 10-7　绝对直角坐标和相对直角坐标示例

（2）相对直角坐标输入法　用绝对直角坐标法画图有时使用起来很不方便，因为用户必须确定所绘图形的每一点的坐标值。因此为方便用户绘图及输入坐标，AutoCAD 为用户提供了相对坐标输入法。相对坐标输入法是指以某一已知点的坐标为原点输入当前点的坐标值。也就是说当用户知道一个点相对于另一个的 X 和 Y 方向的位移时，便可使用相对直角坐标来输入坐标点。相对坐标所关联的是前后输入的两个点之间的坐标关系，要输入一个相对坐标，需在坐标值之前加@符号。

相对直角坐标输入格式：当系统提示输入点时，输入"@ΔX，ΔY"，然后回车。

其中：如果位移沿 X 轴和 Y 轴的正方向，ΔX、ΔY 的值为正，反之为负。

【实例二】 以（30，30）为起点水平画一长度为 70 单位长的线段。结果得到如图 10-7 中的直线 2。

具体操作步骤如下：

在绘图工具栏中单击"╱"。

命令：_line 指定第一点：30，30 ↙

指定下一点或 ［放弃（U）］：@70，0 ✓

指定下一点或 ［放弃（U）］：✓（结果见图 10-7 中的直线 2）

（3）相对极坐标输入法　极坐标是指原点到某一点的距离和与 X 轴正方向的夹角来确定坐标点的表示方法，通常采用相对极坐标。

相对极坐标输入格式：当系统提示输入点时，输入"@$\rho<\theta$"然后回车。

其中：ρ 为输入坐标点与当前参考原点连线的长度，θ 为该连线与 X 轴正方向的夹角。在系统默认下，逆时针方式旋转的角度为正值，反之为负。

【实例三】　绘制长为 60mm 且与水平方向呈 30°角的直线。结果如图 10-8 所示。

具体操作步骤如下：

命令：_line 指定第一点：（任意拾取点 A）

指定下一点或 ［放弃（U）］：@60<30 ✓

指定下一点或 ［放弃（U）］：✓

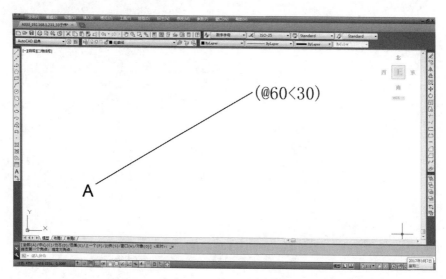

图 10-8　相对极坐标示例

3. 直接输入长度法

在绘制水平线或垂直线过程中，确定起始点后，当系统提示输入下一点时，打开正交模式，用鼠标指定出方向后直接输入长度值。

例如图 10-7 中的直线 2 可操作如下：

在绘图工具栏中单击"📐"。

命令：_line 指定第一点：30，30 ✓

指定下一点或 ［放弃（U）］：　＜正交　开＞70 ✓（光标指向起点的右侧）

指定下一点或 ［放弃（U）］：✓

说明：无论绘图命令还是编辑命令，只要是要求指定距离和角度的时候，均可以使用直接输入数值的方法。

4. 对象捕捉特殊点法

在图形绘制过程中，经常需要选取一些已有图形上的特殊点，如圆心、交点、端点、中点和垂足等，这些点靠人的眼力精确找出，往往做不到。AutoCAD 提供了对象捕捉功能，帮助我们快速、准确地捕捉到这些点，从而提高了绘图的速度和精度。"对象捕捉"工具栏见图 10-9。

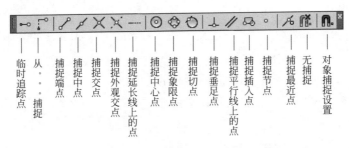

图 10-9　"对象捕捉"工具栏

　　绘图过程中，当需捕捉某点时，将光标移到点对象图标处，单击左键，系统将自动捕捉到该点。但单击某个捕捉功能仅能使用一次，下次使用需再次单击，操作相对烦琐。

　　对于经常需要捕捉的点对象，可以预先设定。单击"对象捕捉"工具栏中的图标" "，弹出"草图设置"对话框（图 10-10），点击"对象捕捉"，在需要预设的点对象的小方格中打上"√"，并确定。在执行命令过程中，单击状态栏中的"对象捕捉"按钮，使其处于打开状态，设置的点对象捕捉一直可用，直到"对象捕捉"关闭，捕捉才结束。这样，在操作过程中，若需要某特殊点时，将光标放在某位置上，捕捉自动找到。使用此方式，要求用户认清每种捕捉点对象的图标。

　　【实例四】　采用"默认设置"（公制）新建一张图幅，按图 10-11 的尺寸绘制该图形。

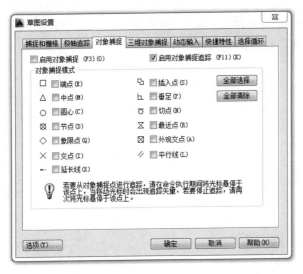

图 10-10　"草图设置"对话框

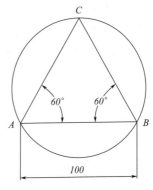

图 10-11　例图

在绘图工具栏中单击" "。

命令：_line 指定第一点：（任意拾取点 A）

指定下一点或 [放弃（U）]：　　＜正交　开＞100 ↙（直接输入长度法得点 B）

指定下一点或 [放弃（U）]：　　＜正交　关＞@100＜120 ↙（相对极坐标法得点 C）

指定下一点或 [闭合（C）/放弃（U）]：c ↙（选择 C 方式，图形自行封闭）

在绘图工具栏中单击"⊘"

命令：_circle 指定圆的圆心或［三点（3P）/两点（2P）/相切、相切、半径（T）］：3p↙
（采用三点方式画圆）

指定圆上的第一个点：_int 于（鼠标单击"对象捕捉"工具栏中图标"✕"，捕捉交点 A）

指定圆上的第二个点：_int 于（捕捉交点 B）

指定圆上的第三个点：_int 于（捕捉交点 C）

（五）对象选择方式

用户在执行编辑命令过程中，经常需要选择一个或多个对象。AutoCAD 系统为用户提供了多种选择对象的方式。下面仅介绍几种最常用的方式：

1. "点选"方式

在命令行提示用户选择对象时，直接用鼠标将拾取框移至要选择的对象上，单击左键选中该对象。

2. "全选"方式

在命令行提示用户选择对象时，从键盘上键入"ALL"，使用该方式可以选中当前图形中除冻结或关闭层以外的所有对象。

3. "窗口"方式

在命令行提示用户选择对象时，从键盘上键入"W"，系统将提示用户指定两对角点，并以这两点确定一个实线的矩形作为窗口。完全被矩形框包围的对象被选中。

4. "交叉窗口"方式

在命令行提示用户选择对象时，从键盘上键入"C"，与"窗口"方式相似，用指定窗口的两对角点确定一个虚线状的矩形框，被包围在内或与矩形框相交的对象均被选中。

5. "直接窗选"方式

在命令行提示用户选择对象时，在屏幕空白处直接用鼠标指定两点确定矩形框。随着拉出矩形框的方向不同，产生的选择效果也不一样："从左向右"相当于"窗口"方式；"从右向左"相当于"交叉窗口"方式。

（六）图形文件的管理

1. 图形文件的创建（三种方法可任选）

（1）激活命令的方式

下拉菜单："文件"→"新建"。

工具栏：在标准工具栏中单击图标"▢"。

输入命令：New↙。

（2）功能　创建新的绘图文件，以便开始一幅新图。

（3）操作方法　执行"新建"命令后，屏幕会弹出如图 10-12 所示"选择样板"对话框。

在系统弹出的"选择样板"对话框中选择公制文件 acadiso.dwt，然后单击"打开"按钮。

说明：由于在启动 AutoCAD2014 时会自动创建一个名为 Drawing1.dwg 文件，因此这

图 10-12　"选择样板"对话框

个通过样板创建的文件就自动被命名为 Drawing2.dwg，而后面再创建的新文件则被命名为 Drawing3.dwg，以此类推。保存并对这个图形进行重命名时，原始的样板文件是不会受到影响的。

2. 打开已有的图形文件（三种方法可任选）

（1）激活命令的方式

下拉菜单："文件"→"打开"。

工具栏：在标准工具栏中单击图标" "。

输入命令：Open↙。

（2）功能　打开已存在的图形文件。

（3）操作方法　执行"打开"命令后，屏幕会弹出如图 10-13 所示"选择文件"对话框。

图 10-13　"选择文件"对话框

在该对话框中选定文件后单击"打开"按钮，即可开始编辑打开的图形。此外在"启动"对话框（图 10-1）中单击"打开"按钮，也可直接打开图形文件。

3. 图形文件的保存（三种方法可任选）

（1）激活命令的方式

下拉菜单："文件"→"保存"。

工具栏：在标准工具栏中单击图标"🖫"。

输入命令：Save↙。

（2）功能 将当前图形文件存盘。

（3）操作方法 执行"保存"命令后，如当前图形已有文件名，AutoCAD 将把当前图形直接以原文件名存盘，不再提示输入文件名。若当前图形没有命名，则弹出如图 10-14 所示的"图形另存为"对话框。用户可在该对话框中指定要保存的文件夹、文件名和文件类型。当用户要以新的文件名保存当前图形，可单击"文件"菜单中的"另存为"命令，屏幕同样弹出"图形另存为"对话框，要求用户输入新的文件名。

图 10-14　"图形另存为"对话框

二、常用绘图与编辑命令简介

（一）常用绘图命令介绍

1."直线"命令

（1）功能 绘制一条线段，也可以不断地输入下一点，绘制连续的多个线段，直到用回车键或空格键退出画线命令。

（2）格式

命令：单击绘图工具栏图标／或单击下拉菜单"绘图"→"直线"或键入 L↙（以上三种命令调用方式任选一种，本书主要介绍图标输入法）

命令：_line 指定第一点：（指定直线起点或输入起点坐标）↙

指定下一点或［放弃（U）］：（指定下一点或输入下一点坐标或输入 U 放弃所画线段）↙

指定下一点或［闭合（C）/放弃（U）］：（指定下一点或输入 C 线段自行封闭）

……

指定下一点或［闭合（C）/放弃（U）］：（按回车键或空格键结束命令）

2．"圆"命令

（1）功能　根据已知条件，按指定方式画圆。

（2）格式

命令：单击绘图工具栏图标 。

命令：_circle 指定圆的圆心或［三点（3P）/两点（2P）/相切、相切、半径（T）］：（指定圆心位置或输入圆心坐标或 3P 或 2P 或 T）

指定圆的半径或［直径（D）］：（输入圆的半径或 D）

即可画出一个给定圆心、半径的圆。

命令中各选项说明：

① 3P：指定圆周上的三点画圆。

② 2P：指定直径上的两个端点画圆。

③ T：指定两个切点和半径画圆。

3．"正多边形"命令

（1）功能　用于绘制多条边且各边长度相等的闭合图形，多边形的边数可在 3～1024 之间选取。

（2）格式

命令：单击绘图工具栏图标 。

命令：_polygon 输入边的数目<4>：（输入边数 或直接回车默认边数为 4）

指定正多边形的中心点或［边（E）］：（指定中心点或输入中心点坐标或 E）

输入选项［内接于圆（I）/外切于圆（C）］<I>：（ 或 C ）

指定圆的半径：输入半径值 （输入圆的半径时，用键盘输入半径值，形成的多边形的底边为水平的正多边形；当用鼠标确定一点 P 作为半径另一端点时，P 点作为正多边形的一边的端点或一边的中点）

命令中各选项说明：

① E：指定正多边形某边的两端点或其坐标值确定边长大小。

② I：选择正多边形内接于圆的方式确定多边形［图 10-15（a）所示］。

③ C：选择正多边形外切于圆的方式确定多边形［图 10-15（b）所示］。

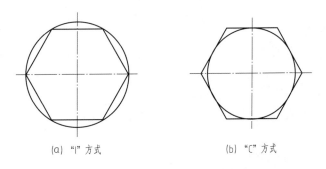

(a) "I" 方式　　　　　　　(b) "C" 方式

图 10-15　绘制正多边形两种方式

4．"矩形"命令

（1）功能　用于绘制矩形、正方形，还可以设置倒角、圆角、厚度、宽度等参数，改变其形状。

（2）格式

命令：单击绘图工具栏图标□。

命令：_ rectang

指定第一个角点或［倒角（C）/标高（E）/圆角（F）/厚度（T）/宽度（W）］：（指定一点或输入第一个角点坐标↙或其他选项的字母）

指定另一个角点或［面积（A）/尺寸（D）/旋转（R）］：（指定另一角点或输入另一个角点坐标↙画矩形或输入 A 或输入 R）

说明：画出的矩形是一个整体，不能单独对其中一条边进行编辑。用分解命令可以将它分解为 4 条独立的直线，但分解后，各边将失去宽度信息。

5．"椭圆"命令

（1）功能：绘制椭圆，也可以绘制椭圆弧。

（2）格式：

命令：单击绘图工具栏图标◐。

命令：_ ellipse

指定椭圆的轴端点或［圆弧（A）/中心点（C）］：C↙（选择"中心点"方式）

指定椭圆的中心点：（指定中心点或输入中心点坐标↙）

指定轴的端点：（指定一点确定椭圆的一半轴长）

指定另一条半轴长度或［旋转（R）］：（指定一点确定椭圆的另一半轴长）

6．"图案填充"命令

（1）功能　可以对图案进行填充，用户可以使用预定义填充图案来填充区域，也可以使用当前线型来定义填充图案或创建更复杂的填充图案。

（2）格式

命令：单击绘图工具栏图标▨。

屏幕上弹出"图案填充和渐变色"对话框（图 10-16），默认显示"图案填充"选项卡。

选择图案名称或点取"图案填充"中的"样例"，弹出"填充图案选项板"对话框（图 10-17）后，选择需要的图案，确定后返回"边界图案填充"对话框，单击"拾取点"图标，在指定区域内拾取一点，回车后返回原对话框单击"确定"即在指定的封闭区域绘制出选定的图案。

7．"单行文字"命令

（1）功能　对于不需要使用多种字体的简短内容，如标签，可使用该命令输入单行文字。

（2）格式

命令：单击下拉菜单"绘图"→"文字"→"单行文字"。

命令：_ dtext

当前文字样式：　Standard　当前文字高度：　2.5000

指定文字的起点或［对正（J）/样式（S）］：（指定一点作为文字左下角的定位点）

图 10-16　"图案填充和渐变色"对话框

图 10-17　"填充图案选项板"对话框

指定高度＜2.5000＞：(输入字高↙)

指定文字的旋转角度＜0＞：(输入文字相对于水平方向的转角↙)

输入文字：(输入文字↙)

输入文字：(继续输入文字↙或直接回车则结束命令)

说明：在 Text 文字输入过程中，AutoCAD 提供了输入特殊符号的代码。常用的特殊符号对应的代码如下。

　　　　％％c—直径符号（φ）；

　　　　％％d—角度符号（°）；

　　　　％％p—公差符号（±）；

%%%—百分号（%）；

%%u—下划线开关；

%%o—上划线开关。

8．"多行文字"命令

（1）功能　对于较长、较为复杂的内容，可用该命令创建多行文字。多行文字是由任意数目的文字行或段落组成的，布满指定的宽度。与单行文字相比，多行文字具有更多的编辑选项。

（2）格式

命令：单击绘图工具栏图标 **A**。

命令：_ mtext 当前文字样式："Standard"　当前文字高度：10

指定第一角点：（指定文本窗角点或输入角点坐标值✓）

指定对角点或［高度（H）/对正（J）/行距（L）/旋转（R）/样式（S）/宽度（W）］：（用鼠标定义文字的宽度，即指定边界框的对角点或输入其它选项，AutoCAD 继续在命令行中提示，直到指定边界框的对角点为止）

指定了边界框的第二角点后，弹出"多行文字编辑器"，如图 10-18 所示。

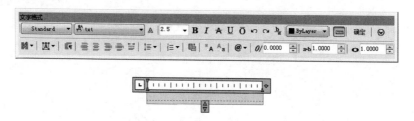

图 10-18　多行文字编辑器

修改完文字样式、字体及字高后，就可以在多行文字编辑器框内输入文字。

9．"创建块"命令

（1）功能　将对象进行组合可以在当前图形中创建块定义。

（2）格式

命令：单击绘图工具栏图标 。

屏幕上弹出"块定义"对话框（图 10-19），操作过程如下：

① 在"名称"文本框里用字母或数字给图块命名；

② 单击"拾取点"按钮，暂时关闭对话框，在构成图块的实体上拾取一插入点（通常为实体上的特殊点）；

③ 单击"选择对象"按钮，暂时关闭对话框，在绘图区内窗选构成图块的实体，对话框又重新出现；

④ 单击"确定"按钮，完成操作。

10．"插入块"命令

（1）功能　将图块或整个图形插入到当前图形中。

（2）格式

命令：单击绘图工具栏图标 。

图 10-19 "块定义"对话框

屏幕上弹出"插入"对话框（图 10-20）。在"名称"文本框里输入图块名或作为图块的文件名，设定好缩放比例和旋转角度后，单击"确定"按钮，对话框关闭，要求用户在绘图区内确定插入点。

图 10-20 "插入"对话框

（二）常用编辑命令介绍

1."删除"命令

（1）功能　删除已有的对象（相当于手工画图的"橡皮"）。

（2）格式

命令：单击修改工具栏图标 ✐。

命令：_ erase

选择对象：（可采用任一选择对象方式选取要被删除的对象）

选择对象：（↙绘图区内被选中的对象被删除，命令结束）

2. "复制对象"命令

（1）功能　将指定对象复制到指定位置上，可复制多份。

（2）格式

命令：单击修改工具栏图标 。

命令：_ copy

选择对象：（可采用任一选择对象方式选取要被复制的对象）

选择对象：（可继续选取或↙结束选取）

指定基点或［位移（D）］＜位移＞：（在被选对象上或附近指定一点作为基点或键入位移值作为基点）

指定第二个点或＜使用第一个点作为位移＞：（指定一点确定复制对象所处位置）

指定第二个点或［退出（E）/放弃（U）］＜退出＞：（继续指定一点确定复制对象另所处位置或直接回车结束命令）

3. "镜像"命令

（1）功能　按设定的对称线将被选对象进行对称操作。镜像时可保留原对象，也可以删除原对象。

（2）格式

命令：单击修改工具栏图标 。

命令：_ mirror

选择对象：（可采用任一选择对象方式选择要被镜像的对象）

选择对象：（可继续选取或↙结束选取）

指定镜像线的第一点：（捕捉镜像线上的一点）

指定镜像线的第二点：（捕捉镜像线上的另一点）

是否删除源对象？［是（Y）/否（N）］＜N＞：（↙表示保留原对象或键入"Y"表示删除原对象）

4. "偏移"命令

（1）功能　创建一个与被选对象类似的新对象，并放在离原对象一定距离的位置。可以偏移直线、圆、圆弧、椭圆、二维多义线、平面样条曲线等。

（2）格式

命令：单击修改工具栏图标 。

命令：_ offset

当前设置：删除源＝否　图层＝源　OFFSETGAPTYPE＝0

指定偏移距离或［通过（T）/删除（E）/图层（L）］＜1.0000＞：（输入偏移距离↙或输入"T"指定等距偏移点）

选择要偏移的对象或［退出（E）/放弃（U）］＜退出＞：（点选被偏移的对象）

指定点以确定偏移所在一侧或［退出（E）/多个（M）/放弃（U）］＜退出＞：（在确定偏移的一侧拾取一点）

选择要偏移的对象或［退出（E）/放弃（U）］＜退出＞：（继续选择偏移的对象或直接

回车结束命令）

5. "移动" 命令

(1) 功能　将被选图形对象移动至新的位置。

(2) 格式

命令：单击修改工具栏图标⊕。

命令： _ move

选择对象：（选取被移动对象）

选择对象：（继续选取被移动对象或直接回车结束选取）

指定基点或 ［位移 (D)］＜位移＞：（指定一点作为基点）

指定第二个点或＜使用第一个点作为位移＞：（指定一点确定对象的新位置）

6. "旋转" 命令

(1) 功能　将选中的图形对象绕基点（指定点）旋转指定的角度。默认设置时输入的角度为正值，选中的对象按逆时针方向旋转；输入的角度为负值，则该对象按顺时针方向旋转。

(2) 格式

命令：单击修改工具栏图标↻。

命令： _ rotate

UCS 当前的正角方向：　ANGDIR＝逆时针　ANGBASE＝0

选择对象：（点选旋转对象）

选择对象：（继续选取被旋转对象或直接回车结束选取）

指定基点：（指定一点作为基点，基点表示对象的旋转中心）

指定旋转角度或 ［复制 (C)/参照 (R)］＜0＞：（输入旋转的角度↙）

7. "修剪" 命令

(1) 功能　以选定对象作为剪切边界，剪去目标对象的多余部分。

(2) 格式

命令：单击修改工具栏图标-/--。

命令： _ trim

当前设置：投影＝UCS，边＝无

选择剪切边 ...

选择对象或＜全部选择＞：（选取剪切边界对象）

选择对象：（继续选择边界对象或直接回车结束选取）

选择要修剪的对象，或按住 Shift 键选择要延伸的对象，或 ［栏选 (F)/窗交 (C)/投影 (P)/边 (E)/删除 (R)/放弃 (U)］：（点选被修剪对象或其它选项）

选择要修剪的对象，或按住 Shift 键选择要延伸的对象，或 ［栏选 (F)/窗交 (C)/投影 (P)/边 (E)/删除 (R)/放弃 (U)］：（↙结束命令）

8. "延伸" 命令

(1) 功能　以选定对象为边界，使目标对象延伸到指定边界。

(2) 格式

命令：单击修改工具栏图标--/。

命令：_extend

当前设置：投影＝UCS，边＝无

选择边界的边...

选择对象或＜全部选择＞：（选取延伸边界对象）

选择对象：（继续选择边界对象或直接回车结束选取）

选择要延伸的对象，或按住 Shift 键选择要修剪的对象，或［栏选（F）/窗交（C）/投影（P）/边（E）/放弃（U）］：（点选被延伸对象或其它选项）

选择要延伸的对象，或按住 Shift 键选择要修剪的对象，或［栏选（F）/窗交（C）/投影（P）/边（E）/放弃（U）］：（↙结束命令）

9. "打断"命令

（1）功能　将直线、圆弧等对象的一部分删去或断开。断开部分由第一断点和第二断点的位置来控制。

（2）格式

命令：单击修改工具栏图标▢。

命令：_break 选择对象：（在被选对象上拾取一点，同时该点作为第一断点）

指定第二个打断点或［第一点（F）］：（拾取一点作为第二断点或键入"F"回车重新确定第一断点）

10. "倒角"命令

（1）功能　对两条相交直线进行倒角。

（2）格式

命令：单击修改工具栏图标▱。

命令：_chamfer

（"修剪"模式）当前倒角距离 1＝0.0000，距离 2＝0.0000

选择第一条直线或［放弃（U）/多段线（P）/距离（D）/角度（A）/修剪（T）/方式（E）/多个（M）］：d↙（修改倒角距离）（或输入其它选项）

指定第一个倒角距离＜0.0000＞：（输入第一倒角距离如 3）

指定第二个倒角距离＜3.0000＞：（输入第二倒角距离）

选择第一条直线或［放弃（U）/多段线（P）/距离（D）/角度（A）/修剪（T）/方式（E）/多个（M）］：（点选第一条直线）（或输入其它选项）

选择第二条直线，或按住 Shift 键选择要应用角点的直线：（点选第二条直线结束命令）

11. "圆角"命令

（1）功能　利用给定的圆角半径作弧光滑连接两直线、弧或圆。

（2）格式

命令：单击修改工具栏图标▱。

命令：_fillet

当前设置：模式＝修剪，半径＝0.0000

选择第一个对象或［放弃（U）/多段线（P）/半径（R）/修剪（T）/多个（M）］：R↙（修改圆角半径）（或输入其它选项）

指定圆角半径＜0.0000＞：（输入圆角半径值↙）

选择第一个对象或［放弃（U）/多段线（P）/半径（R）/修剪（T）/多个（M）］：（选取

第一个对象）

选择第二个对象，或按住 Shift 键选择要应用角点的对象：（选取第二个对象结束命令）

12. "阵列"命令

(1) 功能　就是对选定的图形作有规律的多重复制。AutoCAD 2014 为阵列提供了三种方式，分别是"矩形"、"路径"和"环形"阵列。

(2) 格式

① 矩形阵列：按指定的行数、列数和行间距、列间距进行矩形阵列复制。

以图 10-21 为例，将长为 30、宽为 20 的长方形阵列 3 行 4 列，使其行间距为 40，列间距为 50。作图步骤如下：

命令：单击修改工具栏图标 ⽥。

选择对象：找到 1 个〔选择图 10-21(a) 为阵列对象〕

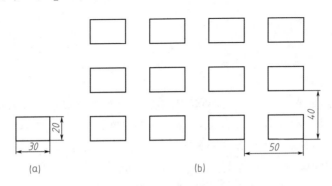

图 10-21　"矩形阵列"实例

选择对象：↙

类型＝矩形　关联＝是

选择夹点以编辑阵列或〔关联 (AS)/基点 (B)/计数 (COU)/间距 (S)/列数 (COL)/行数 (R)/层数 (L)/退出 (X)〕＜退出＞：s（输入 s 切换到矩形阵列间距的设置）

指定列之间的距离或〔单位单元 (U)〕＜45＞：50 ↙

指定行之间的距离＜30＞：40 ↙

选择夹点以编辑阵列或〔关联 (AS)/基点 (B)/计数 (COU)/间距 (S)/列数 (COL)/行数 (R)/层数 (L)/退出 (X)〕＜退出＞：↙

② 路径阵列：是沿路径或部分路径均匀分布对象来创建阵列。

命令：单击修改工具栏图标 ⿰。

选择对象：（选择阵列对象）

选择对象：（继续选择阵列对象或直接回车结束选取）

类型＝路径　关联＝是

选择路径曲线：（指定用于阵列路径的对象，如：直线、多段线、圆、圆弧等）

选择夹点以编辑阵列或〔关联 (AS)/方法 (M)/基点 (B)/切向 (T)/项目 (I)/行 (R)/层 (L)/对齐项目 (A)/Z 方向 (Z)/退出 (X)〕＜退出＞：（选择对应的操作方式或直接回车结束命令）

③ 环形阵列：通过指定的角度，围绕指定的圆心复制所选定对象来创建阵列的方式。

如图 10-22，要将图 10-22(a) 变成图 10-22(b)，操作步骤如下：

命令：单击修改工具栏图标 。

选择对象：找到 1 个 [说明：10-22(a) 图中的小圆为环形阵列对象]

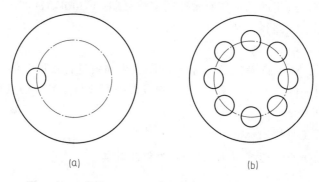

(a)   (b)

图 10-22   "环形阵列"实例

选择对象：↙

类型＝极轴   关联＝是

指定阵列的中心点或 [基点（B）/旋转轴（A）]：（捕捉大圆圆心作为阵列的中心点）

选择夹点以编辑阵列或 [关联（AS）/基点（B）/项目（I）/项目间角度（A）/填充角度（F）/行（ROW）/层（L）/旋转项目（ROT）/退出（X）]＜退出＞：i↙

输入阵列中的项目数或 [表达式（E）]＜6＞：8↙

选择夹点以编辑阵列或 [关联（AS）/基点（B）/项目（I）/项目间角度（A）/填充角度（F）/行（ROW）/层（L）/旋转项目（ROT）/退出（X）]＜退出＞：↙

三、平面图形绘制及尺寸标注

AutoCAD 可以方便地绘制平面图形，同传统的手工绘图相比，AutoCAD2014 绘图方便快捷、精度高。下面通过实例，介绍平面图形绘制的方法。

【实例五】 绘制图 10-23 所示的图形。

（一）绘图前的准备工作

1. 设置绘图环境

① 打开 AutoCAD2014，新建一张 A4(297×210) 图纸。

② 满屏释放。

命令：z↙（或 "视图"→"缩放"→"全部"）

ZOOM

指定窗口角点，输入比例因子（nX 或 nXP），或 [全部（A）/中心点（C）/动态（D）/范围（E）/上一个（P）/比例（S）/窗口（W）/对象（O）]＜实时＞：a↙

③ 采用 "矩形" 命令画图纸的边框和图框。边框的两对角点的坐标为 (0，0) 和 (297，210)；图框的两对角点的坐标为 (25，5) 和 (292，205)。

2. 设置图层

（1）图层的概念

一张图由许多对象组成，而每一个对象除了几何形状不同外，颜色、线型等状态也不同。引入图层概念的目的是对图形对象颜色、线型等属性进行分类管理，把相同颜色、线型

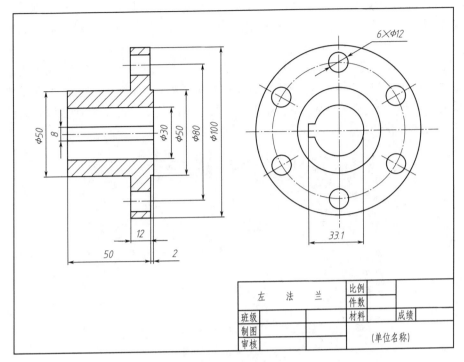

图 10-23　平面图形实例

等定义在一个层中，这样在同一层上绘制的对象具有相同的颜色、线型等属性，便于编辑管理。用户可以根据需要定义若干图层，我们可以把 AutoCAD 系统中的图层想象成若干张透明纸，在不同的纸上绘制不同的实体，然后再将这些透明纸重叠起来，就得到最后的图形。图层可以关闭、冻结和锁定，被关闭和冻结图层上的对象是不可见的；被锁定图层上的对象虽然可见，但不可编辑。设置图层可方便用户管理图形。

（2）建立图层的过程

命令：单击对象特性工具栏图标 。

屏幕上弹出"图层特性管理器"对话框，如图 10-24 所示。

图 10-24　"图层特性管理器"对话框

① 单击"新建"按钮，出现层名为"图层 1"的图层，将层名改为"中心线"。

② 设置新建层的颜色。单击该层中的"白色"，弹出"选择颜色"对话框，选取红色并确定。

③ 设置新建层的线型。单击该层中的"Continuous（连续）"，弹出"选择线型"对话框，单击"加载"按钮，弹出"加载或重载线型"对话框，（如图 10-25），选择需要加载的点画线线型名：ACAD_IS004W100，确定后回到"选择线型"对话框，选取点画线，确定后回到"图层特性管理器"对话框。

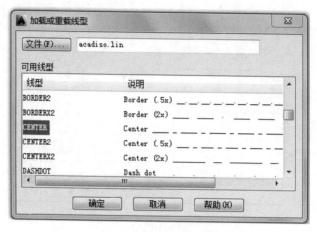

图 10-25   "加载或重载线型"对话框

④ 重复上述操作过程，完成虚线、尺寸线等其他图层的设置。

3. 分别建立数字和汉字的文字样式

国家标准《机械工程 CAD 制图规则》中规定，汉字采用长仿宋体，输出时一般都采用正体，数字和字母一般都采用斜体。建立两种文字样式的操作步骤如下：

① 在命令提示下单击标准工具栏图标 **A**，弹出"文字样式"对话框。单击"新建"，弹出"新建文字样式"对话框，在样式名中输入代表数字和字母的文字样式名"ISOCP"并确认，返回"文字样式"对话框。在"字体名称"列表中选取"isocp.shx"，将"倾斜角度"值改为 15，单击"应用"（见图 10-26）。

② 再次单击"新建"，弹出"新建文字样式"对话框，在样式名中输入代表汉字文字样式名的字母"HZ"并确认，返回"文字样式"对话框。在"字体名称"列表中选取"仿宋_GB2312"，将"高度"值仍为"0"，"宽度因子"为"0.7"，"倾斜角度"值改为 0，单击"应用"并"关闭"。

（二）绘制图形

1. 绘制中心线

单击"对象特性"工具栏中图层列表按钮，弹出图层下拉列表，将"中心线"层设置为当前层。执行"直线"命令，在"正交"状态下画出水平线和垂直线；再执行"圆"命令，画出左视图中 $\phi 80$ 的点画线圆。

2. 绘制左视图

① 将图层下拉列表中"粗实线"层设置为当前层。

图 10-26　"文字样式"对话框

② 执行"圆"命令，采用圆心（捕捉中心线的交点）、半径方式，分别画出左视图中 $\phi30$、$\phi50$、$\phi100$ 的圆。

③ 执行"圆"命令，采用圆心、半径方式，先画出一个 $\phi12$ 的小圆，再执行"环形阵列"命令，画出其余的五个小圆（图 10-27）。

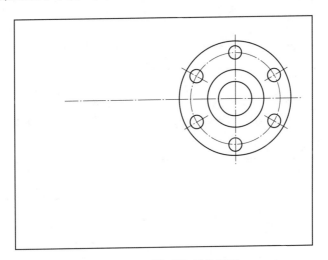

图 10-27　"阵列"后的图形

执行"打断"命令，将多余的中心线去除。

④ 执行"偏移"命令和"修剪"命令，画出左视图中的内孔键槽。

3. 绘制主视图

① 打开"正交"模式，执行"直线"命令，用"直接输入长度"法画出主视图中中心线以上的外轮廓线，操作过程如下：

命令：_ line 指定第一点：（在中心线左侧捕捉"最近点"）

指定下一点或 [放弃 (U)]：（向上移动光标，输入 25↵）

指定下一点或 [放弃 (U)]：（向右移动光标，输入 38↵）

指定下一点或 [闭合 (C)/放弃 (U)]：（向上移动光标，输入 25↵）

指定下一点或 [闭合 (C)/放弃 (U)]：（向右移动光标，输入 12↵）

指定下一点或［闭合（C）/放弃（U）］：（向下移动光标，输入 25↙）

指定下一点或［闭合（C）/放弃（U）］：（向右移动光标，输入 2↙）

指定下一点或［闭合（C）/放弃（U）］：（向下移动光标，输入 25↙或捕捉"垂足点"）

指定下一点或［闭合（C）/放弃（U）］：（↙结束命令）

② 根据"高平齐"投影规律，执行"直线"命令，捕捉"交点"和"垂足点"画出其它轮廓线，如图 10-28。

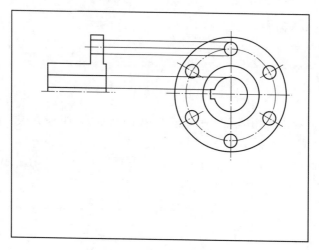

图 10-28　"镜像"前的图形

③ 执行"修剪"命令和"打断"命令，去除多余的图线。

④ 执行"镜像"命令，将中心线作为镜像线，产生主视图的下半部分（图 10-29）。

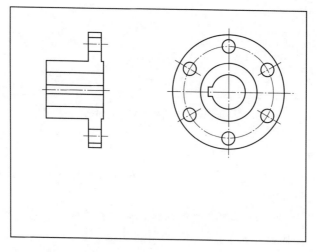

图 10-29　"镜像"后的图形

⑤ 将图层下拉列表中"剖面线"层设置为当前层。执行"图案填充"命令，在"边界图案填充"对话框中选择"ANSI31"图案，填充剖面线。

⑥ 检查、整理，完成全图。

（三）标注尺寸

单击下拉菜单"视图"→"工具栏"，调出"标注"工具栏（图 10-30）。

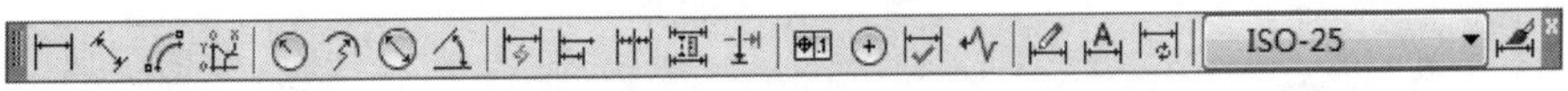

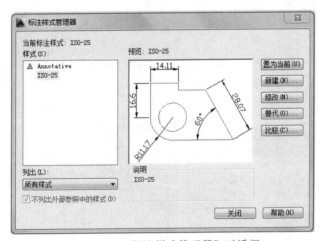

图 10-30 "标注"工具栏

1. 设置尺寸标注样式

尺寸标注样式是指尺寸线、尺寸界线、尺寸箭头和尺寸数字（文本）等的形式、位置和大小。为使尺寸标注符合国家标准规定，在标注尺寸前，首先要设置尺寸标注样式。其操作步骤如下：

① 在命令提示下，单击"尺寸标注"工具栏中 图标，弹出"标注样式管理器"对话框（图 10-31）。单击"新建"按钮，进入"创建新标注样式"对话框，在"新样式名"一栏中输入"机械"，单击"继续"进入"新建标注样式"对话框（图 10-32）。

图 10-31 "标注样式管理器"对话框

图 10-32 "线"选项对话框

② 分别进入"线"、"符号与箭头"、"文字"和"调整"选项，按图 10-32、图 10-33、图 10-34 和图 10-35 中的对话框修改某些选项相应的值，完成"整体尺寸"标注样式的设置。

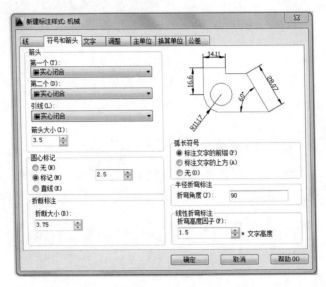

图 10-33　"符号与箭头"选项对话框

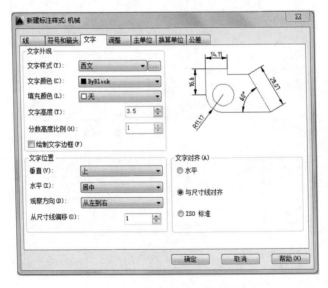

图 10-34　"文字"选项对话框

③ 单击"确定"，返回"标注样式管理器"对话框，单击"新建"按钮，再次进入"创建新标注样式"对话框，在"用于"一栏列表中分别选取"线性标注"和"直径标注"项。"线性标注"与"整体尺寸标注"相同，可直接确定，"直径标注"子样式需打开"文字"选项，将文字对齐方式选"ISO 标准"。

2. 标注尺寸

① 将图层下拉列表中"尺寸线"层设置为当前层，并冻结"剖面线"层，使剖面线不

图 10-35　"调整"选项对话框

可见。

② 线性尺寸标注。

单击"尺寸标注"工具栏中的下拉式列表按钮，调出"机械"尺寸样式。以"50"和"2"连续尺寸为例，操作过程如下：

命令：单击"尺寸标注"工具栏中"线性"标注图标 ⊢⊣。

命令：_ dimlinear

指定第一条尺寸界线原点或＜选择对象＞：（捕捉交点 P1）

指定第二条尺寸界线原点：（捕捉交点 P2）

指定尺寸线位置或［多行文字（M）/文字（T）/角度（A）/水平（H）/垂直（V）/旋转（R）］：（指定 P3 点作为尺寸线位置并左击鼠标）

标注文字＝50

命令：单击"尺寸标注"工具栏中"连续"标注图标 ⊢⊢⊣。

命令：_ dimcontinue

指定第二条尺寸界线原点或［放弃（U）/选择（S）］＜选择＞：（捕捉交点 P4）

标注文字＝2

指定第二条尺寸界线原点或［放弃（U）/选择（S）］＜选择＞：（↙结束命令）

重复"线性"标注，完成尺寸"12"、"8"和"33.1"的尺寸标注。

③ 直径在主视图中的尺寸标注。

单击"尺寸标注"工具栏中 图标，弹出"标注样式管理器"对话框。单击"替代"按钮，进入"替代当前样式"对话框，在"主单位"选项的前缀一栏中输入"％％C"，并确定。以"φ100"尺寸为例，操作过程如下：

命令：单击"尺寸标注"工具栏中"线性"标注图标 ⊢⊣。

命令：_dimlinear

指定第一条尺寸界线原点或＜选择对象＞：（捕捉交点 P2）

指定第二条尺寸界线原点：（捕捉交点 P5）

指定尺寸线位置或［多行文字（M)/文字（T)/角度（A)/水平（H)/垂直（V)/旋转（R)］：（指定 P3 点作为尺寸线位置）

标注文字＝100

重复"线性"标注，完成尺寸"φ80"、"φ50"和"φ30"的尺寸标注。

④ 直径尺寸标注。

命令：单击"尺寸标注"工具栏中"直径"标注图标。

命令：_dimdiameter

选择圆弧或圆：（将鼠标的小方框移到小圆上拾取一点）

标注文字＝12

指定尺寸线位置或［多行文字（M)/文字（T)/角度（A)］：（T）（修改数字样式）

输入标注文字＜12＞：6×％％c12

指定尺寸线位置或［多行文字（M)/文字（T)/角度（A)］：（指定一点作为尺寸线位置）

尺寸标注结果如图 10-36。

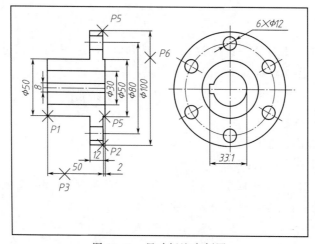

图 10-36　尺寸标注实例图

（四）绘制标题栏并填写文字

1. 绘制标题栏

将"0"层作为当前层，根据工程制图中简化标题栏的要求，采用"直线"、"偏移"和"修剪"等命令完成标题栏的绘制。

2. 填写文字

在命令提示下单击下拉菜单"绘图"→"文字"→"单行文字"，按标题栏中的内容输入文字。

（五）存盘

单击标准工具条上的存盘图标，在保存文件框的文件名编辑框中输入保存的文件名，单击保存，关闭对话框。

【实例二】　绘制如图 10-37 所示的管道及仪表流程图。

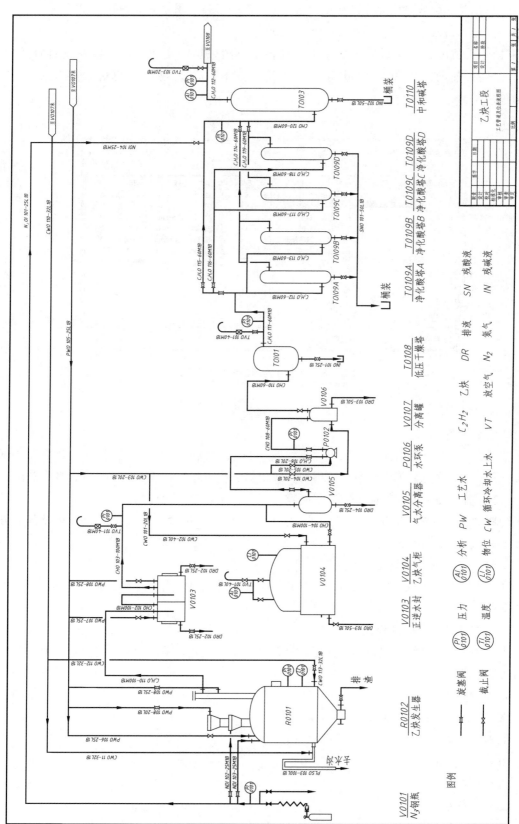

图10-37 管道及仪表流程图实例

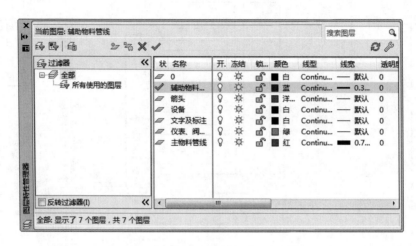

（一）打开 AutoCAD2014，新建一张 A1（841×594）图纸，横放

（二）建立图层

根据管道及仪表流程图的线型要求：设备示意图采用细实线绘制；主要物料管道用粗实线绘制；辅助工艺物料管道用中粗线绘制。不同工艺物料管道配以不同的颜色（图 10-38）。

图 10-38　仪表流程图的线型及颜色

（三）绘制图形

1. 绘制设备

将"设备"层设为当前层，采用"直线"、"圆"、"圆弧"、"椭圆"等绘图命令和"删除"、"复制"、"修剪"等修改命令，用细实线根据流程由左向右依次画出各种设备示意图。

注意：各设备示意图间应留有一定间隙，以便画出管道流程线。

2. 将"文字及标注"层设为当前层，设置文本样式，用"单行文字"命令在设备下方注写设备的位号和名称。

3. 绘制主要物料的流程线

将"主物料管线"层设为当前层，打开"正交"模式，采用"直线"命令，画出主要物料的流程线。

4. 绘制辅助物料的流程线

将"辅助物料管线"层设为当前层，打开"正交"模式，采用"直线"命令，画出辅助物料的流程线。

5. 绘制箭头

将"箭头"层设为当前层。

① 用多段线命令绘制箭头，操作如下：

命令：_ pline

指定起点：

当前线宽为 0.0000

指定下一个点或 ［圆弧（A）/半宽（H）/长度（L）/放弃（U）/宽度（W）］：w

指定起点宽度＜0.0000＞：0

指定端点宽度＜0.0000＞：3（可根据需要设定端点宽度）

指定下一个点或［圆弧（A）/半宽（H）/长度（L）/放弃（U）/宽度（W）］：8（可根据需要设定箭头长度）

指定下一点或［圆弧（A）/闭合（C）/半宽（H）/长度（L）/放弃（U）/宽度（W）］：w

指定起点宽度＜3.0000＞：0

指定端点宽度＜0.0000＞：0

指定下一点或［圆弧（A）/闭合（C）/半宽（H）/长度（L）/放弃（U）/宽度（W）］：10（可根据需要设定）

指定下一点或［圆弧（A）/闭合（C）/半宽（H）/长度（L）/放弃（U）/宽度（W）］：↙

② 用"创建块"命令，将箭头做成块，取名为"K1"，将直线的端点作为块的基点。

③ 用"插入块"命令，利用捕捉"最近点"的方法将箭头插入到流程线上。

6. 绘制图例

① 将"仪表、阀门、控制点"层设为当前层，用"直线"、"圆"、"单行文本"等命令画出仪表、阀门和控制点的图例。

② 用"复制"命令或"创建块"和"插入块"命令将图例复制或插入到流程线上。

7. 管线标注

将"文字及标注"层设为当前层，用"单行文本"命令在流程线上进行管线标注。

8. 绘制标题栏

9. 存盘

【课后训练】

1. 用 AutoCAD2014 软件绘制题图 10-21-1 所示的平面图形。

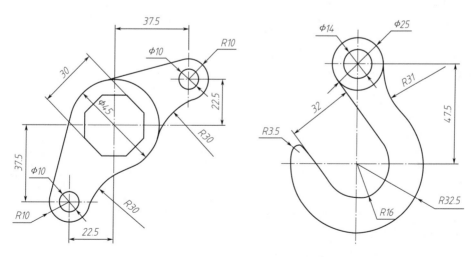

题图 10-21-1

2. 用 AutoCAD2014 软件绘制题图 10-21-2 所示的零件图。

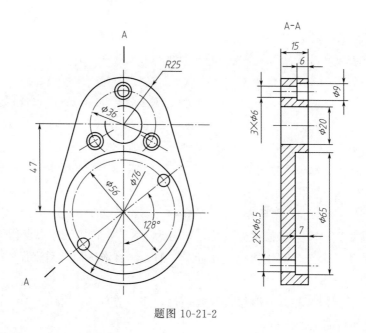

题图 10-21-2

3. 用 AutoCAD2014 软件绘制图 9-4 所示脱硫系统工艺管道及仪表流程图。

附　　录

一、螺纹

附表 1　普通螺纹直径与螺距系列（摘自 GB/T 196—2003）　　　　　mm

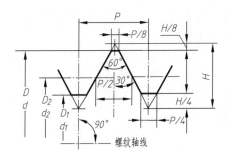

$H = 0.866P$

$d_2 = d - 0.6495P$

$d_1 = d - 1.0825P$

$D \mathord{,} d$ 为内、外螺纹大径

$D_2 \mathord{,} d_2$ 为内、外螺纹中径

$D_1 \mathord{,} d_1$ 为内、外螺纹小径

P 为螺距

标记示例：

公称直径 20mm 的粗牙右旋内螺纹，大径和中径的公差带均为 6H 的标记为

M20-6H

同规格的外螺纹、公差带为 6g 的标记为

M20-6g

上述规格的螺纹副的标记为

M20-6H/6g

公称直径 20mm、螺距 2mm 的细牙左旋外螺纹，中径、大径的公差带分别为 5g、6g，短旋合长度的标记为

M20×2 左-5g6g-S

公称直径 第一系列	公称直径 第二系列	螺距 P	中径 $D_2 \mathord{,} d_2$	小径 $D_1 \mathord{,} d_1$
3		0.5	2.675	2.459
		0.35	2.773	2.621
	3.5	(0.6)	3.110	2.850
		0.35	3.273	3.121
4		0.7	3.545	3.242
		0.5	3.675	3.459
	4.5	0.75	4.013	3.688
		0.5	4.175	3.959
5		0.8	4.480	4.134
		0.5	4.675	4.459
6		1	5.350	4.917
		(0.75)	5.513	5.188
	7	1	6.350	5.917
		0.75	6.513	6.188
8		1.25	7.188	6.647
		1	7.350	6.917
		0.75	7.513	7.188
10		1.5	9.026	8.376
		1.25	9.188	8.647
		1	9.350	8.917
		0.75	9.513	9.188

公称直径 第一系列	公称直径 第二系列	螺距 P	中径 $D_2 \mathord{,} d_2$	小径 $D_1 \mathord{,} d_1$
12		1.75	10.863	10.106
		1.5	11.026	10.376
		1.25	11.188	10.674
		1	11.350	10.917
	14	2	12.701	11.835
		1.5	13.026	12.376
		1	13.350	12.917
16		2	14.701	13.835
		1.5	15.026	14.376
		1	15.350	14.917
	18	2.5	16.376	15.294
		2	16.701	15.835
		1.5	17.030	16.376
		1	17.350	16.917
20		2.5	18.376	17.294
		2	18.701	17.835
		1.5	19.026	18.376
		1	19.350	18.917
	22	2.5	20.376	19.294
		2	20.701	19.835
		1.5	21.026	20.376

公称直径 第一系列	公称直径 第二系列	螺距 P	中径 $D_2 \mathord{,} d_2$	小径 $D_1 \mathord{,} d_1$
	22	1	21.350	20.917
24		3	22.051	20.752
		2	22.701	21.835
		1.5	23.026	22.376
		1	23.350	22.917
27		3	25.051	23.752
		2	25.701	24.835
		1.5	26.026	25.376
		1	26.350	25.917
30		3.5	27.727	26.211
		(3)	28.051	26.752
		2	28.701	27.835
		1.5	29.026	28.376
		1	29.350	28.917
	33	3.5	30.727	29.211
		(3)	31.051	29.752
		2	31.701	30.835
		1.5	32.026	31.376
36		4	33.402	31.670
		3	34.051	32.752
		2	34.701	33.835

续表

公称直径 第一系列	公称直径 第二系列	螺距 P	中径 D_2、d_2	小径 D_1、d_1	公称直径 第一系列	公称直径 第二系列	螺距 P	中径 D_2、d_2	小径 D_1、d_1	公称直径 第一系列	公称直径 第二系列	螺距 P	中径 D_2、d_2	小径 D_1、d_1
36		1.5	35.026	34.376		45	2	43.701	42.835			5.5	52.428	50.046
	39	4	36.402	34.670			1.5	44.026	43.376	56		4	53.402	51.670
		3	37.051	35.752			5	44.752	42.587			3	54.051	52.752
		2	37.701	36.835	48		(4)	45.402	43.670			2	54.701	53.835
		1.5	38.026	37.376			3	46.051	44.752			1.5	55.026	54.376
		4.5	39.077	37.129			2	46.701	45.835			5.5	56.428	54.046
42		3	40.051	38.752			1.5	47.026	46.376			4	57.402	55.670
		2	40.701	39.835			5	48.752	46.587	60		3	58.051	56.752
		1.5	41.026	40.376			(4)	49.402	47.670			2	58.701	57.835
		4.5	42.077	40.129	52		3	50.051	48.752			1.5	59.026	58.376
	45	(4)	42.402	40.670			2	50.701	49.835			6	60.103	57.505
		3	43.051	41.752			1.5	51.026	50.376	64		4	61.402	59.670

注：1. "螺距 P" 栏中第一个数值为粗牙螺纹，其余为细牙螺纹。
2. 优先选用第一系列，其次选用第二系列。
3. 括号内尺寸尽可能不用。

附表 2　梯形螺纹（摘自 GB/T 5796.3—2005）　　　　　　　　　　　　mm

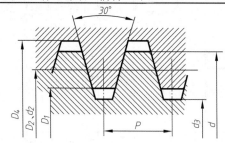

标记示例：

Tr36×6-6H-L

（单线梯形内螺纹、公称直径 $d=36$mm、螺距 $P=6$mm、右旋、中径公差带代号为 6H、长旋合长度）

Tr40×14(P7)LH-7e

（双线梯形外螺纹、公称直径 $d=40$mm、导程 $S=14$mm、螺距 $P=7$mm、左旋、中径公差带为 7e、中等旋合长度）

公称直径 d 第一系列	公称直径 d 第二系列	螺距 P	中径 $D_2=d_2$	大径 D_4	小径 d_3	小径 D_1	公称直径 d 第一系列	公称直径 d 第二系列	螺距 P	中径 $D_2=d_2$	大径 D_4	小径 d_3	小径 D_1
8		1.5	7.25	8.30	6.20	6.50	32		6	29.00	33.00	25.00	26.00
	9		8.00	9.50	6.50	7.00		34		31.00	35.00	27.00	28.00
10		2	9.00	10.50	7.50	8.00	36			33.00	37.00	29.00	30.00
	11		10.00	11.50	8.50	9.00		38		34.50	39.00	30.00	31.00
12		3	10.50	12.50	8.50	9.00	40		7	36.50	41.00	32.00	33.00
	14		12.50	14.50	10.50	11.00		42		38.50	43.00	34.00	35.00
16		4	14.00	16.50	11.50	12.00	44			40.50	45.00	36.00	37.00
	18		16.00	18.50	13.50	14.00		46		42.00	47.00	37.00	38.00
20			18.00	20.50	15.50	16.00	48		8	44.00	49.00	39.00	40.00
	22		19.50	22.50	16.50	17.00		50		46.00	51.00	41.00	42.00
24		5	21.50	24.50	18.50	19.00	52			48.00	53.00	43.00	44.00
	26		23.50	26.50	20.50	21.00		55		50.50	56.00	45.00	46.00
28			25.50	28.50	22.50	23.00	60		9	55.50	61.00	50.00	51.00
	30	6	27.00	31.00	23.00	24.00		65	10	60.00	66.00	54.00	55.00

注：1. 优先选用第一系列的直径。
2. 表中所列的直径与螺距为优先选择的螺距及与之对应的直径。

附表 3　常用的螺纹公差带

螺纹种类	精度	外螺纹			内螺纹		
		S	N	L	S	N	L
普通螺纹 (GB 197—81)	中等	(5g6g) (5h6h)	* 6g, * 6e * 6h, * 6f	7g6g (7h6h)	* 5H (5G)	* 6H (6G)	* 7H (7G)
	粗糙	—	8g,(8h)	—	—	7H,(7G)	—
梯形螺纹 (GB 5796.4—86)	中等	—	7h,7e	8e	—	7H	8H
	粗糙	—	8e,8c	9c	—	8H	9H

注：1. 大量生产的精制紧固件螺纹，推荐采用带方框的公差带。
2. 带"＊"的公差带优先选用，括号内的公差带尽可能不用。
3. 两种精度选用原则：中等——一般用途；粗糙——对精度要求不高时采用。

二、常用标准件

附表 4　六角头螺栓　**A** 和 **B** 级（摘自 GB/T 5782—2000）
六角头螺栓　全螺纹　**A** 和 **B** 级（摘自 GB/T 5783—2000）　　　　　mm

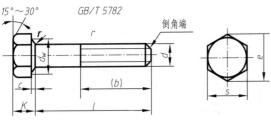

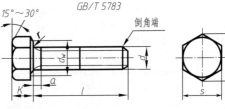

标记示例：

螺纹规格 d＝M12、公称长度 l＝80mm、性能等级为 8.8 级、表面氧化、A 级的六角头螺栓的标记为

螺栓 GB/T 5782—2000　M12×80

标记示例：

螺纹规格 d＝M12、公称长度 l＝80mm、性能等级为 8.8 级、表面氧化、全螺纹、A 级的六角头螺栓的标记为

螺栓 GB/T 5783—2000　M12×80

螺纹规格 d			M3	M4	M5	M6	M8	M10	M12	(M14)	M16	(M18)	M20	(M22)	M24	(M27)	M30	M36
b 参考	$l \leqslant 125$		12	14	16	18	22	26	30	34	38	42	46	50	54	60	66	78
	$125 < l \leqslant 200$		—	—	—	—	28	32	36	40	44	48	52	56	60	66	72	84
	$l > 200$		—	—	—	—	—	—	53	57	61	65	69	73	79	85	97
a	max		1.5	2.1	2.4	3	3.75	4.5	5.25	6	6	7.5	7.5	7.5	9	9	10.5	12
c	max		0.4	0.4	0.5	0.5	0.6	0.6	0.6	0.6	0.8	0.8	0.8	0.8	0.8	0.8	0.8	0.8
	min		0.15	0.15	0.15	0.15	0.15	0.15	0.15	0.15	0.2	0.2	0.2	0.2	0.2	0.2	0.2	0.2
d_w min		A	4.6	5.9	6.9	8.9	11.6	14.6	16.6	19.6	22.5	25.3	28.2	31.7	33.6	—	—	—
		B	—	—	6.7	8.7	11.4	14.4	16.4	19.2	22	24.8	27.7	31.4	33.2	38	42.7	51.1
e min		A	6.07	7.66	8.79	11.05	14.38	17.77	20.03	23.35	26.75	30.14	33.53	37.72	39.98	—	—	—
		B	—	—	8.63	10.89	14.20	17.59	19.85	22.78	26.17	29.56	32.95	37.29	39.55	45.2	50.85	60.79
K	公称		2	2.8	3.5	4	5.3	6.4	7.5	8.8	10	11.5	12.5	14	15	17	18.7	22.5
r	min		0.1	0.2	0.2	0.25	0.4	0.4	0.6	0.6	0.6	0.6	0.8	0.8	0.8	1	1	1
s	公称		5.5	7	8	10	13	16	18	21	24	27	30	34	36	41	46	55

续表

螺纹规格 d	M3	M4	M5	M6	M8	M10	M12	(M14)	M16	(M18)	M20	(M22)	M24	(M27)	M30	M36
l 范围	20~30	25~40	25~50	30~60	35~80	40~100	45~120	50~140	55~160	60~180	65~200	70~220	80~240	90~260	90~300	110~360
l 范围（全螺纹）	6~30	8~40	10~50	12~60	16~80	20~100	25~120	30~140	30~150	35~150	40~150	45~150	50~150	55~200	60~200	70~200
l 系列	6,8,10,12,16,20~70(5 进位),80~160(10 进位),180~360(20 进位)															

技术条件	材料	机械性能等级	螺纹公差	公差产品等级	表面处理
	钢	8.8	6g	A 级用于 $d \leqslant 24mm$ 和 $l \leqslant 10d$ 或 $l \leqslant 150mm$ B 级用于 $d > 24mm$ 和 $l > 10d$ 或 $l > 150mm$	氧化或镀锌钝化

注：1. A、B 为产品等级，A 级最精确、C 级最不精确。C 级产品详见 GB/T 5780—2000、GB/T 5781—2000。

2. l 系列中，M14 中的 55、65，M18 和 M20 中的 65，全螺纹中的 55、65 等规格尽量不采用。

3. 括号内为第二系列螺纹直径规格，尽量不采用。

附表 5　双头螺柱（摘自 GB/T 897～900—88）　　　　　mm

双头螺柱——$b_m = 1d$（摘自 GB/T 897—88）

双头螺柱——$b_m = 1.25d$（摘自 GB/T 898—88）

双头螺柱——$b_m = 1.5d$（摘自 GB/T 899—88）

双头螺柱——$b_m = 2d$（摘自 GB/T 900—88）

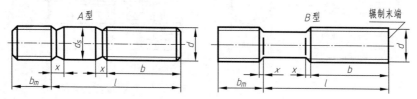

标记示例：

两端均为粗牙普通螺纹，$d = 10mm$，$l = 50mm$，性能等级为 4.8 级，B 型，$b_m = 1d$，记为

螺柱　GB/T 897—88　M10×50

旋入端为粗牙普通螺纹，紧固端为 $P = 1mm$ 的细牙普通螺纹，$d = 10mm$，$l = 50mm$，性能等级为 4.8 级，A 型，$b_m = 1d$，记为

螺柱　GB/T 897—88　AM10-M10×1×50

螺纹规格 d	b_m（旋入端长度）				d_s	x	l/b（螺柱长度/紧固端长度）
	GB/T 897	GB/T 898	GB/T 899	GB/T 900			
M4			6	8	4	1.5P	16~22/8　25~40/14
M5	5	6	8	10	5	1.5P	16~22/10　25~50/16
M6	6	8	10	12	6	1.5P	20~22/10　25~30/14　32~75/18
M8	8	10	12	16	8	1.5P	20~22/12　25~30/16　32~90/22
M10	10	12	15	20	10	1.5P	25~28/14　30~38/16　40~120/26　130/32
M12	12	15	18	24	12	1.5P	25~30/16　32~40/20　45~120/30　130~180/36
M16	16	20	24	32	16	1.5P	30~38/20　40~55/30　60~120/38　130~200/44
M20	20	25	30	40	20	1.5P	35~40/25　45~65/35　70~120/46　130~200/52

续表

螺纹规格 d	b_m（旋入端长度）				d_s	x	l/b（螺柱长度/紧固端长度）
	GB/T 897	GB/T 898	GB/T 899	GB/T 900			
M24	24	30	36	48	24	$1.5P$	45～50/30　55～75/45　80～120/54　130～200/60
M30	30	38	45	60	30	$1.5P$	60～65/40　70～90/50　95～120/66　130～200/72　210～250/85
M36	36	45	54	72	36	$1.5P$	65～75/45　80～110/60　120/78　130～200/84　210～300/97
M42	42	52	65	84	42	$1.5P$	70～80/50　85～110/70　120/90　130～200/96　210～300/109
M48	48	60	72	96	48	$1.5P$	80～90/60　95～110/80　120/102　130～200/108　210～300/121
l 系列	12,(14),16,(18),20,(22),25,(28),30,(32),35,(38),40,45,50,(55),60,(65),70,(75),80,(85),90,(95),100,110～260(10 进位),280,300						

注：1. 括号内的规格尽可能不用。

2. P 为螺距。

3. $b_m=1d$，一般用于钢对钢；$b_m=1.25d$、$b_m=1.5d$，一般用于钢对铸铁；$b_m=2d$，一般用于钢对铝合金。

附表6　六角螺母

mm

六角螺母——C 级
(GB/T 41—2000)　　1 型六角螺母——A 和 B 级
(GB/T 6170—2000)　　六角薄螺母——A 和 B 级
(GB/T 6172.1—2000)

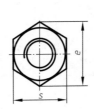

标记示例：

螺纹规格 $D=$M12、C 级六角螺母记为　　螺母　GB/T 41—2000　M12

螺纹规格 $D=$M12、A 级 1 型六角螺母记为　　螺母　GB/T 6170—2000　M12

螺纹规格 $D=$M12、A 级六角薄螺母记为　　螺母　GB/T 6172.1—2000　M12

螺纹规格 D		M3	M4	M5	M6	M8	M10	M12	M16	M20	M24	M30	M36	M42
e_{min}	GB/T 41			8.63	10.89	14.20	17.59	19.85	26.17	32.95	39.55	50.85	60.79	72.02
	GB/T 6170	6.01	7.66	8.79	11.05	14.38	17.77	20.03	26.75	32.95	39.55	50.85	60.79	72.02
	GB/T 6172	6.01	7.66	8.79	11.05	14.38	17.77	20.03	26.75	32.95	39.55	50.85	60.79	72.02
s_{max}	GB/T 41			8	10	13	16	18	24	30	36	46	55	65
	GB/T 6170	5.5	7	8	10	13	16	18	24	30	36	46	55	65
	GB/T 6172	5.5	7	8	10	13	16	18	24	30	36	46	55	65
m_{max}	GB/T 41			5.6	6.4	7.9	9.5	12.2	15.9	18.7	22.3	26.4	31.95	34.9
	GB/T 6170	2.4	3.2	4.7	5.2	6.8	8.4	10.8	14.8	18	21.5	25.6	31	34
	GB/T 6172	1.8	2.2	2.7	3.2	4	5	6	8	10	12	15	18	21

注：A 级用于 $D\leqslant$16mm；B 级用于 $D>$16mm。

附表 7　垫圈

mm

小垫圈——A 级（GB/T 848—2002）

平垫圈——A 级（GB/T 97.1—2002）

平垫圈　倒角型——A 型（GB/T 97.2—2002）

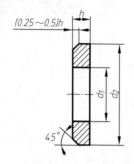 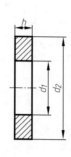

标记示例：

标准系列、公称规格为 8mm、由钢制造的硬度等级为 200HV 级、不经表面处理的平垫圈记为

垫圈　GB/T 97.1—2002　8

公称规格	内径 d_1		内径 d_2		厚度 h		
（螺纹大径 d）	公称（min）	max	公称（max）	min	公称	max	min
1.6	1.7	1.84	4	3.7	0.3	0.35	0.25
2	2.2	2.34	5	4.7	0.3	0.35	0.25
2.5	2.7	2.84	6	5.7	0.5	0.55	0.45
3	3.2	3.38	7	6.64	0.5	0.55	0.45
4	4.3	4.48	9	8.64	0.8	0.9	0.7
5	5.3	5.48	10	9.64	1	1.1	0.9
6	6.4	6.62	12	11.57	1.6	1.8	1.4
8	8.4	8.62	16	15.57	1.6	1.8	1.4
10	10.5	10.77	20	19.48	2	2.2	1.8
12	13	13.27	24	23.48	2.5	2.7	2.3
16	17	17.27	30	29.48	3	3.3	2.7
20	21	21.33	37	36.38	3	3.3	2.7
24	25	25.33	44	43.38	4	4.3	3.7
30	31	31.39	56	55.26	4	4.3	3.7
36	37	37.62	66	64.8	5	5.6	4.4
42	45	45.62	78	76.8	8	9	7
48	52	52.74	92	90.6	8	9	7
54	62	62.74	105	103.6	10	11	9
64	70	70.74	115	113.6	10	11	9

附表 8　平键连接的剖面和键槽尺寸（摘自 GB/T 1095—2003）

普通平键的型式和尺寸（摘自 GB/T 1096—2003）　　　　　　　　mm

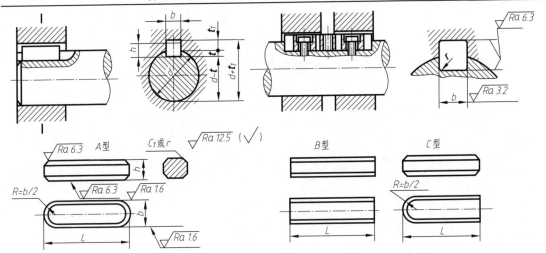

标记示例：

键 16×10×100　GB/T 1096—2003［圆头普通平键（A 型）、$b=16mm$、$h=10mm$、$L=100mm$］

键 B16×10×100　GB/T 1096—2003［平头普通平键（B 型）、$b=16mm$、$h=10mm$、$L=100mm$］

键 C16×10×100　GB/T 1096—2003［单圆头普通平键（C 型）、$b=16mm$、$h=10mm$、$L=100mm$］

轴	键	键 槽											
		宽度					深度				半径 r	
公称直径 d	公称尺寸 $b×h$	公称尺寸 b	极限偏差				轴 t		毂 t_1			
			较松键连接		一般键连接		较紧键连接	公称尺寸	极限偏差	公称尺寸	极限偏差	最小	最大
			轴 H9	毂 D10	轴 N9	毂 Js9	轴和毂 P9						
自 6～8	2×2	2	+0.025 0	+0.060 +0.020	−0.004 −0.029	±0.0125	−0.006 −0.031	1.2	+0.1 0	1	+0.1 0	0.08	0.16
>8～10	3×3	3						1.8		1.4			
>10～12	4×4	4	+0.030 0	+0.078 +0.030	0 −0.030	±0.015	−0.012 −0.042	2.5		1.8		0.16	0.25
>12～17	5×5	5						3.0		2.3			
>17～22	6×6	6						3.5		2.8			
>22～30	8×7	8	+0.036 0	+0.098 +0.040	0 −0.036	±0.018	−0.015 −0.051	4.0		3.3		0.25	0.40
>30～38	10×8	10						5.0		3.3			
>38～44	12×8	12	+0.043 0	+0.120 +0.050	0 −0.043	±0.0215	−0.018 −0.061	5.0	+0.2 0	3.3	+0.2 0		
>44～50	14×9	14						5.5		3.8			
>50～58	16×10	16						6.0		4.3			
>58～65	18×11	18						7.0		4.4			
>65～75	20×12	20	+0.052 0	+0.149 +0.065	0 −0.052	±0.026	−0.022 −0.074	7.5		4.9		0.40	0.60
>75～85	22×14	22						9.0		5.4			
>85～95	25×14	25						9.0		5.4			
>95～110	28×16	28						10.0		6.4			
键的长度系列	6,8,10,12,14,16,18,20,22,25,28,32,36,40,45,50,56,63,70,80,90,100,110,125,140,160,180,200,220,250,280,320,360												

注：1. 在工作图中，轴槽深用 t 或 $(d-t)$ 标注，轮毂槽深用 $(d+t_1)$ 标注。

2. $(d-t)$ 和 $(d+t_1)$ 两组合尺寸的极限偏差按相应的 t 和 t_1 极限偏差选取，但 $(d-t)$ 极限偏差值应取负号（−）。

3. 键尺寸的极限偏差 b 为 h9，h 为 h11，L 为 h14。

4. 平键常用材料为 45 钢。

附表9　普通圆柱销（摘自 GB/T 119.1—2000）　　　　　　　mm

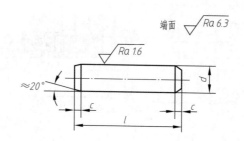

标记示例：

销　GB/T 119.1　10×90（公称直径 $d=10$mm、长度 $l=90$mm、材料为钢、不经淬火、不经表面处理的圆柱销）

销　GB/T 119.1　10×90-A1（公称直径 $d=10$mm、长度 $l=90$mm、材料为 A1 组奥氏体不锈钢、表面简单处理的圆柱销）

$d_{公称}$	2	3	4	5	6	8	10	12	16	20	25
$a\approx$	0.25	0.4	0.5	0.63	0.8	1.0	1.2	1.6	2.0	2.5	3.0
$c\approx$	0.35	0.5	0.63	0.8	1.2	1.6	2.0	2.5	3.0	3.5	4.0
$l_{范围}$	6～20	8～30	8～40	10～50	12～60	14～80	18～95	22～140	26～180	35～200	50～200
$l_{系列}$	2、3、4、5、6～32(2 进位)、35～100(5 进位)、120～200(20 进位)										

附表10　圆锥销（摘自 GB/T 117—2000）　　　　　　　mm

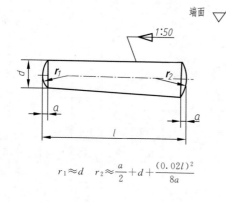

A 型（磨削）：锥面表面粗糙度 $Ra=0.8\mu$m

B 型（切削或冷镦）：锥面表面粗糙度 $Ra=3.2\mu$m

$$r_1\approx d \quad r_2\approx \frac{a}{2}+d+\frac{(0.02l)^2}{8a}$$

标记示例：

销 GB/T 117 10×60（公称直径 $d=10$mm、公称长度 $l=60$mm、材料为 35 钢、热处理硬度 28～38HRC、表面氧化处理的 A 型圆锥销）

$d_{公称}$	2	2.5	3	4	5	6	8	10	12	16	20	25
$a\approx$	0.25	0.3	0.4	0.5	0.63	0.8	1.0	1.2	1.6	2.0	2.5	3.0
$l_{范围}$	10～35	10～35	12～45	14～55	18～60	22～90	22～120	26～160	32～180	40～200	45～200	50～200
$l_{系列}$	2、3、4、5、6～32(2 进位)、35～100(5 进位)、120～200(20 进位)											

附表 11　滚动轴承　　　　　　　　　　　　　　mm

深沟球轴承	圆锥滚子轴承	推力球轴承
（GB/T 276—94）	（GB/T 297—94）	（GB/T 301—1995）
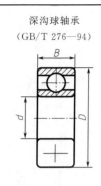	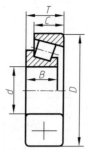	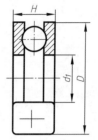
标记示例：	标记示例：	标记示例：
滚动轴承 6212 GB/T 276—94	滚动轴承 30213 GB/T 297—94	滚动轴承 51304 GB/T 301—1995

轴承型号	尺寸			轴承型号	尺寸					轴承型号	尺寸			
	d	D	B		d	D	B	C	T		d	D	H	d_{1min}
尺寸系列（02）				尺寸系列（02）						尺寸系列（12）				
6202	15	35	11	30203	17	40	12	11	13.25	51202	15	32	12	17
6203	17	40	12	30204	20	47	14	12	15.25	51203	17	35	12	19
6204	20	47	14	30205	25	52	15	13	16.25	51204	20	40	14	22
6205	25	52	15	30206	30	62	16	14	17.25	51205	25	47	15	27
6206	30	62	16	30207	35	72	17	15	18.25	51206	30	52	16	32
6207	35	72	17	30208	40	80	18	16	19.75	51207	35	62	18	37
6208	40	80	18	30209	45	85	19	16	20.75	51208	40	68	19	42
6209	45	85	19	30210	50	90	20	17	21.75	51209	45	73	20	47
6210	50	90	20	30211	55	100	21	18	22.75	51210	50	78	22	52
6211	55	100	21	30212	60	110	22	19	23.75	51211	55	90	25	57
6212	60	110	22	30213	65	120	23	20	24.75	51212	60	95	26	62
尺寸（03）				尺寸系列（03）						尺寸系列（13）				
6302	15	42	13	30302	15	42	13	11	14.25	51304	20	47	18	22
6303	17	47	14	30303	17	47	14	12	15.25	51305	25	52	18	27
6304	20	52	15	30304	20	52	15	13	16.25	51306	30	60	21	32
6305	25	62	17	30305	25	62	17	15	18.25	51307	35	68	24	37
6306	30	72	19	30306	30	72	19	16	20.75	51308	40	78	26	42
6307	35	80	21	70307	35	80	21	18	22.75	51309	45	85	28	47
6308	40	90	23	30308	40	90	23	20	25.25	51310	50	95	31	52
6309	45	100	25	30309	45	100	25	22	27.25	51311	55	105	35	57
6310	50	110	27	30310	50	110	27	23	29.25	51312	60	110	35	62
6311	55	120	29	30311	55	120	29	25	31.5	51313	65	115	36	67
6312	60	130	31	30312	60	130	31	26	33.5	51314	70	125	40	72

三、极限与配合

附表 12　轴的

基本尺寸 /mm		上偏差 es — 所有标准公差等级												基本			
														IT5 和 IT6	IT7	IT8	IT4~IT7
大于	至	a	b	c	cd	d	e	ef	f	fg	g	h	js	j			
—	3	−270	−140	−60	−34	−20	−14	−10	−6	−4	−2	0		−2	−4	−6	0
3	6	−270	−140	−70	−46	−30	−20	−14	−10	−6	−4	0		−2	−4		+1
6	10	−280	−150	−80	−56	−40	−25	−18	−13	−8	−5	0		−2	−5		+1
10	14	−290	−150	−95		−50	−32		−16		−6	0		−3	−6		+1
14	18	−290	−150	−95		−50	−32		−16		−6	0		−3	−6		+1
18	24	−300	−160	−110		−65	−40		−20		−7	0		−4	−8		+2
24	30	−300	−160	−110		−65	−40		−20		−7	0		−4	−8		+2
30	40	−310	−170	−120		−80	−50		−25		−9	0		−5	−10		+2
40	50	−320	−180	−130		−80	−50		−25		−9	0		−5	−10		+2
50	65	−340	−190	−140		−100	−60		−30		−12	0	偏差 = $\pm\dfrac{ITn}{2}$ 式中 ITn 是 IT 数值	−7	−12		+2
65	80	−360	−200	−150		−100	−60		−30		−12	0		−7	−12		+2
80	100	−380	−220	−170		−120	−72		−36		−12	0		−9	−15		+3
100	120	−410	−240	−180		−120	−72		−36		−12	0		−9	−15		+3
120	140	−460	−260	−200		−145	−85		−43		−14	0		−11	−18		+3
140	160	−520	−280	−210		−145	−85		−43		−14	0		−11	−18		+3
160	180	−580	−310	−230		−145	−85		−43		−14	0		−11	−18		+3
180	200	−660	−340	−240		−170	−100		−50		−15	0		−13	−21		+4
200	225	−740	−380	−260		−170	−100		−50		−15	0		−13	−21		+4
225	250	−820	−420	−280		−170	−100		−50		−15	0		−13	−21		+4
250	280	−920	−480	−300		−190	−110		−56		−17	0		−16	−26		+4
280	315	−1050	−540	−330		−190	−110		−56		−17	0		−16	−26		+4
315	355	−1200	−600	−360		−210	−125		−62		−18	0		−18	−28		+4
355	400	−1350	−680	−400		−210	−125		−62		−18	0		−18	−28		+4
400	450	−1500	−760	−440		−230	−135		−68		−20	0		−20	−32		+5
450	500	−1650	−840	−480		−230	−135		−68		−20	0		−20	−32		+5
500	560					−260	−145		−76		−22	0					0
560	630					−260	−145		−76		−22	0					0
630	710					−290	−160		−80		−24	0					0
710	800					−290	−160		−80		−24	0					0
800	900					−320	−170		−86		−26	0					0
900	1000					−320	−170		−86		−26	0					0
1000	1120					−350	−195		−98		−28	0					0
1120	1250					−350	−195		−98		−28	0					0
1250	1400					−390	−220		−110		−30	0					0
1400	1600					−390	−220		−110		−30	0					0
1600	1800					−430	−240		−120		−32	0					0
1800	2000					−430	−240		−120		−32	0					0
2000	2240					−480	−260		−130		−34	0					0
2240	2500					−480	−260		−130		−34	0					0
2500	2800					−520	−290		−145		−38	0					0
2800	3150					−520	−290		−145		−38	0					0

注：1. 基本尺寸小于或等于 1mm 时，基本差 a、b 均不采用。

2. 公差带 js7 至 js11，若 ITn 值数是奇数，则取偏差为 $\pm\dfrac{ITn-1}{2}$。

基本偏差（摘自 GB/T 1800.3—1998） μm

偏 差 数 值

下偏差 ei

≤IT3 >IT7 所有标准公差等级

k	m	n	p	r	s	t	u	v	x	y	z	za	zb	zc
0	+2	+4	+6	+10	14		+18		+20		+26	+32	+40	+60
0	+4	+8	+12	+15	+19		+23		+28		+35	+42	+50	+80
0	+6	+10	+15	+19	+23		+28		+34		+42	+52	+67	+97
0	+7	+12	+18	+23	+28		+33	+39	+40		+50	+64	+90	+130
									+45		+60	+77	+108	+150
0	+8	+15	+22	+28	+35	+41	+41	+47	+54	+63	+73	+98	+136	+188
							+48	+55	+64	+75	+88	+118	+160	+218
0	+9	+17	+26	+34	+43	+48	+60	+68	+80	+94	+112	+148	+200	+274
						+54	+70	+81	+97	+114	+136	+180	+242	+325
0	+11	+20	+32	+41	+53	+66	+87	+102	+122	+144	+172	+226	+300	+405
				+43	+59	+75	+102	+120	+146	+174	+210	+274	+360	+480
0	+13	+23	+37	+51	+71	+91	+124	+146	+178	+214	+258	+335	+445	+585
				+54	+79	+104	+144	+172	+210	+254	+310	+400	+525	+690
0	+15	+27	+43	+63	+92	+122	+170	+202	+248	+300	+365	+470	+620	+800
				+65	+100	+134	+190	+228	+280	+340	+415	+535	+700	+900
				+68	+108	+146	+210	+252	+310	+380	+465	+600	+780	+1000
0	+17	+31	+50	+77	+122	+166	+236	+284	+350	+425	+520	+670	+880	+1150
				+80	+130	+180	+258	+310	+385	+470	+575	+740	+960	+1250
				+84	+140	+196	+284	+340	+425	+520	+640	+820	+1050	+1350
0	+20	+34	+56	+94	+158	+218	+315	+385	+475	+580	+710	+920	+1200	+1550
				+98	+170	+240	+350	+425	+525	+650	+790	+1000	+1300	+1700
0	+21	+37	+62	+108	+190	+268	+390	+475	+590	+730	+900	+1150	+1500	+1900
				+114	+208	+294	+435	+530	+660	+820	+1000	+1300	+1650	+2100
0	+23	+40	+68	+126	+232	+330	+490	+595	+740	+920	+1100	+1450	+1850	+2400
				+132	+252	+360	+540	+660	+820	+1000	+1250	+1600	+2100	+2600
0	+26	+44	+78	+150	+280	+400	+600							
				+155	+310	+450	+660							
0	+30	+50	+88	+175	+340	+500	+740							
				+185	+380	+560	+840							
0	+34	+56	+100	+210	+430	+620	+940							
				+220	+470	+680	+1050							
0	+40	+66	+120	+250	+520	+780	+1150							
				+260	+580	+840	+1300							
0	+48	+78	+140	+300	+640	+960	+1450							
				+330	+720	+1050	+1600							
0	+58	+92	+170	+370	+820	+1200	+1850							
				+400	+920	+1350	+2000							
0	+68	+110	+195	+440	+1000	+1500	+2300							
				+460	+1100	+1650	+2500							
0	+76	+135	+240	+550	+1250	+1900	+2900							
				+580	+1400	+2100	+3200							

附表 13　孔的基本偏差

基本尺寸 /mm 大于	至	下偏差 EI（所有标准公差等级） A	B	C	CD	D	E	EF	F	FG	G	H	JS	J IT6	J IT7	J IT8	K ≤IT8	K >IT8	M ≤IT8	M >IT8	N ≤IT8	N >IT8
—	3	+270	+140	+60	+34	+20	+14	+10	+6	+4	+2	0		+2	+4	+6	0	0	−2	−2	−4	−4
3	6	+270	+140	+70	+46	+30	+20	+14	+10	+6	+4	0		+5	+6	+10	−1+Δ		−4+Δ	−4	−8+Δ	0
6	10	+280	+150	+80	+56	+40	+25	+18	+13	+8	+5	0		+5	+8	+12	−1+Δ		−6+Δ	−6	−10+Δ	0
10	14	+290	+150	+95		+50	+32		+16		+6	0		+6	+10	+15	−1+Δ		−7+Δ	−7	−12+Δ	
14	18	+290	+150	+95		+50	+32		+16		+6	0		+6	+10	+15	−1+Δ		−7+Δ	−7	−12+Δ	
18	24	+300	+160	+110		+65	+40		+20		+7	0		+8	+12	+20	−2+Δ		−8+Δ	−8	−15+Δ	0
24	30	+300	+160	+110		+65	+40		+20		+7	0		+8	+12	+20	−2+Δ		−8+Δ	−8	−15+Δ	0
30	40	+310	+170	+120		+80	+50		+25		+9	0		+10	+14	+24	−2+Δ		−9+Δ	−9	−17+Δ	0
40	50	+320	+180	+130		+80	+50		+25		+9	0		+10	+14	+24	−2+Δ		−9+Δ	−9	−17+Δ	0
50	65	+340	+190	+140		+100	+60		+30		+10	0		+13	+18	+28	−2+Δ		−11+Δ	−11	−20+Δ	0
65	80	+360	+200	+150		+100	+60		+30		+10	0		+13	+18	+28	−2+Δ		−11+Δ	−11	−20+Δ	0
80	100	+380	+220	+170		+110	+72		+36		+12	0		+16	+22	+34	−3+Δ		−13+Δ	−13	−23+Δ	0
100	120	+410	+240	+180		+110	+72		+36		+12	0		+16	+22	+34	−3+Δ		−13+Δ	−13	−23+Δ	0
120	140	+460	+260	+200		+145	+85		+43		+14	0		+18	+26	+41	−3+Δ		−15+Δ	−15	−27+Δ	0
140	160	+520	+280	+210		+145	+85		+43		+14	0		+18	+26	+41	−3+Δ		−15+Δ	−15	−27+Δ	0
160	180	+580	+310	+230		+145	+85		+43		+14	0		+18	+26	+41	−3+Δ		−15+Δ	−15	−27+Δ	0
180	200	+660	+340	+240		+170	+100		+50		+15	0	偏差 =± (ITn /2)， 式中， ITn 是 IT 数值	+22	+30	+47	−4+Δ		−17+Δ	−17	−31+Δ	0
200	225	+740	+380	+260		+170	+100		+50		+15	0		+22	+30	+47	−4+Δ		−17+Δ	−17	−31+Δ	0
225	250	+820	+420	+280		+170	+100		+50		+15	0		+22	+30	+47	−4+Δ		−17+Δ	−17	−31+Δ	0
250	280	+920	+480	+300		+190	+110		+57		+17	0		+25	+36	+55	−4+Δ		−20+Δ	−20	−34+Δ	0
280	315	+1050	+540	+330		+190	+110		+57		+17	0		+25	+36	+55	−4+Δ		−20+Δ	−20	−34+Δ	0
315	355	+1200	+600	+360		+210	+125		+62		+18	0		+29	+39	+60	−4+Δ		−21+Δ	−21	−37+Δ	0
355	400	+1350	+680	+400		+210	+125		+62		+18	0		+29	+39	+60	−4+Δ		−21+Δ	−21	−37+Δ	0
400	450	+1500	+760	+440		+230	+135		+68		+20	0		+33	+43	+66	−5+Δ		−23+Δ	−23	−40+Δ	0
450	500	+1650	+840	+480		+230	+135		+68		+20	0		+33	+43	+66	−5+Δ		−23+Δ	−23	−40+Δ	0
500	560					+260	+145		+76		+22	0					0		26		44	
560	630					+260	+145		+76		+22	0					0		26		44	
630	710					+290	+160		+80		+24	0					0		30		50	
710	800					+290	+160		+80		+24	0					0		30		50	
800	900					+320	+170		+86		+26	0					0		34		56	
900	1000					+320	+170		+86		+26	0					0		34		56	
1000	1120					+350	+195		+98		+28	0					0		40		65	
1120	1250					+350	+195		+98		+28	0					0		40		65	
1250	1400					+390	+220		+110		+30	0					0		48		78	
1400	1600					+390	+220		+110		+30	0					0		48		78	
1600	1800					+430	+240		+120		+32	0					0		58		92	
1800	2000					+430	+240		+120		+32	0					0		58		92	
2000	2240					+480	+260		+130		+34	0					0		68		110	
2240	2500					+480	+260		+130		+34	0					0		68		110	
2500	2800					+520	+290		+145		+38	0					0		76		135	
2800	3150					+520	+290		+145		+38	0					0		76		135	

注：1. 基本尺寸小于或等于 1mm 时，基本偏差 A 和 B 及大于 IT8 的 N 均不采用。

2. 公差带 JS7 至 JS11，若 ITn 值数是奇数，则取偏差为 $\pm\dfrac{ITn-1}{2}$。

3. 对小于或等于 IT8 的 K、M、N 和小于或等于 IT7 的 P~ZC，所需 Δ 值从表内右侧选取。例如：18~30mm 段的 K7：Δ=8μm，所以 ES=−2+8=6μm；18~30mm 段的 S6：Δ=4μm，所以 ES=−35+4=31μm。

4. 特殊情况：250~315mm 段的 M6，ES=−9μm（代替−11μm）。

（摘自 GB/T 1800.3—1998）　　　　　　　　　　　　　　　　　　　　　　　　　　　μm

数　值													Δ 值					
上偏差 ES																		
≤IT7		标准公差等级大于 IT7											标准公差等级					
P~ZC	P	R	S	T	U	V	X	Y	Z	ZA	ZB	ZC	IT3	IT4	IT5	IT6	IT7	IT8
在大于 IT7 的相应数值上加一个 Δ 值	−6	−10	−14		−18		−20		−26	−32	−40	−60	0	0	0	0	0	0
	−12	−15	−19		−23		−28		−35	−42	−50	−80	1	1.5	1	3	4	6
	−15	−19	−23		−28		−34		−42	−52	−67	−97	1	1.5	2	3	6	7
	−18	−23	−28		−33	−39	−40		−50	−64	−90	−130	1	2	3	3	7	9
							−45		−60	−77	−108	−150						
	−22	−28	−35	−41	−41	−47	−54	−63	−73	−98	−136	−188	1.5	2	3	4	8	12
					−48	−55	−64	−75	−88	−118	−160	−218						
	−26	−34	−43	−48	−60	−68	−80	−94	−112	−148	−200	−274	1.5	3	4	5	9	14
				−54	−70	−81	−97	−114	−136	−180	−242	−325						
	−32	−41	−53	−66	−87	−102	−122	−144	−172	−226	−300	−405	2	3	5	6	11	16
		−43	−59	−75	−102	−120	−146	−174	−210	−274	−360	−480						
	−37	−51	−71	−91	−124	−146	−178	−214	−258	−335	−445	−585	2	4	5	7	13	19
		−54	−79	−104	−144	−172	−210	−257	−310	−400	−525	−690						
	−43	−63	−92	−122	−170	−202	−248	−300	−365	−470	−620	−800	3	4	6	7	15	23
		−65	−100	−134	−190	−228	−280	−340	−415	−535	−700	−900						
		−68	−108	−146	−210	−252	−310	−380	−465	−600	−780	−1000						
	−50	−77	−122	−166	−236	−284	−350	−425	−520	−670	−880	−1150	3	4	6	9	17	26
		−80	−130	−180	−258	−310	−385	−470	−575	−740	−960	−1250						
		−84	−140	−196	−284	−340	−425	−520	−640	−820	−1050	−1350						
	−56	−94	−158	−218	−315	−385	−475	−580	−710	−920	−1200	−1550	4	4	7	9	20	29
		−98	−170	−240	−350	−425	−525	−650	−790	−1000	−1300	−1700						
	−62	−108	−190	−268	−390	−475	−590	−730	−900	−1150	−1500	−1900	4	5	7	11	21	32
		−114	−208	−294	−435	−530	−660	−820	−1000	−1300	−1650	−2100						
	−68	−126	−232	−330	−490	−595	−740	−920	−1100	−1450	−1850	−2400	5	5	7	13	23	24
		−132	−252	−360	−540	−660	−820	−1000	−1250	−1600	−2100	−2600						
	−78	−150	−280	−400	−600													
		−155	−310	−450	−660													
	−88	−175	−340	−500	−740													
		−185	−380	−560	−840													
	−100	−210	−430	−620	−940													
		−220	−470	−680	−1050													
	−120	−250	−520	−780	−1150													
		−260	−580	−810	−1300													
	−140	−300	−640	−960	−1450													
		−330	−720	−1050	−1600													
	−170	−370	−820	−1200	−1850													
		−400	−920	−1350	−2000													
	−195	−440	−1000	−1500	−2300													
		−460	−1100	−1650	−2500													
	−240	−550	−1250	−1900	−2900													
		−580	−1400	−2100	−3200													

附表 14　优先配合中轴的极限偏差（摘自 GB/T 1800.4—1999）　　　μm

基本尺寸 /mm		公差带											
		c	d	f	g	h				k	n	p	s	u
大于	至	11	9	7	6	6	7	9	11	6	6	6	6	6
—	3	−60 / −120	−20 / −45	−6 / −16	−2 / −8	0 / −6	0 / −10	0 / −25	0 / −60	+6 / 0	+10 / +4	+12 / +6	+20 / +14	+24 / +18
3	6	−70 / −145	−30 / −60	−10 / −22	−4 / −12	0 / −8	0 / −12	0 / −30	0 / −75	+9 / +1	+16 / +8	+20 / +12	+27 / +19	+31 / +23
6	10	−80 / −170	−40 / −76	−13 / −28	−5 / −14	0 / −9	0 / −15	0 / −36	0 / −90	+10 / +1	+19 / +10	+24 / +15	+32 / +23	+37 / +28
10	14	−95 / −205	−50 / −93	−16 / −34	−6 / −17	0 / −11	0 / −18	0 / −43	0 / −110	+12 / +1	+23 / +12	+29 / +18	+39 / +28	+44 / +33
14	18	−95 / −205	−50 / −93	−16 / −34	−6 / −17	0 / −11	0 / −18	0 / −43	0 / −110	+12 / +1	+23 / +12	+29 / +18	+39 / +28	+44 / +33
18	24	−110 / −240	−65 / −117	−20 / −41	−7 / −20	0 / −13	0 / −21	0 / −52	0 / −130	+15 / +2	+28 / +15	+35 / +22	+48 / +35	+54 / +41
24	30	−110 / −240	−65 / −117	−20 / −41	−7 / −20	0 / −13	0 / −21	0 / −52	0 / −130	+15 / +2	+28 / +15	+35 / +22	+48 / +35	+61 / +48
30	40	−120 / −280	−80 / −142	−25 / −50	−9 / −25	0 / −16	0 / −25	0 / −62	0 / −160	+18 / +2	+33 / +17	+42 / +26	+59 / +43	+76 / +60
40	50	−130 / −290	−80 / −142	−25 / −50	−9 / −25	0 / −16	0 / −25	0 / −62	0 / −160	+18 / +2	+33 / +17	+42 / +26	+59 / +43	+86 / +70
50	65	−140 / −330	−100 / −174	−30 / −60	−10 / −29	0 / −19	0 / −30	0 / −74	0 / −190	+21 / +2	+39 / +20	+51 / +32	+72 / +53	+106 / +87
65	80	−150 / −340	−100 / −174	−30 / −60	−10 / −29	0 / −19	0 / −30	0 / −74	0 / −190	+21 / +2	+39 / +20	+51 / +32	+78 / +59	+121 / +102
80	100	−170 / −390	−120 / −207	−36 / −71	−12 / −34	0 / −22	0 / −35	0 / −87	0 / −220	+25 / +3	+45 / 23	+59 / +37	+93 / +71	+146 / +124
100	120	−180 / −400	−120 / −207	−36 / −71	−12 / −34	0 / −22	0 / −35	0 / −87	0 / −220	+25 / +3	+45 / 23	+59 / +37	+101 / +79	+166 / +144
120	140	−200 / −450	−145 / −245	−43 / −83	−14 / −39	0 / −25	0 / −40	0 / −100	0 / −250	+28 / +3	+52 / +27	+68 / +43	+114 / +92	+195 / +170
140	160	−210 / −460	−145 / −245	−43 / −83	−14 / −39	0 / −25	0 / −40	0 / −100	0 / −250	+28 / +3	+52 / +27	+68 / +43	+125 / +100	+215 / +190
160	180	−230 / −480	−145 / −245	−43 / −83	−14 / −39	0 / −25	0 / −40	0 / −100	0 / −250	+28 / +3	+52 / +27	+68 / +43	+133 / +108	+235 / +210
180	200	−240 / −530	−170 / −285	−50 / −96	−15 / −44	0 / −29	0 / −46	0 / −115	0 / −290	+33 / +4	+60 / +31	+79 / +50	+151 / +122	+265 / +236
200	225	−260 / −550	−170 / −285	−50 / −96	−15 / −44	0 / −29	0 / −46	0 / −115	0 / −290	+33 / +4	+60 / +31	+79 / +50	+159 / +130	+287 / +258
225	250	−280 / −570	−170 / −285	−50 / −96	−15 / −44	0 / −29	0 / −46	0 / −115	0 / −290	+33 / +4	+60 / +31	+79 / +50	+169 / +140	+313 / +284
250	280	−300 / −620	−190 / −320	−56 / −108	−17 / −49	0 / −32	0 / −52	0 / −130	0 / −320	+36 / +4	+66 / +34	+88 / +56	+190 / +158	+347 / +345
280	315	−330 / −650	−190 / −320	−56 / −108	−17 / −49	0 / −32	0 / −52	0 / −130	0 / −320	+36 / +4	+66 / +34	+88 / +56	+202 / +170	+382 / +350
315	355	−360 / −720	−210 / −350	−62 / −119	−18 / −54	0 / −36	0 / −57	0 / −140	0 / −360	+40 / +4	+73 / +37	+98 / +62	+226 / +190	+426 / +390
355	400	−400 / −760	−210 / −350	−62 / −119	−18 / −54	0 / −36	0 / −57	0 / −140	0 / −360	+40 / +4	+73 / +37	+98 / +62	+244 / +208	+471 / +435
400	450	−440 / 840	−230 / −385	−68 / −131	−20 / −60	0 / −40	0 / −63	0 / −155	0 / −400	+45 / +5	+80 / +40	+108 / +68	+272 / +232	+530 / +490
450	500	−480 / −880	−230 / −385	−68 / −131	−20 / −60	0 / −40	0 / −63	0 / −155	0 / −400	+45 / +5	+80 / +40	+108 / +68	+292 / +252	+580 / +540

附表 15　优先配合中孔的极限偏差（摘自 GB/T 1800.4—1999） μm

基本尺寸 /mm 大于	至	C 11	D 9	F 8	G 7	H 7	H 8	H 9	H 11	K 7	N 7	P 7	S 7	U 7
—	3	+120 / +60	+45 / +20	+20 / +6	+12 / +2	+10 / 0	+14 / 0	+25 / 0	+60 / 0	0 / -10	-4 / -14	-6 / -16	-14 / -24	-18 / -28
3	6	+145 / +70	+60 / +30	+28 / +10	+16 / +4	+12 / 0	+18 / 0	+30 / 0	+75 / 0	+3 / -9	-4 / -16	-8 / -20	-15 / -27	-19 / -31
6	10	+170 / +80	+76 / +40	+35 / +13	+20 / +5	+15 / 0	+22 / 0	+36 / 0	+90 / 0	+5 / -10	-4 / -19	-9 / -24	-17 / -32	-22 / -37
10	14	+205 / +95	+93 / +50	+43 / +16	+24 / +6	+18 / 0	+27 / 0	+43 / 0	+110 / 0	+6 / -12	-5 / -23	-11 / -29	-21 / -39	-26 / -44
14	18	+205 / +95	+93 / +50	+43 / +16	+24 / +6	+18 / 0	+27 / 0	+43 / 0	+110 / 0	+6 / -12	-5 / -23	-11 / -29	-21 / -39	-26 / -44
18	24	+240 / +110	+117 / +65	+53 / +20	+28 / +7	+21 / 0	+33 / 0	+52 / 0	+130 / 0	+6 / -15	-7 / -28	-14 / -35	-27 / -48	-33 / -54
24	30	+240 / +110	+117 / +65	+53 / +20	+28 / +7	+21 / 0	+33 / 0	+52 / 0	+130 / 0	+6 / -15	-7 / -28	-14 / -35	-27 / -48	-40 / -61
30	40	+280 / +120	+142 / +80	+64 / +25	+34 / +9	+25 / 0	+39 / 0	+62 / 0	+160 / 0	+7 / -18	-8 / -33	-17 / -42	-34 / -59	-51 / -76
40	50	+290 / +130	+142 / +80	+64 / +25	+34 / +9	+25 / 0	+39 / 0	+62 / 0	+160 / 0	+7 / -18	-8 / -33	-17 / -42	-34 / -59	-61 / -86
50	65	+330 / +140	+174 / +100	+76 / +30	+40 / +10	+30 / 0	+46 / 0	+74 / 0	+190 / 0	+9 / -21	-9 / -39	-21 / -51	-42 / -72	-76 / -106
65	80	+340 / +150	+174 / +100	+76 / +30	+40 / +10	+30 / 0	+46 / 0	+74 / 0	+190 / 0	+9 / -21	-9 / -39	-21 / -51	-48 / -78	-91 / -121
80	100	+390 / +170	+207 / +120	+90 / +36	+47 / +12	+35 / 0	+54 / 0	+87 / 0	+220 / 0	+10 / -25	-10 / -45	-24 / -59	-58 / -93	-111 / -146
100	120	+400 / +180	+207 / +120	+90 / +36	+47 / +12	+35 / 0	+54 / 0	+87 / 0	+220 / 0	+10 / -25	-10 / -45	-24 / -59	-66 / -101	-131 / -166
120	140	+450 / +200	+245 / +145	+106 / +43	+54 / +14	+40 / 0	+63 / 0	+100 / 0	+250 / 0	+12 / -28	-12 / -52	-28 / -68	-77 / -117	-155 / -195
140	160	+460 / +210	+245 / +145	+106 / +43	+54 / +14	+40 / 0	+63 / 0	+100 / 0	+250 / 0	+12 / -28	-12 / -52	-28 / -68	-85 / -125	-175 / -215
160	180	+480 / +230	+245 / +145	+106 / +43	+54 / +14	+40 / 0	+63 / 0	+100 / 0	+250 / 0	+12 / -28	-12 / -52	-28 / -68	-93 / -133	-195 / -235
180	200	+530 / +240	+285 / +170	+122 / +50	+61 / +15	+46 / 0	+72 / 0	+115 / 0	+290 / 0	+13 / -33	-14 / -60	-33 / -79	-105 / -151	-219 / -265
200	225	+550 / +260	+285 / +170	+122 / +50	+61 / +15	+46 / 0	+72 / 0	+115 / 0	+290 / 0	+13 / -33	-14 / -60	-33 / -79	-113 / -159	-241 / -287
225	250	+570 / +280	+285 / +170	+122 / +50	+61 / +15	+46 / 0	+72 / 0	+115 / 0	+290 / 0	+13 / -33	-14 / -60	-33 / -79	-123 / -169	-267 / -313
250	280	+620 / +300	+320 / +190	+137 / +56	+69 / +17	+52 / 0	+81 / 0	+130 / 0	+320 / 0	+16 / -36	-14 / -66	-36 / -88	-138 / -190	-295 / -347
280	315	+650 / +330	+320 / +190	+137 / +56	+69 / +17	+52 / 0	+81 / 0	+130 / 0	+320 / 0	+16 / -36	-14 / -66	-36 / -88	-150 / -202	-330 / -382
315	355	+720 / +360	+350 / +210	+151 / +62	+75 / +18	+57 / 0	+89 / 0	+140 / 0	+360 / 0	+17 / -40	-16 / -73	-41 / -98	-169 / -226	-369 / -426
355	400	+760 / +400	+350 / +210	+151 / +62	+75 / +18	+57 / 0	+89 / 0	+140 / 0	+360 / 0	+17 / -40	-16 / -73	-41 / -98	-187 / -244	-414 / -471
400	450	+840 / +440	+385 / +230	+165 / +68	+83 / +20	+63 / 0	+97 / 0	+155 / 0	+400 / 0	+18 / -45	-17 / -80	-45 / -108	-209 / -272	-467 / -530
450	500	+880 / +480	+385 / +230	+165 / +68	+83 / +20	+63 / 0	+97 / 0	+155 / 0	+400 / 0	+18 / -45	-17 / -80	-45 / -108	-229 / -292	-517 / -580

附表 16 标准公差数值（摘自 GB/T 1800.3）

基本尺寸 /mm		标准公差等级																
		IT1	IT2	IT3	IT4	IT5	IT6	IT7	IT8	IT9	IT10	IT11	IT12	IT13	IT14	IT15	IT16	IT17	IT18
大于	至	μm											mm						
—	3	0.8	1.2	2	3	4	6	10	14	25	40	60	0.1	0.14	0.25	0.4	0.6	1	1.4
3	6	1	1.5	2.5	4	5	8	12	18	30	48	75	0.12	0.18	0.3	0.45	0.75	1.2	1.8
6	10	1	1.5	2.5	4	6	9	15	22	36	58	90	0.15	0.22	0.36	0.58	0.9	1.5	2.2
10	18	1.2	2	3	5	8	11	18	27	43	70	110	0.18	0.27	0.43	0.7	1.1	1.8	2.7
18	30	1.5	2.5	4	6	9	13	21	33	52	84	130	0.21	0.33	0.52	0.84	1.3	2.1	3.3
30	50	1.5	2.5	4	7	11	16	25	39	62	100	160	0.25	0.39	0.62	1	1.6	2.5	3.9
50	80	2	3	5	8	13	19	30	46	74	120	190	0.3	0.46	0.74	1.2	1.9	3	4.6
80	120	2.5	4	6	10	15	22	35	54	87	140	220	0.35	0.54	0.87	1.4	2.2	3.5	5.4
120	180	3.5	5	8	12	18	25	40	63	100	160	250	0.4	0.63	1	1.6	2.5	4	6.3
180	250	4.5	7	10	14	20	29	46	72	115	185	290	0.46	0.72	1.15	1.85	2.9	4.6	7.2
250	315	6	8	12	16	23	32	52	81	130	210	320	0.52	0.81	1.3	2.1	3.2	5.2	8.1
315	400	7	9	13	18	25	36	57	89	140	230	360	0.57	0.89	1.4	2.3	3.6	5.7	8.9
400	500	8	10	15	20	27	40	63	97	155	250	400	0.63	0.97	1.55	2.5	4	6.3	9.7

注：基本尺寸小于或等于 1mm 时，无 IT14 至 IT18。

四、材料与热处理

附表 17 热处理方法及应用

名 词	说 明	应 用
退火	将钢材或钢件加热至适当温度,保温一段时间后,缓慢冷却,以获得接近平衡状态组织的热处理工艺	退火作为预备热处理,安排在铸造或锻造之后,粗加工之前,用以消除前一道工序所带来的缺陷,为随后的工序做准备
正火	将钢材或钢件加热到临界点 A_{c3} 或 A_{cm} 以上的适当温度保持一定时间后在空气中冷却,得到珠光体类组织的热处理工艺	改善低碳钢和低碳合金钢的切削加工性;作为普通结构零件或大型及形状复杂零件的最终热处理;作为中碳和低合金结构钢重要零件的预备热处理
淬火	将钢奥氏体化后以适当的冷却速度冷却,使工件在横截面内全部或一定的范围内发生马氏体等不稳定组织结构转变的热处理工艺	钢的淬火多半是为了获得马氏体,提高它的硬度和强度,如各种工模具、滚动轴承的淬火,是为了获得马氏体以提高其硬度和耐磨性
回火	将经过淬火的工件加热到临界点 A_{c1} 以下的适当温度保持一定时间,随后用符合要求的方法冷却,以获得所需要的组织和性能的热处理工艺	低温回火(150~250℃)所得组织为回火马氏体,其目的是在保持淬火钢的高硬度和高耐磨性的前提下,降低其淬火内应力和脆性,以免使用时崩裂或过早损坏,它主要用于各种高碳的切削刃具、量具、冷冲模具、滚动轴承以及渗碳件等,回火后硬度一般为 58~64HRC;中温回火(350~500℃)所得组织为回火屈氏体,其目的是获得高的屈服强度、弹性极限和较高的韧性,因此它主要用于各种弹簧和热作模具的处理,回火后硬度一般为 35~50HRC;高温回火(500~650℃)所得组织为回火索氏体,能获得强度、硬度和塑性、韧性都较好的综合力学性能,因此广泛用于汽车、拖拉机、机床等的重要结构零件,如连杆、螺栓、齿轮及轴类,回火后硬度一般为 200~330HB
调质	将淬火加高温回火相结合的热处理称为调质处理	

续表

名　词	说　明	应　用
表面淬火	用火焰或高频电流将零件表面迅速加热到临界温度以上,快速冷却	表层获得硬而耐磨的马氏体组织,而心部仍保持一定的韧性,使零件既耐磨又能承受冲击,表面淬火常用来处理齿轮等
渗碳	向钢件表面渗入碳原子的过程	使零件表面具有高硬度和耐磨性,而心部仍保持一定的强度及较高的塑性、韧性,可用于汽车、拖拉机齿轮、套筒等
渗氮	向钢件表面渗入氮原子的过程	增加钢件的耐磨性、硬度、疲劳强度和耐蚀性,可用于模具、螺杆、齿轮、套筒等
氰化	向钢的表层同时渗入碳和氮的过程	目前以中温气体碳氮共渗和低温气体碳氮共渗(即气体软氮化)应用较为广泛。中温气体碳氮共渗的主要目的是提高钢的硬度、耐磨性和疲劳强度。低温气体碳氮共渗以渗氮为主,其主要目的是提高钢的耐磨性和抗咬合性
时效	低温回火后,精加工之前,加热到 100～160℃,保持10～40h。对铸件也可天然时效	使工件消除内应力和稳定尺寸,用于量具、精密丝杠、床身导轨等
发蓝、发黑	将金属零件放在很浓的碱和氧化剂溶液中加热氧化,使金属表面形成一层氧化铁所组成的保护性薄膜	能防腐蚀,美观。用于一般连接的标准件和其他电子类零件
HB(布氏硬度)	硬度指金属材料抵抗外物压入其表面的能力,也是衡量金属材料软硬程度的一种力学性能指标	用于退火、正火、调质的零件及铸件的硬度检验。优点是测量结果准确,缺点是压痕大,不适合成品检验
HRC(洛氏硬度)		用于经淬火、回火及表面渗碳、渗氮等处理的零件的硬度检验。优点是测量迅速简便,压痕小,可在成品零件上检测
HV(维氏硬度)		维氏硬度试验所用载荷小,压痕深度浅,适用于测量零件薄的表面硬化层的硬度。试验载荷可任意选择,故可测硬度范围宽,工作效率较低

附表 18　常用的金属材料和非金属材料

名　称		牌　号	说　明	应　用　举　例
黑色金属	灰铸铁 (GB 9439)	HT150	HT—"灰铁"代号 150—抗拉强度(MPa)	用于制造端盖、带轮、轴承座、阀壳、管子及管子附件、机床底座、工作台等
		HT200		用于较重要铸件,如汽缸、齿轮、飞机、床身、阀壳、衬筒等
	球墨铸铁 (GB 1348)	QT450-10 QT500-7	QT—"球铁"代号 450—抗拉强度(MPa) 10—伸长率(%)	具有较高的强度和塑性。广泛用于机械制造业中受磨损和受冲击的零件,如曲轴、汽缸套、活塞环、摩擦片、中低压阀门、千斤顶座等
	铸钢 (GB 11352)	ZG200-400 ZG270-500	ZG—"铸钢"代号 200—屈服强度(MPa) 400—抗拉强度(MPa)	用于各种形状的零件,如机座、变速箱座、飞轮、重负荷机座、水压机工作缸等
	碳素结构钢 (GB 700)	Q215-A Q235-A	Q—"屈"字代号 215—屈服点数值(MPa) A—质量等级	有较高的强度和硬度,易焊接,是一般机械上的主要材料。用于制造垫圈、铆钉、轻载齿轮、键、拉杆、螺栓、螺母、轮轴等

续表

名　称	牌　号	说　明	应　用　举　例
黑色金属 优质碳素结构钢 (GB 699)	15	15—平均含碳量 (万分之几)	塑性、韧性、焊接性和冷冲性能均良好,但强度较低,用于制造螺钉、螺母、法兰盘及化工储器等
	35		用于强度要求较高的零件,如汽轮机叶轮、压缩机、机床主轴、花键轴等
	15Mn 65Mn	15—平均含碳量(万分之几) Mn—含锰量较高	其性能与 15 钢相似,但其塑性、强度比 15 钢高
			强度高,适宜制作大尺寸的各种扁弹簧和圆弹簧
低合金结构钢 (GB 1591)	15MnV	15—平均含碳量(万分之几) Mn—含锰量较高 V—合金元素钒	用于制作高中压石油化工容器、桥梁、船舶、起重机等
	16Mn		用于制作车辆、管道、大型容器、低温压力容器、重型机械等
有色金属 普通黄铜 (GB 5232)	H96	H—"黄"铜的代号 96—基体元素铜的含量	用于导管、冷凝管、散热器管、散热片等
	H59		用于一般机器零件、焊接件、热冲及热轧零件等
铸造锡青铜 (GB 1176)	ZCuSn10Zn2	Z—"铸"造代号 Cu—基体金属铜元素符号 Sn10—锡元素符号及名义含量(%)	在中等及较高载荷下工作的重要管件以及阀、旋塞、泵体、齿轮、叶轮等
铸造铝合金 (GB 1173)	ZAlSi5Cu1Mg	Z—"铸"造代号 Al—基体元素铝元素符号 Si5—硅元素符号及名义含量(%)	用于水冷发动机的汽缸体、汽缸头、汽缸盖、空冷发动机头和发动机曲轴箱等
非金属 耐油橡胶板 (GB 5574)	3707 3807	37、38—顺序号 07—扯断强度(kPa)	硬度较高,可在温度为 $-30 \sim +100℃$ 的机油、变压器油、汽油等介质中工作,适于冲制各种形状的垫圈
耐热橡胶板 (GB 5574)	4708 4808	47、48—顺序号 08—扯断强度(kPa)	较高硬度,具有耐热性能,可在温度为 $-30 \sim +100℃$ 且压力不大的条件下于蒸汽、热空气等介质中工作,用于冲制各种垫圈和垫板
油浸石棉盘根 (JC 68)	YS350 YS250	YS—"油石"代号 350—适用的最高温度	用于回转轴、活塞或阀门杆上密封材料,介质为蒸汽、空气、工业用水、重质石油等
橡胶石棉盘根 (JC 67)	XS550 XS350	XS—"橡石"代号 550—适用的最高温度	用于蒸汽机、往复泵的活塞和阀门杆上作密封材料
聚四氟乙烯 (PTFE)			主要用于耐腐蚀、耐高温的密封元件,如填料、衬垫、胀圈、阀座,也用作输送腐蚀介质的高温管路、耐腐蚀衬里、容器的密封圈等

附表 19　钢管　　　　　　　　　　　　mm

低压流体输送用焊接钢管(摘自 GB/T 3092—93)

公称口径	外径	普通管壁厚	加厚管壁厚	公称口径	外径	普通管壁厚	加厚管壁厚
6	10.0	2.00	2.50	40	48.0	3.50	4.25
8	13.5	2.25	2.75	50	60.0	3.50	4.50
10	17.0	2.25	2.75	65	75.5	3.75	4.50
15	21.3	2.75	3.25	80	88.5	4.00	4.75
20	26.8	2.75	3.50	100	114.0	4.00	5.00
25	33.5	3.25	4.00	125	140.0	4.00	5.50
32	42.3	3.25	4.00	150	165.0	4.50	5.50

续表

低、中压锅炉用钢管(摘自 GB 3087—82)

外径	壁厚	外径	壁厚	外径	壁厚	外径	壁厚	外径	壁厚	外径	壁厚	外径	壁厚	外径	壁厚
10	1.5~2.5	19	2~3	30	2.5~4	45	2.5~5	70	3~6	114	4~12	194	4.5~26	426	11~26
12	1.5~2.5	20	2~3	32	2.5~4	48	2.5~5	76	3.5~8	121	4~12	219	6~26	—	—
14	2~3	22	2~4	35	2.5~4	51	2.5~5	83	3.5~8	127	4~12	245	6~26	—	—
16	2~3	24	2~4	38	2.5~4	57	3~5	89	4~8	133	4~18	273	7~26	—	—
17	2~3	25	2~4	40	2.5~4	60	3~5	102	4~12	159	4.5~26	325	8~26	—	—
18	2~3	29	2.5~4	42	2.5~5	63.5	3~5	108	4~12	168	4.5~26	377	10~26	—	—

壁厚尺寸系列	1.5,2,2.5,3,3.5,4,4.5,5,6,7,8,9,10,11,12,13,14,15,16,17,18,19,20,21,22,23,24,25,26

高压锅炉用无缝钢管(摘自 GB 5310—85)

外径	壁厚	外径	壁厚	外径	壁厚	外径	壁厚	外径	壁厚	外径	壁厚	外径	壁厚
22	2~3.2	42	2.8~6	76	3.5~19	121	5~26	194	7~45	325	13~60	480	14~70
25	2~3.5	48	2.8~7	83	4~20	133	5~32	219	7.5~50	351	13~60	500	14~70
28	2.5~3.5	51	2.8~9	89	4~20	146	6~36	245	9~50	377	13~70	530	14~70
32	2.8~5	57	3.5~12	102	4.5~22	159	6~36	273	9~50	426	14~70	—	—
38	2.8~5.5	60	3.5~12	108	4.5~26	168	6.5~40	299	9~60	450	14~70	—	—

壁厚尺寸系列	2,2.5,2.8,3,3.2,3.5,4,4.5,5,5.5,6,(6.5),7,(7.5),8,9,10,11,12,13,14,(15),16,(17),18,(19),20,22,(24),25,26,28,30,32,(34),36,38,40,(42),45,(48),50,56,60,63,(65),70

注：1. 括号内的尺寸不推荐使用。

2. GB/T 3092 适用于常压容器，但用作工业用水及煤气输送等用途时，可用于不大于 0.6MPa 的场合。

3. GB 3087 用于设计压力不大于 10MPa 的受压元件；GB 5310 用于设计压力不小于 10MPa 的受压元件。

五、化工设备标准零部件

附表20　内压筒体壁厚（经验数据）　　mm

材料	工作压力/MPa	300	(350)	400	(450)	500	(550)	600	(650)	700	800	900	1000	(1100)	1200	1300	1400	(1500)	1600	(1700)	1800	(1900)	2000	(2100)	2200	(2300)	2400	2600	2800	3000
Q235 A　Q235 A·F	≤0.3					3	3	3					4	4				5	5	5	5	6	6	6	6	6	6	8	8	8
	≤0.4	3	3	3	3				4	4		5	5	5																
	≤0.6			4	4	4						4.5	4.5		6	6	6		8	8	8	8	8	10	10	10	10	10	10	10
	≤1.0	4	4	4.5	4.5	5	6	6	6	6	6	6	8	8	8	10	10	10	10	12	12	12	12	12	14	14	14	14	16	16
	≤1.6	4.5	5	6	6	8	8	8	8	8	8	10	10	10	12	12	12	14	14	16	16	16	18	18	18	20	20	22	24	24
不锈钢	≤0.3			3	3	3	3	3	3	3	3	3	4	4	4	4	4	4	4	5	5	5	5	5	5	5	5/7	7	7	7
	≤0.4			3	3	3	3	3	3	3	3	3	4	4	4	4	4	4	4	5	5	5	5	5	5	5	5/7	7	7	7
	≤0.6												5	5	5	5	5	5	5	6	6	6	6	7	7	7	8	8	9	9
	≤1.0			4	4	4	5	5	5	5	6	6	8	8	10	10	12	12	12	12	14	14	16							
	≤1.6	4	4	5	5	6	6	7	7	7	7	8	8	9	10	12	12	12	12	14	14	14	16	16	18	18	18	20	22	24

附表 21　椭圆形封头参数 (摘自 GB/T 25198—2010)

以内径为基准EHA　　以外径为基准EHB

(DN≤2000时, h=25; DN>2000时, h=40)

EHA 椭圆形封头总深度、容积

序号	公称直径 DN/mm	总高度 H/mm	容积 V/m³	序号	公称直径 DN/mm	总高度 H/mm	容积 V/m³	序号	公称直径 DN/mm	总高度 H/mm	容积 V/m³	序号	公称直径 DN/mm	总高度 H/mm	容积 V/m³
1	300	100	0.0053	18	1300	350	0.3208	35	3000	790	3.8170	52	4700	1215	14.2844
2	350	113	0.0080	19	1400	375	0.3977	36	3100	815	4.2015	53	4800	1240	15.2003
3	400	125	0.0115	20	1500	400	0.4860	37	3200	840	4.6110	54	4900	1265	16.1545
4	450	138	0.0159	21	1600	425	0.5864	38	3300	865	5.0463	55	5000	1290	17.1479
5	500	150	0.0213	22	1700	450	0.6999	39	3400	890	5.5080	56	5100	1315	18.1811
6	550	163	0.0277	23	1800	475	0.8270	40	3500	915	5.9972	57	5200	1340	19.2550
7	600	175	0.0353	24	1900	500	0.9687	41	3600	940	6.5144	58	5300	1365	20.3704
8	650	188	0.0442	25	2000	525	1.1257	42	3700	965	7.0605	59	5400	1390	21.5281
9	700	200	0.0545	26	2100	565	1.3508	43	3800	990	7.6364	60	5500	1415	22.7288
10	750	213	0.0663	27	2200	590	1.5459	44	3900	1015	8.2427	61	5600	1440	23.9733
11	800	225	0.0796	28	2300	615	1.7588	45	4000	1040	8.8802	62	5700	1465	25.2624
12	850	238	0.0946	29	2400	640	1.9905	46	4100	1065	9.5498	63	5800	1490	26.5969
13	900	250	0.1113	30	2500	665	2.2417	47	4200	1090	10.2523	64	5900	1515	27.9776
14	950	263	0.1300	31	2600	690	2.5131	48	4300	1115	10.9883	65	6000	1540	29.4053
15	1000	275	0.1505	32	2700	715	2.8055	49	4400	1140	11.7588	—	—	—	—
16	1100	300	0.1980	33	2800	740	3.1198	50	4500	1165	12.5644				
17	1200	325	0.2545	34	2900	765	3.4567	51	4600	1190	13.4060				

续表

EHA椭圆形封头的质量

kg

序号	公称直径 DN/mm	封头名义厚度 δ_n/mm																	
		2	3	4	5	6	8	10	12	14	16	18	20	22	24	26	28	30	32
1	300	1.9	2.8	3.8	4.8	5.8	7.8	9.9	12.1	14.3									
2	350	2.5	3.7	5.0	6.3	7.6	10.3	13.0	15.8	18.7	21.6								
3	400	3.2	4.8	6.4	8.0	9.7	13.1	16.5	20.0	23.6	27.3								
4	450	3.9	5.9	7.9	10.0	12.0	16.2	20.4	24.8	29.2	33.7								
5	500	4.8	7.2	9.6	12.1	14.6	19.6	24.7	30.0	35.3	40.7								
6	550	5.7	8.6	11.5	14.4	17.4	23.4	29.5	35.7	41.9	48.3								
7	600	6.7	10.1	13.5	17.0	20.4	27.5	34.6	41.8	49.2	56.7								
8	650	7.8	11.7	15.7	19.7	23.8	31.9	40.2	48.5	57.0	65.6	74.4	83.2	92.2					
9	700	9.0	13.5	18.1	22.7	27.3	36.6	46.1	55.7	65.4	75.3	85.2	95.3	105.5					
10	750	10.2	15.4	20.6	25.8	31.1	41.7	52.5	63.4	74.4	85.6	96.8	108.3	119.8					
11	800	11.6	17.4	23.3	29.2	35.1	47.1	59.3	71.5	83.9	96.5	109.2	122.0	135.0	148.2	161.4	174.9		
12	850		19.6	26.1	32.8	39.4	52.9	66.5	80.2	94.1	108.1	122.3	136.6	151.1	165.8	180.6	195.5		
13	900		21.8	29.2	36.5	44.0	58.9	74.1	89.3	104.8	120.4	136.1	152.0	168.1	184.4	200.8	217.3		
14	950		24.2	32.3	40.5	48.8	65.3	82.1	99.0	116.1	133.3	150.7	168.3	186.0	203.9	222.0	240.3		
15	1000		26.7	35.7	44.7	53.8	72.1	90.5	109.1	127.9	146.9	166.0	185.3	204.8	224.5	244.4	264.4	284.6	305.0
16	1100		32.1	42.9	53.7	64.6	86.5	108.6	130.9	153.3	176.0	198.9	221.9	245.2	268.6	292.2	316.1	340.1	364.3
17	1200		38.0	50.7	63.3	76.4	102.2	128.3	154.6	181.1	207.8	234.7	261.8	289.1	316.6	344.4	372.3	400.5	428.9
18	1300		44.3	59.2	74.2	89.2	119.3	149.7	180.3	211.1	242.2	273.4	304.9	336.7	368.6	400.8	433.2	465.9	498.7
19	1400		51.2	68.4	85.6	102.9	137.7	172.7	208.0	243.5	279.2	315.2	351.4	387.9	424.6	461.5	498.7	536.2	573.8
20	1500		58.5	78.2	97.9	117.7	157.4	197.4	237.6	278.1	318.9	359.9	401.1	442.7	484.4	526.5	568.8	611.4	654.2
21	1600		66.4	88.7	111.0	133.4	178.4	223.7	269.2	315.0	361.1	407.5	454.1	501.1	548.3	595.7	643.5	691.5	739.8
22	1700		74.7	99.8	127.9	150.1	200.7	251.6	302.8	354.3	406.1	458.1	510.5	563.1	616.0	669.3	722.8	776.6	830.7

续表

封头名义厚度 δ_n/mm

序号	公称直径 DN/mm	2	3	4	5	6	8	10	12	14	16	18	20	22	24	26	28	30	32
23	1800		83.6	111.6	139.7	167.8	224.4	281.2	338.4	395.8	453.6	511.7	570.1	628.7	687.8	747.1	806.7	866.6	926.9
24	1900			124.0	155.2	186.5	249.3	312.5	375.9	439.7	503.8	568.2	632.9	698.0	763.4	829.1	895.2	961.6	1028.3
25	2000			137.1	171.6	206.2	275.6	345.3	415.4	485.8	556.6	627.7	699.1	770.9	843.0	915.5	988.3	1061.4	1134.9
26	2100			154.0	192.7	231.5	309.4	387.7	466.3	545.2	624.6	704.2	784.3	864.7	945.4	1026.6	1108.0	1189.9	1272.1
27	2200			168.6	210.9	253.4	338.6	424.2	510.2	596.5	683.2	770.3	857.8	945.6	1033.8	1122.4	1211.4	1300.7	1390.5
28	2300			183.8	230.0	276.3	369.1	462.4	556.0	650.1	744.5	839.3	934.5	1030.1	1126.1	1222.5	1319.3	1416.5	1514.1
29	2400				249.8	300.1	401.0	502.0	603.9	706.0	808.4	911.3	1014.6	1118.3	1222.4	1327.0	1431.9	1537.3	1643.0
30	2500				270.5	325.0	434.1	543.7	653.7	764.1	875.0	986.3	1098.0	1210.0	1322.7	1435.6	1549.1	1662.9	1777.2
31	2600					350.8	468.6	586.8	705.5	824.6	944.2	1064.2	1184.6	1305.5	1426.8	1548.6	1670.8	1793.5	1916.6
32	2700					377.6	504.3	631.6	759.3	887.4	1016.0	1145.0	1274.5	1404.5	1534.9	1665.8	1797.2	1929.0	2061.3
33	2800					405.4	541.4	678.0	815.0	952.5	1090.4	1228.9	1367.8	1507.1	1647.0	1787.3	1928.2	2069.4	2211.2
34	2900					434.2	579.8	726.0	872.7	1019.9	1167.5	1315.6	1464.3	1613.4	1763.0	1913.1	2063.7	2214.8	2366.4
35	3000					463.9	619.6	775.7	932.4	1089.5	1247.2	1405.4	1564.1	1723.3	1883.0	2043.2	2203.9	2365.1	2526.9
36	3100						660.6	827.1	994.0	1161.5	1329.5	1498.1	1667.2	1836.7	2006.9	2177.5	2348.7	2520.4	2692.6
37	3200						703.0	880.0	1057.7	1235.8	1414.5	1593.7	1773.5	1953.8	2134.7	2316.1	2498.1	2680.6	2863.6
38	3300						746.6	934.7	1123.3	1312.4	1502.1	1692.4	1883.2	2074.6	2266.5	2459.0	2652.0	2845.7	3039.8
39	3400						791.6	990.9	1190.8	1391.3	1592.3	1793.9	1996.1	2198.9	2402.2	2606.1	2810.6	3015.7	3221.4
40	3500						837.9	1048.8	1260.4	1472.5	1685.2	1898.5	2112.4	2326.8	2541.9	2757.6	2973.8	3190.7	3408.1
41	3600						885.5	1108.4	1331.9	1556.0	1780.7	2006.0	2231.9	2458.4	2685.5	2913.3	3141.6	3370.6	3600.2
42	3700							1169.6	1405.4	1641.8	1878.8	2116.4	2354.7	2593.6	2833.1	3073.3	3314.0	3555.4	3797.4
43	3800							1232.5	1480.8	1729.9	1979.6	2229.9	2480.8	2732.4	2984.6	3237.5	3491.0	3745.2	4000.0
44	3900							1296.9	1558.3	1820.3	2082.9	2346.2	2610.2	2874.8	3140.1	3406.0	3672.6	3939.9	4207.8

续表

序号	公称直径 DN/mm	封头名义厚度 δ_h/mm																	
		2	3	4	5	6	8	10	12	14	16	18	20	22	24	26	28	30	32
45	4000							1363.1	1637.7	1913.0	2188.9	2465.6	2742.9	3020.9	3299.5	3578.8	3858.9	4139.5	4420.9
46	4100							1430.9	1719.1	2008.0	2297.6	2587.9	2878.9	3170.5	3462.9	3755.9	4049.7	4344.1	4639.2
47	4200							1500.3	1802.4	2105.3	2408.9	2713.1	3018.1	3323.8	3630.2	3937.3	4245.1	4553.6	4862.8
48	4300								1887.8	2204.9	2522.8	2841.3	3160.7	3480.7	3801.4	4122.9	4445.1	4768.0	5091.7
49	4400								1975.1	2306.8	2639.3	2972.5	3306.5	3461.2	3976.6	4312.8	4649.7	4987.4	5325.8
50	4500								2064.3	2411.0	2758.5	3106.7	3455.6	3805.3	4155.8	4507.0	4859.0	5211.7	5565.2
51	4600								2155.6	2517.5	2880.3	3243.7	3608.0	3973.0	4338.9	4705.4	5027.8	5440.9	5809.8
52	4700								2248.8	2626.4	3004.7	3383.8	3763.7	4144.4	4525.9	4908.2	5291.2	5675.1	6059.7
53	4800								2344.0	2737.5	3131.7	3526.8	3922.7	4319.4	4716.9	5115.2	5514.3	5914.2	6314.9
54	4900								2441.2	2850.9	3261.4	3672.8	4085.0	4498.0	4911.8	5326.4	5741.9	6158.2	6575.3
55	5000								2540.3	2966.6	3393.7	3281.7	4250.5	4680.2	5110.7	5542.0	5974.2	6047.2	6841.0
56	5100								2641.4	3084.6	3528.7	3973.6	4419.4	4866.0	5313.5	5761.8	6211.0	6661.0	7112.0
57	5200								2744.5	3205.0	3666.3	4128.5	4591.5	5055.4	5520.2	5985.9	6452.5	6919.9	7388.2
58	5300								2849.6	3327.6	3806.5	4286.3	4766.9	5248.5	5730.9	6214.3	6698.5	7183.6	7669.6
59	5400								2956.6	3452.5	3949.3	4447.0	4945.7	5445.2	5945.6	6446.9	6949.2	7452.3	7956.4
60	5500								3065.6	3579.7	4094.8	4610.8	5127.7	5645.5	6164.2	6683.9	7204.4	7725.9	8248.4
61	5600								3176.6	3709.3	4242.9	4777.4	5312.9	5849.4	6386.7	6925.1	7464.3	8004.5	8545.6
62	5700								3289.5	3841.1	4393.6	4947.1	5501.5	6056.9	6613.2	7170.5	7728.8	8288.0	8848.1
63	5800								3404.4	3975.2	4547.0	5119.7	5693.4	6268.0	6843.7	7420.3	7997.8	8576.4	9155.9
64	5900								3521.3	4111.7	4703.0	5295.3	5888.5	6482.8	7078.1	7674.3	8271.5	8869.7	9468.9
65	6000								3640.2	4250.4	4861.6	5473.8	6087.0	6701.2	7316.4	7932.6	8549.8	9168.0	9787.2
66																			

续表

EHB 椭圆形封头总深度、容积和质量

序号	公称直径 DN/mm	总高度 H_0/mm	名义厚度 δ_n/mm	容积 V/m³	质量/kg
1	159	65	4	0.0009	1.1623
2			5	0.0008	1.4342
3			6	0.0008	1.6988
4			8	0.0007	2.2066
5	219	80	5	0.0020	2.5205
6			6	0.0019	2.9950
7			8	0.0018	3.9152
8	273	93	6	0.0036	4.4653
9			8	0.0034	5.8577
10			10	0.0032	7.2035
11			12	0.0030	8.5035
12	325	106	6	0.0058	6.1529
13			8	0.0055	8.0908
14			10	0.0053	9.9735
15			12	0.0051	11.8018
16	377	119	8	0.0084	10.6795
17			10	0.0081	13.1881
18			12	0.0078	15.6336
19			14	0.0075	18.0170
20	426	132	8	0.0120	13.4444
21			10	0.0116	16.6240
22			12	0.0112	19.7326
23			14	0.0108	22.7709

附表 22　板式钢制平焊法兰（摘自 HG/T 20592—2009）

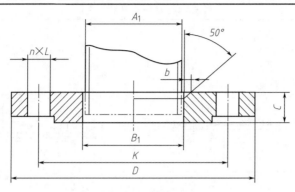

PN2.5 板式平焊钢制管法兰　　　　　　　　　　　mm

公称尺寸 DN	钢管外径 A_1		连接尺寸					法兰厚度 C	法兰内径 B_1	
	A	B	法兰外径 D	螺栓孔中心圆直径 K	螺栓孔直径 L	螺栓孔数量 n/个	螺栓 Th		A	B
10	17.2	14	75	50	11	4	M10	12	18	15
15	21.3	18	80	55	11	4	M10	12	22.5	19
20	26.9	25	90	65	11	4	M10	14	27.5	26
25	33.7	32	100	75	11	4	M10	14	34.5	33
32	42.4	38	120	90	14	4	M12	16	43.5	39
40	48.3	45	130	100	14	4	M12	16	49.5	46
50	60.3	57	140	110	14	4	M12	16	61.5	59
65	76.1	76	160	130	14	4	M12	16	77.5	78
80	88.9	89	190	150	18	4	M16	18	90.5	91
100	114.3	108	210	170	18	4	M16	18	116	110
125	139.7	133	240	200	18	8	M16	20	143.5	135
150	168.3	159	265	225	18	8	M16	20	170.5	161
200	219.1	219	320	280	18	8	M16	22	221.5	222
250	273	273	375	335	18	12	M16	24	276.5	276
300	323.9	325	440	395	22	12	M20	24	328	328

附表 23　压力容器法兰（摘自 JB/T 4701—2000）

甲型平焊法兰结构（平密封面）

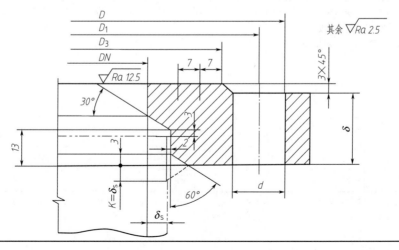

附表 24 常压人孔和手孔

常压人孔(摘自 HG/T 21515—2014)　　　　　　常压手孔(摘自 HG/T 21528—2014)

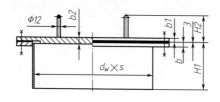 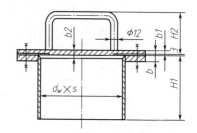

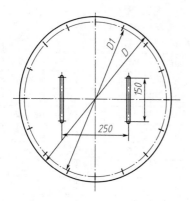 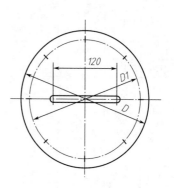

asA 常压人孔尺寸表　　　　　　　　　　mm

密封面型式	公称直径 DN	$d_w \times s$ /(mm×mm)	D	D_1	B	b	b_1	b_2	H_1	H_2	螺栓螺母 数量	螺栓 直径×长度 /(mm×mm)	总质量/kg
全平面 (FF 型)	(400)	426×6	515	480	250	14	10	12	150	90	16	M16×50	37.0
	450	480×6	570	535	250	14	10	12	160	90	20	M16×50	44.4
	500	530×6	620	585	300	14	10	12	160	90	20	M16×50	50.5
	600	630×6	720	685	300	16	12	14	180	92	24	M16×55	74.0

注：1. 人孔高度 H_1 系根据容器的直径不小于人孔公称直径的两倍而定；如有特殊要求，允许改变，但需注明改变后的 H_1 尺寸，并修正人孔总质量。

2. 表中带括号的公称直径尽量不采用。

常压手孔尺寸表　　　　　　　　　　mm

密封面形式	公称直径 DN/mm	$d_w \times s$ /(mm×mm)	D	D_1	b	b_1	b_2	H_1	H_2	螺栓螺母 数量	螺栓 直径×长度 /(mm×mm)	总质量/kg
全平面 (FF)	150	159×4.5	235	205	10	6	8	100	72	8	M16×40	6.7
	250	273×6.5	350	320	12	8	10	120	74	12	M16×45	16.5

注：手孔高度 H_1 系根据容器的直径不小于手孔公称直径的两倍而定；如有特殊要求，允许改变，但需注明改变后的 H_1 尺寸，并修正手孔总质量。

附表 25　补强圈（摘自 JB/T 4736）　　　　　　　　　mm

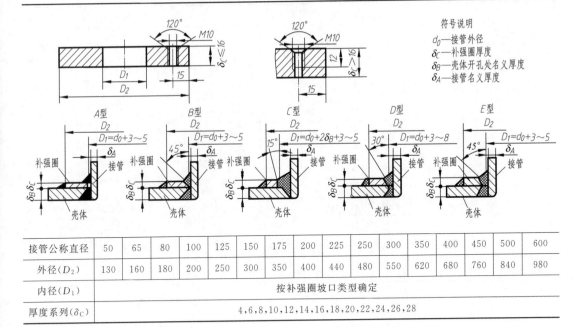

符号说明
d_0—接管外径
δ_C—补强圈厚度
δ_B—壳体开孔处名义厚度
δ_A—接管名义厚度

A型　　B型　　C型　　D型　　E型

接管公称直径	50	65	80	100	125	150	175	200	225	250	300	350	400	450	500	600
外径（D_2）	130	160	180	200	250	300	350	400	440	480	550	620	680	760	840	980
内径（D_1）	按补强圈坡口类型确定															
厚度系列（δ_C）	4,6,8,10,12,14,16,18,20,22,24,26,28															

附表 26　耳式支座（摘自 JB/T 4712.3—2007）　　　　　　mm

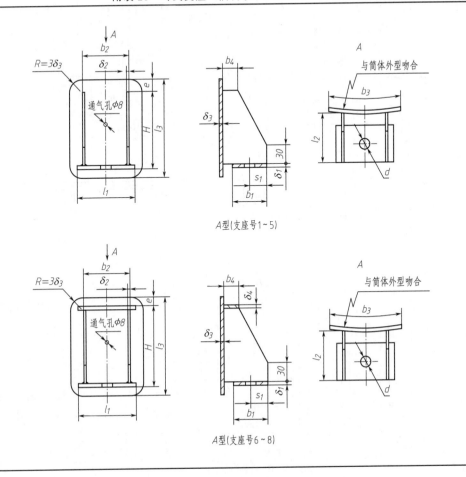

A型（支座号1~5）

A型（支座号6~8）

续表

A 型支座系列参数尺寸

支座号	支座允许载荷[Q]/kN Q235A 0Cr18Ni9	16MnR 15CrMoR	适用容器公称直径 DN	高度 H	底板 l_1	b_1	δ_1	s_1	筋板 l_2	b_2	δ_2	垫板 l_3	b_3	δ_3	e	盖板 b_4	δ_4	地脚螺栓 d	规格	支座质量/kg
1	10	14	300~600	125	100	60	6	30	80	70	4	160	125	6	20	30	—	24	M20	1.7
2	20	26	500~1000	160	125	80	8	30	100	90	5	200	160	6	24	30	—	24	M20	3.0
3	30	44	700~1400	200	160	105	10	30	125	110	6	250	200	8	30	30	—	30	M24	6.0
4	60	90	1000~2000	250	200	140	14	70	160	140	8	315	250	8	40	30	—	30	M24	11.1
5	100	120	1300~2600	320	250	180	16	90	200	180	10	400	320	10	50	30	—	30	M24	21.6
6	150	190	1500~3000	400	320	230	18	115	250	230	12	500	400	12	60	50	12	36	M30	42.7
7	200	230	1700~3400	480	375	280	22	130	300	280	14	600	480	14	70	50	14	36	M30	69.8
8	250	320	2000~4000	600	480	360	26	145	380	350	16	720	600	16	72	50	16	36	M30	123.9

注：表中支座质量是以表中的垫板厚度为 δ_2 计算的，如果 δ_2 的厚度改变，则支座的质量应相应的改变。

附表 27　鞍式支座（摘自 JB/T 4712.1—2007）　　mm

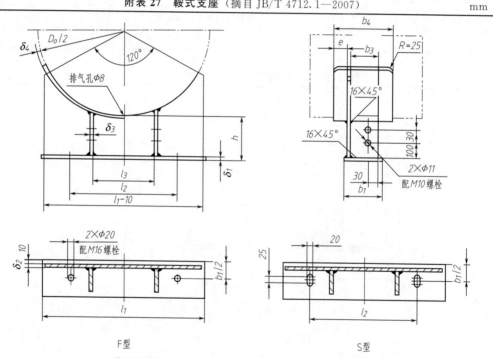

F 型　　　　　　　　　　　　　　　　S 型

（适用于重型 120°包角 DN500~900 带垫板或不带垫板结构）

公称直径 DN	允许载荷 Q/kN	鞍座高度 h	底板 l_1	b_1	δ_1	腹板 δ_2	筋板 l_3	b_3	δ_3	垫板 弧长	b_4	δ_4	e	螺栓间距 l_2	鞍座质量/kg 带垫板	不带垫板	增加100mm高度增加的质量/kg
500	155	200	460	150	10	8	250	120	8	590	240	6	56	330	21	15	4
550	160	200	510	150	10	8	275	120	8	650	240	6	56	360	23	17	5
600	165	200	550	150	10	8	300	120	8	710	240	6	56	400	25	18	5
650	165	200	590	150	10	8	325	120	8	770	240	6	56	430	27	19	5
700	170	200	640	150	10	8	350	120	8	830	240	6	56	460	30	21	5
800	220	200	720	150	10	10	400	120	10	940	260	6	65	530	38	27	7
900	225	200	810	150	10	10	450	120	10	1060	260	6	65	590	43	30	8

六、化工工艺图上常用代号和图例

附表 28　管件与管路连接的表示法（摘自 HG/T 20519.33）

名称 ＼ 方式	螺纹或承插焊	对　焊	法　兰　式
90°弯头	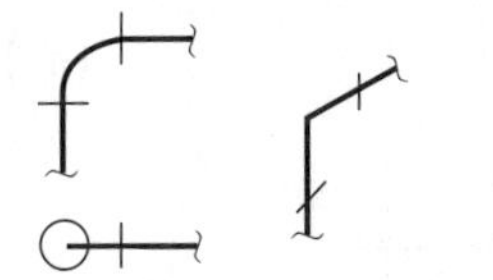	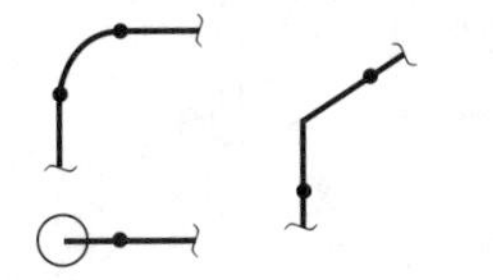	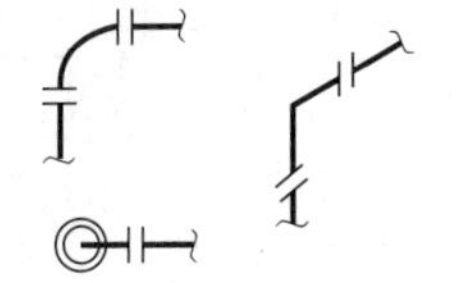
三通管	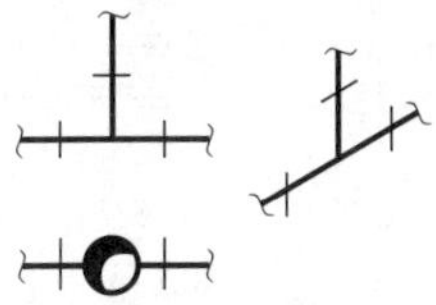	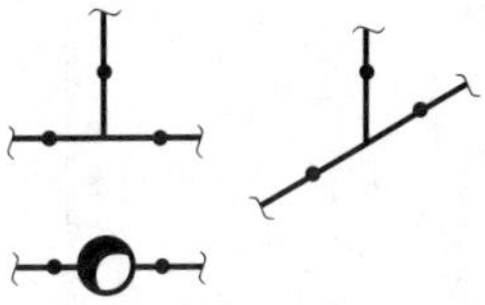	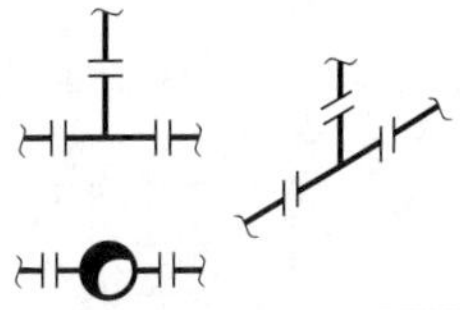
四通管	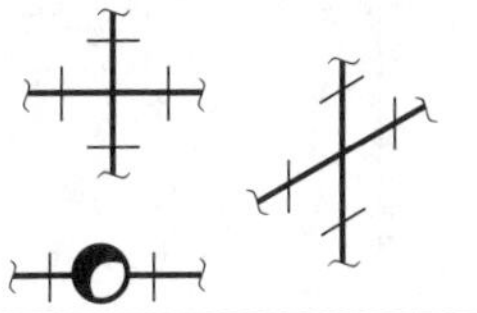	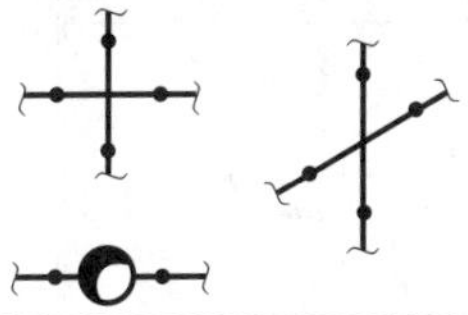	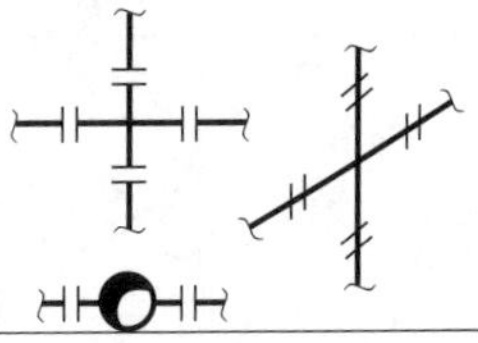
45°弯头	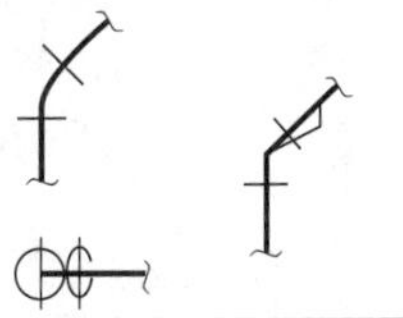	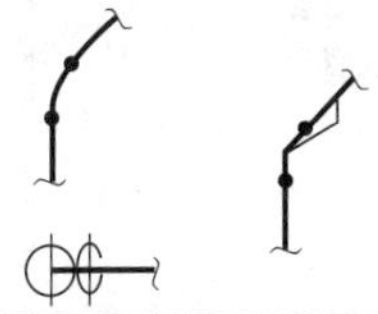	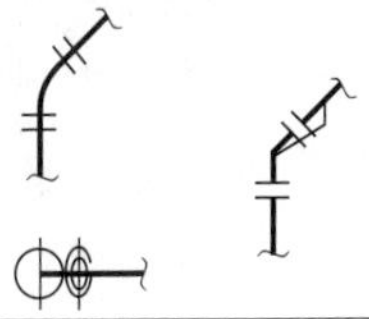
偏心异径管	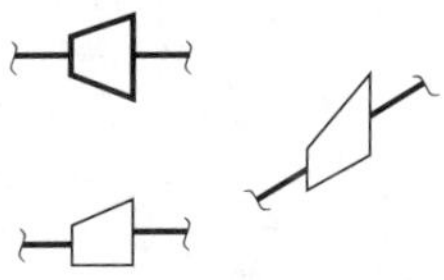	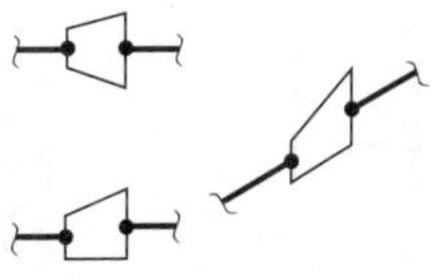	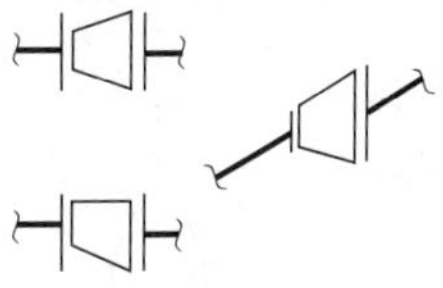
管焊	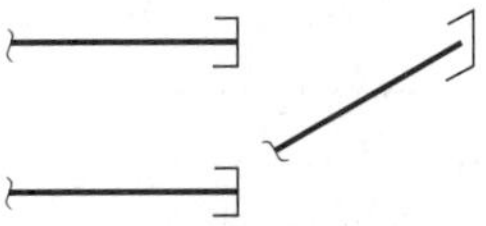	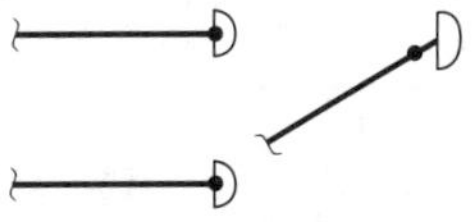	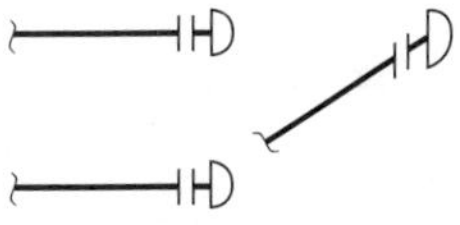

附表 29　管路及仪表流程图中设备、机器图例（摘自 HG/T 20519.31）

设备类型及代号	图　例	设备类型及代号	图　例
塔（T）	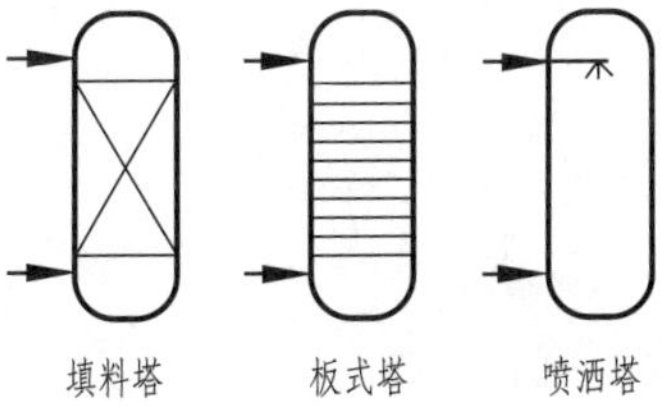 填料塔　板式塔　喷洒塔	泵（P）	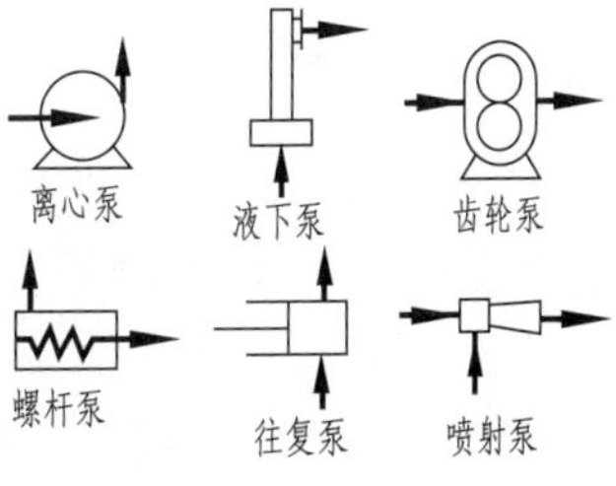 离心泵　液下泵　齿轮泵 螺杆泵　往复泵　喷射泵

设备类型及代号	图　例	设备类型及代号	图　例
工业炉 （F）	箱式炉　　　　　圆筒炉	火炬烟囱 （S）	火炬　　　　烟囱
容器（V）	欧式容器　碟形封头容器　球罐 锥形罐　平顶容器　(地下/半地下)池、坑、槽	换热器 （E）	固定管板式换热器　　U形管式换热器 浮头式列管换热器　　板式换热器 翅片管换热器　　喷淋式冷却器
压缩机 （C）	鼓风机　欧式旋转压缩机　立式旋转压缩机　离心式压缩机		
反应器 （R）	固定床式反应器　列管式反应器　反应釜(带搅拌夹套)	其他机械 （M）	压滤机　　挤压机　　混合机
		动力机 （M、E、S、D）	M　E　S　D 电动机　内燃机　燃气机、汽轮机　其他动力机

参 考 文 献

[1] 王成华, 辛海霞. 化工制图. 2版. 北京：化学工业出版社, 2018.

[2] 王成华, 严竹生. 化工制图习题集. 2版. 北京：化学工业出版社, 2016.

[3] 李俊武. 工程制图（机械类用）. 3版. 北京：机械工业出版社, 2017.

[4] 金大鹰. 机械制图. 3版. 北京：机械工业出版社, 2011.

[5] 叶曙光. 机械制图. 北京：机械工业出版社, 2008.

[6] 管巧娟. 构形基础与机械制图. 北京：机械工业出版社, 2008.

[7] 姚民雄, 华红芳等. 机械制图. 北京：电子工业出版社, 2009.

[8] 郑晓梅. 化工制图. 北京：化学工业出版社, 2002.

[9] 闫照粉. AutoCAD工程绘图实训教程. 苏州：苏州大学出版社, 2012.